Food Hygienics

식품위생의 현황 및 이론과 실무에 대한 지식

식품위생학

김지응·이은정·이수경 공저

(주)백산출판사

PREFACE

식품은 인간이 삶을 유지하는 데 필요한 영양분을 직접 인체에 공급하는 중요한 공급원이다. 그리고 인간의 몸에 직접 전달되기 때문에 치명적인 위험을 줄 수도 있다. 따라서 현대인들은 단순히 음식을 먹는다는 것에 의미를 두는 것이 아니라 어떻게 하면 맛있는 음식을 안전하게 섭취할까 하는 것에 더 큰 의미를 두면서 음식을 만드는 사람들도 맛과 안전을 동일 잣대 위에 올려놓고 있다.

현대과학의 발달과 더불어 식품안전과 위생 등에 대한 관리체계는 어느 정도 확보되어 있으나 때때로 식중독, 감염병 등 식품 안전사고가 발행하고 있다. 대중매체에서는 연일 식품위생에 대한 보도가 나오지만, 외식산업에서 완전한 식품안전 및 위생에 대한 문제해결에 난항을 겪고 있는 실정이며, 코로나19로 인하여 배달음식, 밀키트, HMR 등 간편식의 소비가 증가하면서 교차 오염으로 인한 식품 안전사고에 더욱 노출되어 있다. 이런 식품 안전사고는 인간의 생명과 직접적으로 연결되어 있기 때문에 철저한 관리와 교육이 필요하다.

우리나라 정부는 보건사업으로 식품위생 문제를 분류하고 식품 안전에 대해 선진국이 도입한 HACCP 제도를 현실화함으로써 그 문제에 대한 답을 찾고 있다. 이에 본 저자들은 우리나라 국민들의 안전한 먹을거리 확보를 위하여《식품위생학》교재를 저술하게 되었다. 이 책은 과거부터 내려오는 원론적 내용과 국내외에서 일어나고 있는 실질적인 식중독 및 감염병에 대해 식품의약품안전처, 질병관리청 등 정부 기관에서 보도한 보도자료를 활용하여 독자들의 이해를 돕고자 하였으며, 세부적으로 총 7장으로 구성되었다.

제1장은 식품과 위생에 대한 내용으로 식품위생의 개념, 식품위생행정, 식품위생법 및 관리정책에 대해 다루었다.

제2장은 식품과 미생물에 대한 내용으로 미생물의 종류 및 특징과 식품위생의 지표세균에 관한 내용, 미생물의 생육 및 부패를 판정하는 방법에 대해 다루었다.

제3장은 식중독에 대한 내용으로 식중독의 개념, 종류별 식중독에 대해 다루었다.

제4장은 감염병에 대한 내용으로 감염병의 정의, 분류, 관리, 수인성 · 식품매개 감염병, 인수공통감염병에 대해 다루었다.

제5장은 식품과 위생동물로 기생충의 분류와 위생동물에 대해 다루었다.

제6장은 식품첨가물에 대한 내용으로 식품첨가물의 개요, 종류와 용도에 대해 다루었다.

제7장은 외식산업의 위생관리로 시설 · 설비 위생관리, 개인위생관리, 안전한 식품을 위한 위생관리, 사고예방과 안전관리, 교육과 훈련에 대해 다루었다.

이 책은 현재 식품위생에 대한 현황들을 소개하면서 이론과 실무에 대한 지식을 동시에 소개하여 더 이해하기 쉽게 하는 데 주력하였고, 식품영양학과 외식관련 전공 대학생들과 현장에서 식품 · 외식 전문인력을 양성하기 위한 기초교재로서 조금이나마 도움이 될 수 있을 것이라 기대한다.

마지막으로 식품위생학 책을 준비하면서 도움을 주신 여러 교수님들, 식품의약품안전처, 질병관리청, 식품안전정보원, 한국식품안전관리인증원 등 해당 기관에서 발간한 단행물들을 교육적 자료로 활용될 수 있도록 물심양면 도와주신 담당자분들, 필자들에게 아낌없는 지원과 독려를 해주신 백산출판사 진욱상 사장님을 비롯한 임직원 여러분께 진심으로 감사드립니다.

2022년 2월

저자 일동

CONTENTS

Chapter 3
식중독

Chapter 7

외식산업의 위생관리

Food Hygienics

식 품 위 생 학

CHAPTER I

식품과 위생

1. 식품위생의 개념

2. 식품위생행정

3. 식품위생법 및 관리정책

CHAPTER 1

식품과 위생

1 식품위생의 개념

우리가 삶을 영위해 나가기 위해서는 여러 가지 조건들을 수반하게 되는데, 그 중에서 가장 중요한 것이 식품의 섭취라 할 수 있다. 식품을 섭취할 때 그 식품이 얼마나 안전한지에 대한 문제는 우리의 생사와 관련한 문제이기 때문에 특별히 주의를 기울여야 하고, 식중독 등의 식품으로 인한 위해를 미리 예방하기 위한 식품위생은 중요한 활동이라 할 수 있다.

현행 우리나라 식품위생법의 목적은 "식품으로 인하여 생기는 위생상의 위해를 방지하고 식품영양의 질적 향상을 도모하며 식품에 관한 올바른 정보를 제공하여 국민보건의 증진에 이바지하는 것"이다. 식품위생법 제2조에서 식품위생이란 "식품, 식품첨가물, 기구 또는 용기 · 포장을 대상으로 하는 음식에 관한 위생"이라 정의하였고, 세계보건기구(WHO)에서의 식품위생이란 "식품의 생육, 생산 또는 제조에서부터 최종적으로 사람이 섭취할 때까지에 이르는 모든 단계에서 식품의 안전성, 건강성, 완전무결성을 확보하기 위한 모든 수단을 말한다"라고 정의하였다. 다시 말하자면, 식품 위생이 식품의 원료를 생산하는 단계부터 우리가 직접 섭취하는 모든 단계에 이르기까지 중요하게 다루어져야 한다고 볼 수 있다.

여기에서 식품의 안전성이란 식품의 섭취가 건강장해의 원인이 되지 않는 것으로 식품 중에 식중독이나 경구감염병을 일으키는 식중독균이나 병원균, 유해 유독물질 등이 함유되어 있지 않은 것을 말한다. 그리고 식품의 건강성 및 완전무결성이란 식품이 건강을 유지하는 데 필요한 영양성분을 충분히 함유하고 있고 그것들이 정상적으로 유지되어 있는 상태를 뜻한다. 위에서 언급하였듯이, 식품위생에 대한 중요성과 문제점을 인식하고 있지만 현실적으로 완전한 무결점 상태의 식품을 섭취한다는 것은 어렵기 때문에 우리가 흔히 말하는 식품위생이라 함은 인간이 생명을 유지하기 위해 식품을 생산하고 섭취하는 과정에서 식품의 위해가 되는 요소를 줄여주어 식품의 안전성, 건강성 및 완전무결성을 추구하기 위해서 노력하는 과정으로 볼 수 있다.

2 식품위생행정

국가가 식품 · 식품첨가물 · 기구 및 용기포장 등의 안전성 · 건전성 · 완전무결성을 확보하기 위하여 식품위생법 등 제반 법령에 따라 행정조직을 통하여 적극적이고 총체적인 노력과 관리를 하고 정책을 개발하는 일련의 활동을 식품위생행정이라 한다.

식품위생행정은 공중위생행정의 한 부문으로 식품위생법을 바탕으로 하여 식품위생의 보급과 향상을 꾀하고 국민의 식생활을 청결하고도 안전하게 확보함으로써 불량식품의 섭취로 인한 각종의 위해를 방지하는 동시에 식생활을 안전하게 하며 나아가 공중위생의 증진 · 발전에 기여하는 것을 목적으로 한다.

식품위생행정은 시대적 상황, 문화적 배경, 국민의 의식 및 요구 정도, 식품산업 및 식품위생기술 수준과 같은 주변환경에 가장 적절하고 효율적인 형태를 유지하기 위하여 주변환경에 따라 변화한다. 따라서 현재의 식품위생관리제도를 이해하기 위해서는 현재의 법령 및 규정, 행정관리조직 등에 대한 이해와 현재의 식품산업의 동향 등에 대한 이해가 요구되며 식품으로 인한 위생상의 위해를 방지하고 식품영양의 질적 향상을 도모하기 위하여 식품위생행정을 통한 방법이나 수단을 총칭하여 식품위생관리라고 한다.

3 식품위생법 및 관리정책

1) 식품위생관련 기구 및 법령

현재 우리나라에서 시행하고 있는 식품안전 법령으로는 식품안전기본법, 농수산물의 원산지 표시에 관한 법률, 식품위생법, 건강기능식품에 관한 법률, 어린이 식생활안전관리 특별법, 보건범죄단속에 관한 특별법 조치법, 먹는물관리법 등이 있고, 이는 식약처, 농림축산식품부 해양수산부, 보건복지부, 법무부, 환경부 등에서 소관하고 있다. 이 외에도 기획재정부와 국세청에서 관장하는 주세법과 농림축산식품부에서 관장하는 인삼산업법이 있으며 이는 주류의 위생관리나 인삼 및 인삼류의 검사 등의 내용을 담고 있다.

식품안전법령 정보맵

구분	생산	수입	제조가공	유통	소비
공통	식품안전기본법, 식품·의약품분야 시험·검사 등에 관한 법률				식품위생법 건강기능식품에 관한 법률 어린이식생활 안전관리특별법 보건범죄단속에 관한 특별조치법
농산물		식품위생법			
				농수산물의 원산지 표시에 관한 법률	
	농약관리법				
	양곡관리법				
	친환경농어업 육성 및 유기식품 등의 관리·지원에 관한 법률				
축산물	축산물위생관리법				
	가축 및 축산물 이력관리에 관한 법률			가축 및 축산물 이력관리에 관한 법률	
	낙농진흥법				
수산물		식품위생법			
				농수산물의 원산지 표시에 관한 법률	
	수산업법				
	농수산물 품질관리법				
	소금산업 진흥법				
가공식품	식품위생법				
	건강기능식품에 관한 법률				
			어린이 식생활안전관리 특별법		
	먹는물관리법				

자료 : 식품의약품안전처, 식품안전나라, 법령 정보

우리나라의 식품위생행정은 정부의 행정규제 완화 및 기업의 경쟁력 제고를 위한 자율적 규제로 변화되고 있으며, 종전의 사전통제를 최소화하고 기업의 자율성을 최대한으로 보장하는 사후관리에 두게 되었다. 이에 따라 인삼제품 및 건강보조식품 등의 제품검사를 폐지하고, 제품생산 시 품목제조허가를 받도록 되어 있던 것을 품목제조보고로 하여 사전관리를 완화하였다. 대신, 기업 스스로 자사제품에 대한 책임을 지도록 자가품질검사, 식품회수제도, 식품위해요소중점관리기준 등의 제도를 마련하여 사후관리에 중점을 두게 하였다. 따라서, 식품위생관리를 사전품질관리, 사후품질관리, 자가품질관리로 구분하였을 때 정부에서 실시하고 있는 감시의 대부분이 사후품질관리에 해당된다고 볼 수 있다.

2) 식품위생법 구성 및 주요내용

식품위생법은 전문 제13장 제102조 및 부칙으로 구성되어 있으며 1962년에 제정된 법이다. 식품위생법은 식품으로 인하여 생기는 위생상의 위해(危害)를 방지하고 식품영양의 질적 향상을 도모하며 식품에 관한 올바른 정보를 제공하여 국민보건의 증진에 이바지함을 목적으로 한다.

장	조항	구성
제1장 총칙	제1조~제3조	식품위생법의 목적, 정의, 취급
제2장 식품 및 식품첨가물	제4조~제7조	위해식품 등의 판매 금지, 병든 동물, 화학적 합성품 등의 판매금지 등
제3장 기구와 용기·포장	제8조, 제9조	기구 및 용기 포장에 관한 기준 및 규격 등
제4장 표시	제12조의2만 남아있음	유전자 변형식품등의 표시
제5장 식품등의 공전	제14조	식품등의 공전
제6장 검사 등	제15조~제35조	위해평가, 위해식품등에 대한 긴급대응, 유전자 변형식품등의 안전성 심사, 식품위생감시원 등
제7장 영업	제36조~제50조	시설기준, 영업허가, 식품위생교육 등
제8장 조리사 등	제51조~제56조	조리사, 영양사, 조리사면허 등
제9장 식품위생심의위원회	제57조~제58조	식품위생심의위원회 등
제10장 식품위생단체 등	제59조~제70조의10	동업자조합, 식품산업협회, 식품안전정보원 등

제11장 시정명령과 허가취소 등 행정제재	제71조~제84조	시정명령, 폐기처분, 위해식품등의 공표, 허가취소 등
제12장 보칙	제85조~제102조	식중독에 관한 조사보고, 식중독대책협의기구 설치, 집단급식소 등

3) 농수산물품질관리법 구성 및 주요내용

농수산물품질관리법은 전문 제9장 제123조 및 부칙으로 구성되어 있으며 1999년에 제정된 법이다. 농수산물품질관리법은 농수산물의 적절한 품질관리를 통하여 농수산물의 안전성을 확보하고 상품성을 향상하며 공정하고 투명한 거래를 유도함으로써 농어업인의 소득 증대와 소비자 보호에 이바지하는 것을 목적으로 한다.

장	조항	구성
제1장 총칙	제1조~제4조	목적, 농수산물품질관리심의회의 설치, 심의회의 직무 등
제2장 농수산물의 표준규격 및 품질관리	제5조~제31조	농수산물의 표준규격, 농산물우수관리, 수산물에 대한 품질인증, 사후관리 등
제3장 지리적표시	제32조~제55조	지리적표시 등록·심판·재심 및 소송 등
제4장 유전자변형농수산물의 표시	제56조~제59조	유전자변형농수산물 표시, 조사, 표시 위반에 대한 처분 등
제5장 농수산물의 안전성조사 등	제60조~제68조	안전관리계획, 시료수거, 결과 조치, 안전성검사기관 지정, 농수산물 안전교육 등
제6장 지정해역의 지정 및 생산·가공시설의 등록·관리	제69조~제78조	위생관리기준, 위해요소중점관리기준, 생산제한 및 지정해제, 생산 가공의 중지 등
제7장 농수산물 등의 검사 및 검정	제79조~제102조	농산물의 검사, 수산물 및 수산가공품의 검사, 검정, 금지행위 확인·조사·점검 등
제8장 보칙	제103조~제116조	농수산물명예감시원, 농산물품질관리사 및 수산물품질관리사의 시험, 교육 등
제9장 벌칙	제117조~제123조	벌칙, 과실범, 양벌규정, 과태료 등

4) 국내 식품관리정책

관련 법령 이외 매년 12월 식약처에서는 다음 연도 식품안전관리지침을 내리는데 주요 변경사항은 정책 환경 변화에 따른 개정, 관련법령 개정에 따른 신규업무 반영, 국회 지적 및 언론 이슈에 따른 후속조치 사항 반영 등 소비트렌드, 식품 유통환경, 당해 연도의 각종 이슈 등을 고려하여 변경하고 있고 매년 정책을 보완해 나가는 노력을 하고 있다. 현재 국내 식품안전관리지침으로 진행되고 있는 것은 다음과 같다.

(1) 안전한 식품의 제조 · 유통기반 조성

– 식품 등의 영업허가 등 관리
– 식품 제조 · 가공업체의 위 · 수탁 관리
– 식품 등의 자가품질검사 관리
– 식품 등의 표시 등 관리
– 식품 등의 부당한 광고 관리
– 의약품 및 의약외품 제조시설의 식품제조 · 가공시설 이용 기준
– 해썹(HACCP) 제도 운영
– 축산물 안전관리인증기준(HACCP) 제도 운영
– 위해예방관리계획(HACCP Plan) 적용 지원
– 식품이력추적관리제도 운영
– 식품분야 통계관리
– 식품별 유해오염물질 오염도 조사

(2) 식품관련업체 안전관리

– 식품안전관리 체계
– 식품제조가공업체 등 안전관리

– 식품접객업체 등 안전관리

– 유통식품 등 안전관리

– 부적합식품 긴급통보시스템 운영 및 위해식품 등의 회수관리

– 부정 · 불량식품 등 특별 관리

– 부정 · 불량식품 민원업무 처리

– 영업자 식품위생교육제도 운영

(3) 건강기능식품 안전관리

– 건강기능식품 제조업 영업허가 및 관리

– 건강기능식품 판매업 영업신고 및 관리

– 우수건강기능식품제조기준(GMP) 운영 및 관리

– 건강기능식품 품질관리

– 건강기능식품 사후관리

– 의약품 및 의약외품제조시설의 건강기능식품 제조시설 이용 및 관리

– 영업자 및 품질관리인 교육관리

– 건강기능식품의 표시 관리

– 건강기능식품 관련정보 공개

– 건강기능식품 위해사실(이상사례 포함) 보고

(4) 수입식품 등 검사 및 사후관리

– 수입식품 관련 영업의 등록 및 관리

– 수입식품 등 사전 안전 관리

– 수입식품 등 검사

– 수입식품 신속통관

– 부적합 수입식품에 대한 신속 대응

– 식품 등에 대한 검사명령제 운영
– 유통관리대상 수입식품 관리
– 수입자 등 교육 · 홍보 강화
– 수입식품현황(사진) 데이터베이스(D/B) 구축 및 사진제출
– 수입식품 등의 수거 · 검사
– 수입식품 업체 지도 · 점검 관리
– 수입식품 유통이력추적 관리
– 정식 수입절차를 거치지 않은 수입식품 등 안전관리
– 지도 · 점검 시 영업자별 교육 · 홍보 실시
– 수출식품 영문증명서 발급

(5) 유전자변형식품 등 신소재식품 안전관리

– 수입단계 유전자변형식품 등 안전관리
– 제조 · 유통단계 유전자변형식품 등 안전관리
– 유전자변형생물체(LMO) 안전관리
– 한시적 기준 · 규격 인정 식품원료 안전관리

(6) 축산물 위생관리 제도 및 지도 · 감독

– 축산물 관련 영업허가 등 관리
–「식품의 기준 및 규격」중 축산물 유형
– 축산물 안전성 검사
– 축산물 위생감시 중점 추진사항
– 축산물 위생감시 요령
– 축산물 수거검사
– 위해 축산물 회수

- 부적합 축산물 긴급통보시스템 운영 관리
- 1399 신고시스템 활용 민원신고 처리
- 축산물의 이물보고(신고) 관리
- 명예축산물위생감시원 운영
- 축산물분야 통계관리

(7) 농수산식품 안전관리

- 농수산식품 안전관리
- 수산물 안전관리
- 식품 방사능 안전관리

(8) 식중독 예방 및 관리

- 식중독 예방관리 체계
- 식중독 발생 · 조사결과 보고
- 식중독 원인 · 역학 조사
- 식중독균 추적관리 사업
- 노로바이러스 감시체계 사업
- 식중독 예방 교육 및 홍보
- 식중독 발생 우려 집단급식시설 집중관리
- 지하수 살균소독장치 사후관리
- 음식문화 개선사업 관리
- 음식점 위생등급제 운영

(9) 어린이 식생활 안전관리

- 어린이 식품안전보호구역 지정
- 어린이 기호식품 조리 · 판매업소 안전관리

- 어린이 기호식품 품질인증 제품 수거 · 검사
- 어린이 기호식품 전담관리원 지정 및 운영
- 어린이 기호식품 우수판매업소 지정
- 고열량 · 저영양 식품 및 고카페인 함유 식품 등 관리
- 식품접객업소의 영양성분 및 알레르기 유발 식품 표시 관리
- 어린이급식관리지원센터 관리
- 어린이 식생활안전관리 교육

5) 국제 식품관리기구 및 해외의 식품관리제도

(1) 국제미생물규격위원회(ICMSF; International Commission on Microbiological Specifications for Foods)는 미생물학적 식품 매개 질병 및 식품 부패의 발생을 줄이는 데 도움이 되는 과학적 개념의 개발 및 전달에 적극적으로 기여하며, 세계 질병의 부담을 줄이고 식품의 국제 무역을 촉진하고 있다.

(2) 국제식품규격위원회(CODEX)는 유엔식량농업기구(FAO)와 세계보건기구(WHO)가 공동으로 운영하는 국제식품규격위원회(CAC; Codex Alimentarius Commission)에서 식품의 국제교육 촉진과 소비자의 건강보호를 목적으로 제정되어 식품안전 및 교역관련 국제기준을 설정하고 마련한다. 특히 마련된 국제기준은 국가 간 식품교역에서 유일한 기준으로 무역 분쟁이 있는 경우 또는 각 국가의 식품 기준 설정 시 참고 기준으로 활용되고 있다.

(3) 미국 – 식품의약청(FDA)은 인체 및 동물용 의약품, 생물학적 제품 및 의료기기의 안전성, 효능 및 보안을 보장하여 공중 보건을 보호한다. 그리고 식품, 화장품, 방사선을 방출하는 제품으로부터 국민의 안전을 보장한다.

- 우리나라에서 시행하고 있는 HACCP은 FDA의 법규 중 하나이다.
- 식품의약청(FDA)의 식품안전현대화법(FSMA)은 2018년 시행령을 발효하였

고, 식품 매개 질병에 대한 예방으로 사람이 섭취하는 식품 및 동물이 섭취하는 식품의 안전성을 사전에 확보하여 식품공급의 전 단계에 걸쳐(farm to table) 과학에 기초하여 예방적 통제 하도록 규제하고 있으며, 미국 내 식품뿐만 아니라 수입식품에 대해서도 동일한 기준을 적용한 규정이다.

(4) 미국 – 식품안전검사국(FSIS)은 농무부(USDA) 산하에 있으며 식육, 가금육 및 계란이 안전하게 공급되도록 책임지고 있다. 해당 식품의 검사법을 통해 식품 안전 체계를 보장, 식품 매개 질병을 감소시키고 공중보건을 향상시키는 목적이 있으며, 인도적 도축법으로 동물을 취합한다.

(5) 미국 – 질병통제예방센터(CDC; Centers for Disease Control and Prevention)는 건강, 안전, 안보 위협으로부터 미국을 보호하기 위해 질병과 싸우고 지역사회와 시민들이 동일한 조치를 취하도록 지원한다. CDC는 건강정보를 제공하고 공중보건 및 안전을 개선하기 위한 예방 및 통제 수준을 개선한다.

자세히 알아보기!

• 국제미생물규격위원회(ICMSF)

식품 수출 및 수입은 많은 국가의 경제 회복과 식량 안보에 중요한 요소이다. 그러나 식품매개 병원체로 인한 질병은 전 세계적으로 공중 보건 문제가 되고 있다. 따라서 효과적인 글로벌 식품 안전 관리 시스템 및 표준은 각국 정부가 무역을 촉진하면서 소비자를 보호하기 위한 공중 보건 및 경제적 관점에서 중요하다. 식품 안보는 전 세계적으로 상호 의존적인 환경이므로 국가는 자체 식품 안전 관리 시스템에만 의존할 수 없기 때문에 식품 안전 표준이 건전한 과학적 원리에 바탕을 두고 그 동등성을 입증할 수 있어야 한다. 이러한 맥락에서 ICMSF는 독립적이고 공정한 과학적 조언을 위한 선도적인 기관이며 세계 질병의 부담을 줄이고 식품의 국제 무역을 촉진한다.

• 국제식품규격위원회(CODEX)

(a) 국제 식품 표준: Codex는 국제 식품 표준, 지침 및 실행 강령은 국제 식품 무역의 안전, 품질 및 공정성에 기여한다.
(b) 소비자 건강 보호: 동물용 의약품, 살충제, 식품 첨가물 및 오염물질 등의 식품 안전 문제에 대한 Codex 표준은 독립적인 국제 위험 평가 기관 또는 FAO(유엔식량농업기구) 및 세계보건기구(WHO)에서 제공하는 건전한 과학을 기반으로 한다.
(c) 무역 장벽 제거: Codex 식품 안전 표준은 세계무역기구(WTO)에서 언급하는 등 무역 분쟁 해결에 광범위한 영향을 미친다.

Food Hygienics

식품위생학

CHAPTER II

식품과 미생물

1. 미생물의 종류 및 특징
2. 식품위생의 지표세균
3. 미생물의 생육 및 부패

CHAPTER 2

식품과 미생물

1 미생물의 종류 및 특징

세포는 종류에 따라 원핵세포(prokaryotic cell)와 진핵세포(eukaryotic cell)로 구분 지을 수 있는데 원핵세포는 원시세포라고도 불리며 진핵세포보다 작고, 핵이 막으로 둘러싸여 있지 않으며 비교적 단순한 세포 구조를 가지고 있어 하등미생물이라고 불리기도 한다. 진핵세포는 핵, 막, 소기관 등을 가지고 있고 원핵세포보다 복잡한 구조로 되어 있으며 더욱 진화된 세포로 고등미생물이라고 부른다.

원핵세포는 진정세균과 고세균으로 나눌 수 있고, 진핵세포는 진균, 조류, 원생동물로 나눌 수 있는데 대표적으로 진균에 속하는 곰팡이가 있다.

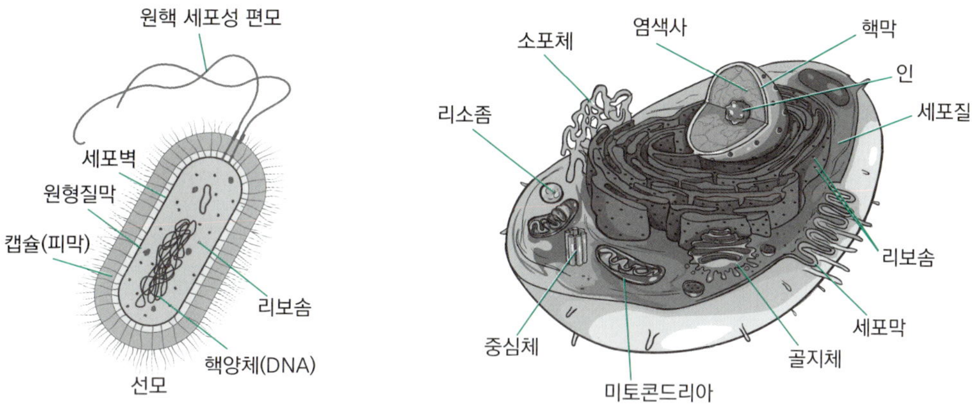

그림 2-1 원핵세포와 진핵세포(동물세포)의 구조

미생물이 생육하기 위해서는 영양소, 수분, 온도, 산소요구량, 수소이온농도(pH)가 필요한데 각 미생물마다 필요한 조건들이 다르다.

1) 바이러스(Virus)

바이러스는 형태가 일정하지 않고 크기는 0.02~0.3㎛ 정도로 미생물 중 가장 작으며 일반 광학 현미경으로는 관찰할 수 없고 전자현미경으로 관찰할 수 있는 초여과성 미생물이다. 바이러스는 크기가 작기도 하지만 일반 미생물과는 전혀 다른 구조를 이루고 있다. DNA, RNA 중 어느 한쪽의 핵산과 그것을 보호하고 있는 단백질로 구성된다. 즉, 바이러스는 여과성 병원체로 RNA나 DNA 중 한 가지 핵산만을 가지고 있다.

단백질 외각과 이것에 싸여있는 핵산으로 구성되어 있으며, 정상세포와는 달리 독자적으로 대사활동을 할 수 없고 숙주세포가 있어야만 증식할 수 있는 절대기생성 세포 내 생물에 속한다. 바이러스는 숙주세포 밖에서는 증식할 수 없고 살아있는 숙주세포 안에서 증식하며 그 결과 숙주세포를 죽게 한다. 바이러스의 배양이 필요할 시 숙주가 있어야 하기 때문에 순수배양이 불가능하고 세포배양이나 조직

배양을 이용해야 한다.

자연계의 숙주에 따라서 식물바이러스, 동물바이러스, 미생물바이러스로 크게 분류할 수 있다. 식물 바이러스는 담배 모자이크 바이러스(TMV), 감자 X 바이러스와 같이 식물에 병을 일으키고 식물조직의 상처를 통하여 침입하거나 곤충을 매개로 퍼지는 것이 보통이다. 동물 바이러스는 유행성 간염을 일으키는 A형 간염 바이러스, 혈청감염을 일으키는 B, C, D형 바이러스, 천연두, 볼거리, 소아마비(polio), 천열(Izumi fever), HIV라는 후천성 면역결핍증(AIDS; Acquired Immuno-Deficiency Syndrome) 바이러스, 일본뇌염, 유행성 출혈열, 감기(Influenza), 전염성 설사 등 많은 병의 원인이 되며 환자와의 접촉이나 경구감염, 곤충의 매개 등에 의해 감염된다.

가열조리나 냉동 환경에서도 생존할 가능성이 있는 바이러스도 있다. 주로 식품, 식기, 조리기구, 식품취급자의 손 등을 통해서 사람에게 전달된다. 바이러스는 인체에 위해를 끼치는 여러 가지 질병을 초래하는데 대표적 예로 간염, 전염성 설사 등이 식품과 관련한 바이러스성 질환이다. 바이러스는 식품취급자가 청결하지 못하거나, 급수원이 오염되었거나, 하수에 의해 오염된 물에서 채취한 패류 등을 섭취해서 사람에게 감염된다. 이러한 바이러스에 의한 질병을 예방하는 가장 좋은 방법은 식품을 취급하는 사람의 개인위생 수준을 철저히 유지하는 것이다.

2) 세균(Bacteria)

병원 미생물 중 대부분을 차지하고 있는 세균은 원핵세포이며, 2분열법에 의해 빠르게 증식하는 분열균류이다. 세균은 형태, 산소요구성, 그람염색에 따라서 구분지을 수 있는데 먼저 세균의 형태에 따라서 구균(coccus), 간균(bacillus), 나선균(spirillum)으로 구분된다. 구균은 종류에 따라서 세포의 배열상태가 달라지기 때문에 배열상태에 따라서 단구균(monococcus), 쌍구균(diplococcus), 4련구균

(tetracoccus), 8련구균(sarciana), 연쇄상구균(streptococcus), 포도상구균(staphylococcus)으로 구분된다. 한 방향으로만 분열하여 길게 연결되어 있는 것을 연쇄상간균(streptobacillus)이라 하고 디프테리아균에서 볼 수 있다. 간균에서 길이가 폭의 2배 이상이 되는 것을 장간균이라 하고, 길이가 폭의 2배 이하인 것을 단간균이라 한다. Coryne형은 세포가 V, Y, L자 모양으로 연결되어 존재한다. 나선균은 세포가 각각 따로 존재하거나 배열되는 경우가 별로 없다. 나선균에는 나선의 정도가 불안정한 짧은 콤마(comma)와 같은 호균(vibrio)과 S자형으로 생긴 Spirillum, 여러 번 구부러진 Spirohaeta가 있다.

표 2-1 세균의 종류

세균	구균	단구균
		쌍구균
		4련구균
		8련구균
		연쇄상구균
		포도상구균
	간균	연쇄상간균
		장간균
		단간균
		Coryne형(coryne form)
	나선균	호균
		Spirillum
		Spirohaeta

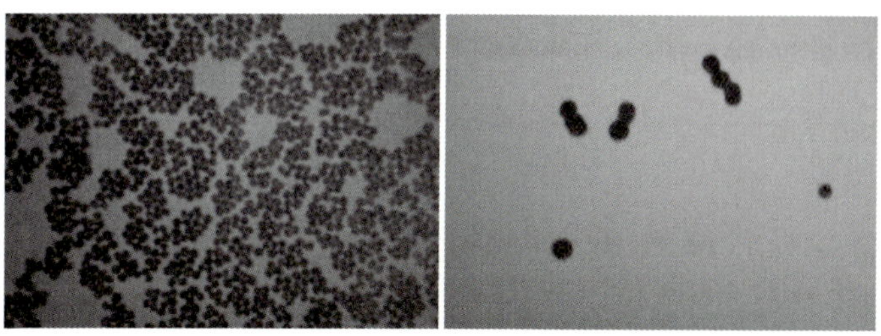

그림 2-2 구균(Coccus)

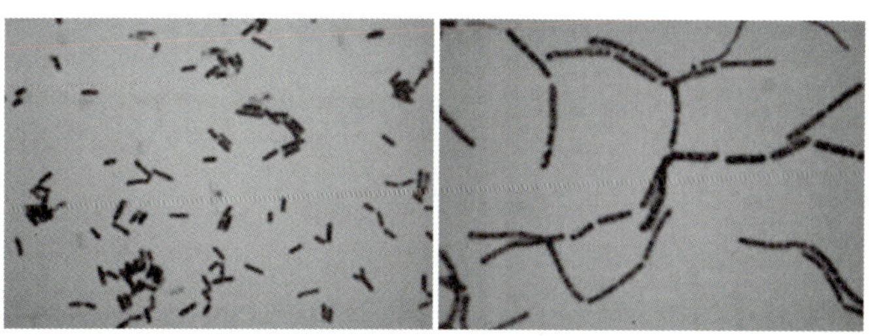

그림 2-3 간균(Bacillus)

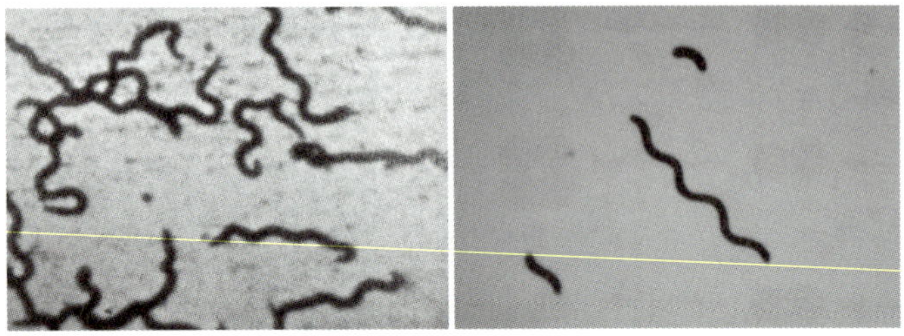

그림 2-4 나선균(Spirillum)

세균의 산소요구성에 따른 구분은 호기성균, 혐기성균, 통성혐기성균으로 구분할 수 있으며 호기성균은 성장하는 데 산소가 꼭 필요한 세균을 말하며, 혐기성균은 산소가 있으면 성장이 힘든 균을 말하고, 통성혐기성균은 산소가 없어도 성장이 가능하지만 산소가 있으면 더욱 빠르게 성장하는 균을 말한다.

세균의 그람염색에 따른 구분은 그람양성과 그람음성이 있는데 이는 세포를 염색시켜 염색되는 세포와 염색이 되지 않는 세포를 나누는 구분 방법으로 세포벽에 있는 펩티도글리칸층에 염색이 되면 그람양성, 염색이 안 되면 그람음성이라고 부른다. 그람양성균의 경우 펩티도글리칸 층이 두꺼워 염색이 된 후 알코올을 뿌렸을 때 염색이 쉽게 제거되지 않지만, 그람음성균의 경우 알코올을 뿌렸을 때 염색이 쉽게 제거된다.

세균은 살아있는 단세포 미생물로 물, 바람, 곤충, 식물, 동물, 사람 등에 의해 식품을 오염시킨다. 피부에 생긴 상처나 손톱 밑, 입, 코 등에 세균이 존재하며 손에 있는 세균은 식품을 오염시키는 주요인이 된다. 세균은 주로 수분이 많은 식품을 잘 변질시키며, 중성에서 잘 자라고 산성에서는 잘 자라지 못하는 특성이 있다. 인체에 침입한 세균은 경구감염병이나 감염형 식중독 등을 일으키거나 식품에 증식하여 독소를 생성하기 때문에 중요한 위해요소로 세균에 의한 피해를 줄이기 위한 예방책이 필요하다.

(1) 세균의 생장

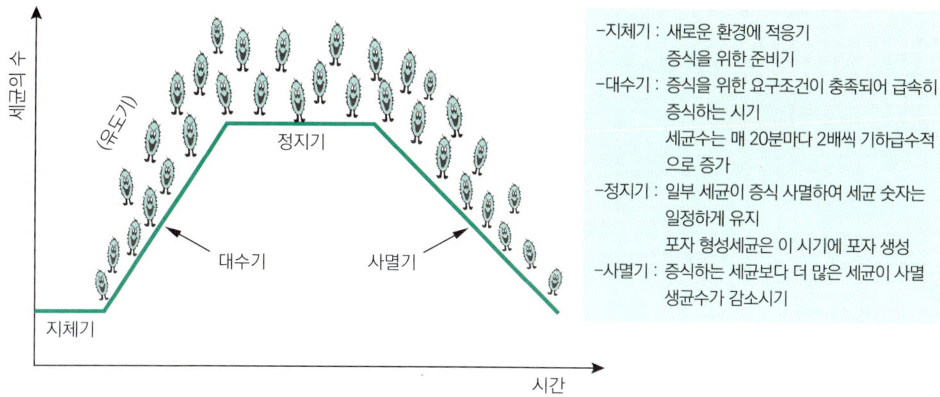

그림 2-5 세균의 생장곡선

세균의 생장은 지체기, 대수기, 정지기, 사멸기를 거친다. 지체기(lag phase)는 세균이 그 환경에 적응하는 시기로 어떤 생장도 보이지 않는 시기이다. 대수기(log phase)는 세균의 수가 이 기간에 빠른 생장을 하므로 식품의 안전이 중요한 시기이다. 정지기(stationary phase)는 새로 생기는 세균의 수와 죽어버리는 세균의 수가 같은 시기이다. 사멸기(death phase)에는 세균은 영양분의 부족으로 고갈되고 생균수가 줄어들어 사멸하게 된다. 이 주기를 세균의 생장곡선(bacterial growth)이라 하고 이 곡선을 S자 곡선이라고도 한다.

(2) 세균의 생장에 필요한 조건

세균이 생장하려면 음식물(Food), 산성도(Acidic), 온도(Temperature), 시간(Time), 산소(Oxgen), 수분(Moisture)이 충족되어야 한다. 다시 말해 세균의 생장을 막기 위해서는 이 6가지 조건을 조절하여야 하며, 이를 약자로 FAT-TOM관리라고 한다.

① 음식물

세균생장에 가장 중요한 조건은 적당한 음식공급이다. 대부분의 세균은 육류, 가금류, 해산물, 우유제품, 익힌 쌀, 콩, 감자와 같이 고단백질과 탄수화물이 많은 식품을 좋아한다.

② 산성도

수소이온농도지수(pH)는 식품의 산성도와 알칼리도를 나타내는 데 사용되며, 0~14까지 범위의 pH를 측정하고, 산성, 중성, 알칼리성으로 구분한다. 유해세균이 자라는 범위는 pH 4.6~7.0 사이, 식음료업장에서 판매하는 많은 식품이 이 pH의 범위를 가진다.

병원성 세균은 pH 4.6~7.0인 식품에서 가장 잘 자라며, 식품으로는 우유, 고기, 생선 등이 속한다.

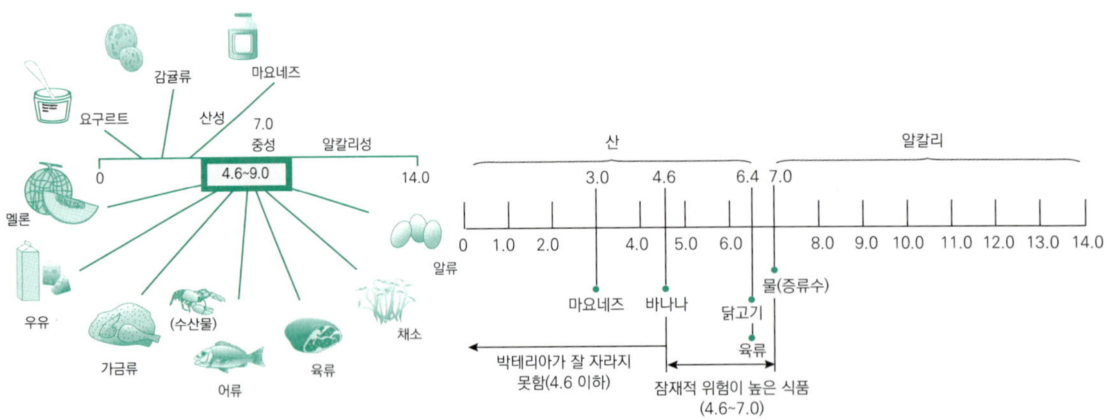

자료 : National Restaurant Association(1992)

그림 2-6 식음료업장에서 조리하는 일반 식품의 산성도

③ 온도

모든 세균이 생장을 위해 같은 온도 조건이 필요한 것은 아니다. 저온성 세균은 0~21℃, 중온성 세균은 21~43℃, 고온성 세균은 43℃ 이상의 온도에서 잘 자란다. 세균은 냉장온도와 실온에서 증식할 수 있으므로 특히 주의를 기울여야 한다. 시간과 온도조절은 식음료업장 관리자가 병원성과 부패세균을 조절하는 데 가장 효과적인 방법이다. 그러므로 찬 음식은 5℃나 그 이하로 저장하고, 더운 음식은 60℃나 그 이상의 온도에서 보관하라는 의미이다. 시간과 온도는 세균의 생장에 영향을 미치는 가장 중요한 요소이다.

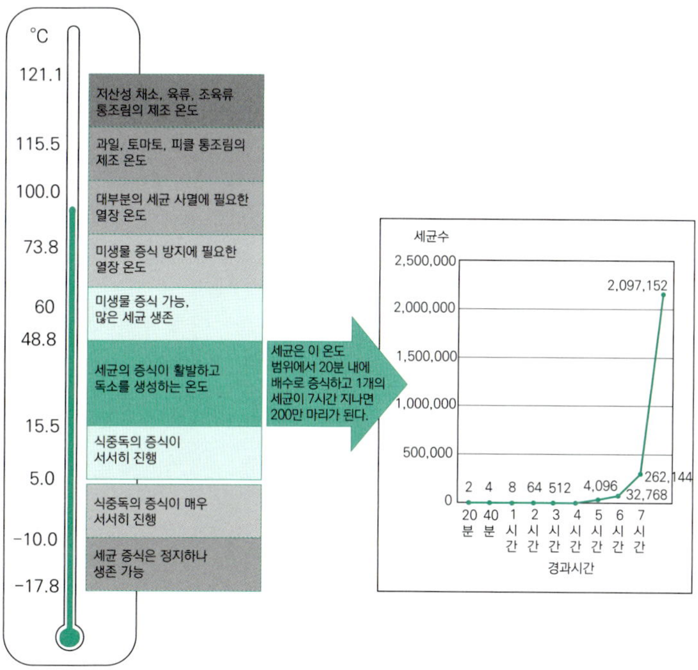

자료 : 대한영양사회, 위생관리지침서, 1996

그림 2-7 온도 범위에 따른 미생물 생장과의 관계

④ 시간

세균은 빠르게 생장하는데, 1마리가 약 4시간이 소요되면 식중독을 일으키는 세균수로 증가한다. 따라서 식품을 5~60℃ 사이에 4시간 이내에 사용하는 것을 권장한다.

⑤ 산소

세균은 산소에 대한 요구 조건이 다르며, 호기성(aerobic) 세균, 혐기성(anaerobic) 세균, 통성혐기성(facultative anaerobic) 세균, 미호기성(micro-aerobic) 세균이 있다. 호기성 세균은 생장을 위해 산소가 있어야 한다. 혐기성 세균은 산소가 있으면 생존할 수가 없으며, 진공포장식품이나 통조림식품에서 잘 자란다. 통성혐기성 세균은 산소가 있거나 없어도 살 수 있으며, 대부분의 병원성 세균이 속한다. 미호기성 세균은 3~6% 범위의 산소를 요구한다.

⑥ 수분

미생물의 생장에 가장 영향을 미치는 것은 유용한 물의 양 혹은 미생물의 활동에 쓰이는 물이며, 이것을 수분활성도(water activity)라고 표현하고 Aw로 나타낸다. 수분활성도는 0에서 1로 나타내는데, 수분활성도 0.85 이상인 식품에서 병원성 세균이 잘 자란다.

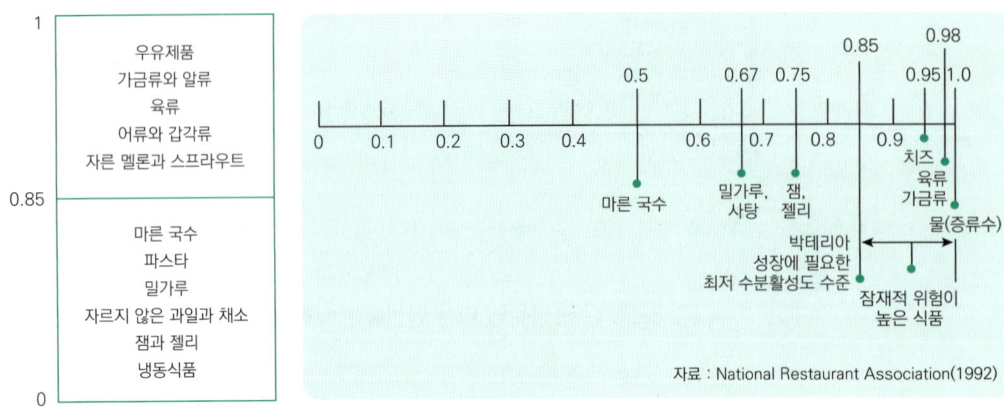

그림 2-8 식음료업장에서 판매되는 식품의 수분활성도(Aw)

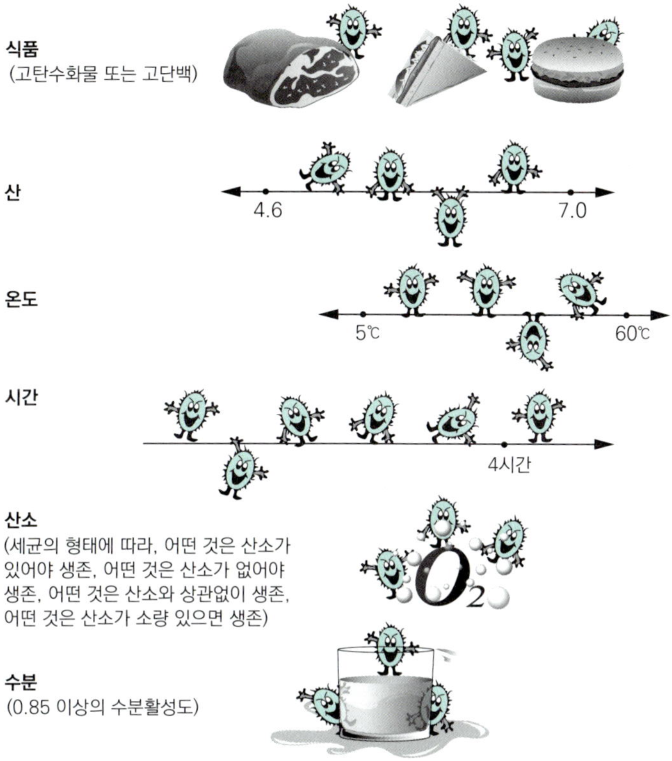

그림 2-9 생장에 필요한 6가지 조건

잠재적으로 위험한 식품(Potentially Hazardous Food; PHF)

PHF란 식중독 사고를 발생시킬 위험을 내포하고 있는 식품으로 판단기준은 수분활성도 0.5 이상, pH 4.6 이상, 고단백 식품, 상온에 보관하면 쉽게 상하는 식품, 토양에 오염된 농산물 등을 말한다.

3) 곰팡이(Molds)

곰팡이는 진핵세포 균류 중 진균류에 속하는 고등 미생물로서 균사 또는 포자를 활용하여 증식하고 세균보다 증식속도는 느리지만 세균이 증식하지 못하는 수분

13~15%의 건조식품에서도 적절한 온도만 유지되면 증식할 수 있고, 당 또는 식염농도가 높은 식품에도 증식이 가능하다. 주로 약산성에서 잘 자라며 호기성균이고, 낮은 온도에 강해 잘 증식하지만, 열에 약해 열을 가하면 쉽게 사멸한다. 균체는 실처럼 길고 가는 모양의 균사로 생육하고, 그 끝에 포자를 형성한다. 실처럼 길고 가는 것은 균사체라고 부르며 포자가 형성된 것은 자실체라고 부른다.

균류는 보통 조균류 270속 1,500종, 자낭균류 1,850속 1만 5,000종, 담자균류 550속 1만 5,000종, 불완전균류 1,450속 1만 5,000종으로 분류되는데 그 밖의 것을 포함하면 총 4,400속 5만 종이 된다. 이 가운데서 버섯을 형성하는 것은 자낭균류의 일부와 담자균류가 대부분이므로 나머지는 모두 곰팡이류로 다루게 되어, 곰팡이류의 종류는 아무리 적게 보아도 3만 종 이상일 것으로 본다.

곰팡이는 치즈, 소시지, 간장, 된장 등의 식품생산과 효소생산에도 활용되지만 곰팡이 중에서 Aspergillus, Penicillium, Fusarium속 등의 일부 곰팡이들은 유해색소나 곰팡이독(mycotoxin)을 생성해서 인체에 위해를 가할 수도 있다.

4) 효모(Yeast)

효모는 통성혐기성 미생물로서 곰팡이와 같은 진균류에 속하는 진핵세포로 된 고등미생물이지만, 대개의 곰팡이와 다르게 균사를 만들지 않고 단세포로 되어 있으며 주로 출아법에 의해서 증식한다. 효모의 형태로는 구형(round), 난형(oval), 타원형(ellipsoidal), 원통형(cylindrical, 소시지형), 레몬형(lemon shaped), 삼각형(triangular) 등이 있다. 알코올 발효가 가능한 종류가 많아서 균체는 주로 주류의 양조, 알코올 제조, 제빵 등에 활용되고, 식용 및 효모는 세포의 크기가 곰팡이보다 작아서 곰팡이보다 대사활성이 높고 성장속도가 빠른 것이 특징이다. pH, 온도, 수분활성도가 비교적 낮은 환경에서도 잘 자라는 생리적인 특성이 있다는 것은 곰팡이와 비슷하나 통성혐기성균이기 때문에 혐기적인 조건에서도 잘 성장한다는 점이 다르다. 그렇기 때문에 효모는 소금이나 설탕으로 절인 식품의 숙성과 부패의 원인이 된다. 사료용 단백질, 비타민, 핵산관련물질 등의 생산에도 중요한 역할을 담당한다.

효모가 식품을 변질시키는 원인이 될 수도 있는데, 효모의 증식에는 당과 수분이 필요하기 때문에 주로 젤리나 벌꿀에서 자주 나타난다. 내삼투압 효모들이 당이 많은 식품인 잼에 서서히 증식해 거품을 발생시키고 알코올 냄새를 띠게 하며, 때로는 된장, 간장, 맥주, 포도주, 청량음료, 꿀 등을 변질시키기도 하는데, 식품의 색을 적색으로 변색시키기도 하고 점질물질을 만들어서 식품을 변질시키기도 한다. 그러나 세균처럼 식중독을 유발하거나 곰팡이와 같은 인체에 유해한 독을 생성하지는 않는다. 피부질환의 원인이 되는 종류도 있으나 식중독 유발 등 식품위생상의 위해성은 적은 편이다. 또한 오이지나 피클과 같은 산성의 소금이 첨가된 식품 표면에 증식해서 막을 형성하는 산막효모에 의해서 식품의 변질을 가져올 수 있다.

5) 원생동물(Protozoa)

진핵세포에 속하는 원생동물은 엽록소를 가지고 있지 않고 운동성이 좋은 2~20㎛ 정도 크기의 단일세포로 구성되어 있고 건조에 대한 저항성이 현저히 낮다. 원생동물의 섭취는 동물적 소화섭취형도 있고, 용액상태의 유기화합물 섭취형도 있다. 원생동물은 근족충류(amoeba), 포자충류(sporozoa), 편모충류(flagellates), 섬모충류(ciliates)로 분류되는데, 기생충학에서는 원충이라고도 한다. 호흡은 특별한 호흡의 세포기관 없이 산소와 이산화탄소를 세포막을 통한 확산에 의해 교환한다. 생식은 분열 또는 출아에 의한 무성생식 또는 접합이나 배우자에 의한 유성생식을 한다.

사람의 장관에 기생해서 이질성설사를 유발하는 Entamoeba histolytica는 근족충류에 속하며, 말라리아의 병원체인 Plasmodium malariae와 Toxoplasmosis의 원인균인 Toxoplasma gondii는 절대 기생성인 포자충류에 속한다. 질병과 관계되는 종류의 편모충류에 속하는 종류로서는 말, 소, 개, 염소, 고양이 등에 열대병을 일으키는 Leishmania, 부인들에게 가렵고 따가운 증세를 나타내는 Trichomonas vaginalis가 있다.

2 식품위생의 지표세균(Sanitary indicative bacteria)

위생지표균은 식품의 위생수준을 나타낼 수 있는 지표로 식품의 종류에 따라 세균수, 대장균군, 대장균에 대하여 검사하고 기준에 미달되는 식품은 판정기준에 따라 업무정지 등 행정처리를 진행한다. 일반세균, 대장균군, 대장균이 지표세균이며, 분변오염을 확인할 수 있는 세균은 대장균과 장구균이 있다.

1) 대장균군(Coliform group)

대장균군이란 Lactose를 분해하여 산(acid)과 가스(gas)를 생성하는 그람음성균으로서 포자를 형성하지 않는 호기성 또는 통성혐기성인 간균을 의미한다. 이러한 세균은 온혈동물의 장관이 주요 서식처이고, 분변 1g당 108~1011cell 정도 존재한다. 대장균군에는 Escherichia, Citrobacter, Enterobacter, Klebsiella 등이 속한다. 검사 방법이 복잡하지 않고 전 세계에서 통일된 방법을

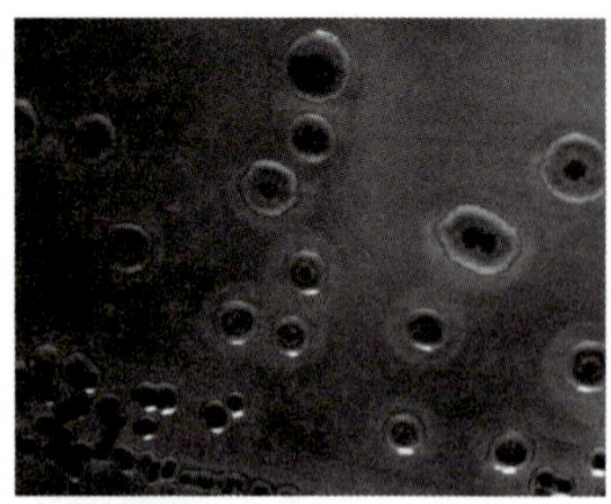

그림 2-10
대장균군(Coliform group)

사용하기 때문에 식품이나 물의 위생지표세균으로 많이 사용된다.

병원성이 없음에도 불구하고, 이들을 위생지표균으로 사용하는 이유는 이 균이 검출되었다는 의미는 같은 장내세균과에 속하면서 병원성을 갖는 Salomella, Shigella와 같은 균이 존재할 가능성이 있기 때문이다. 즉 대장균이 많을수록 병원성균이 있을 확률이 높다는 것이다. 그러나 자연계에 널리 분포되어 있기 때문에 대장균군이 검출되었다고 해서 반드시 분변에 오염되었다는 것을 의미하지는 않는다.

2) 분변계 대장균군(Fecal coliform)

대장균군 중에서 배지의 배양온도 45℃에서 발육하는 Escherichia coli는 유당을 분해해서 가스와 산을 생성한다. 이것은 분변오염의 지표로 활용하는 대장균군보다 더욱 정확한 분변계 대장균(fecal coliform)군이다. 비병원성 세균도 있지만, 전염병의 원인균과 식중독 원인균도 가지고 있다. E. coli와 분변 그리고 장내 병원균들은 밀접한 관계가 있기 때문에 대장균검사를 통해 분변에 의한 식품오염을 확실하게 검사할 수 있다. 주요 분변계 대장균군으로 Eschrichia coli, Clostridium, Bacteroides, Bifidobacterium, Lactobacillus, Klebsiella, Citrobacter, Enterobacter, Serratia, Proteus, Shigella, Salmonella, Streptococcus faecalis 등이 있다.

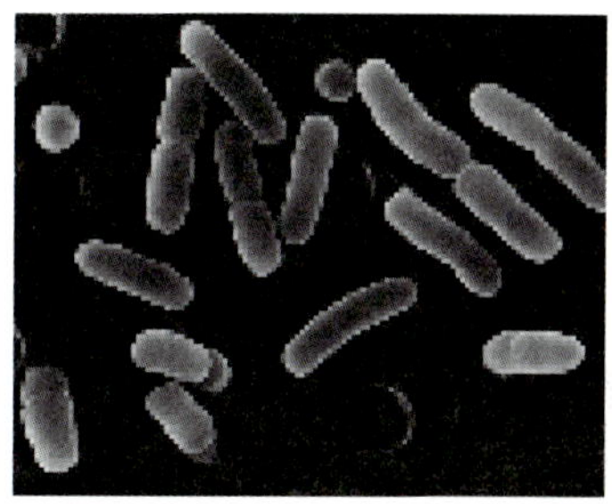

그림 2-11
분변계 대장균군(Fecal coliform)

대장균과 대장균군은 가열이나 동결에 저항성이 약하기 때문에 지표세균으로서 활용하는 데는 제약이 따른다. 즉 이들은 일반적으로 동결저장에 의해서 사멸되지만 병원균의 대다수는 E. coli가 사멸한 후에도 생존할 가능성이 있다. 그렇기 때문에 E. coli를 동결식품에 대한 지표세균으로 사용하는 것은 문제가 있을 수 있다.

3) 장구균(Enterococcus)

장구균이 대장균군 대신 분변오염 지표세균으로 주목을 받고 있는 이유로는 첫째, 사람과 동물의 장관 내에 높은 비율로 존재하고 있으며, 둘째, 자연계에서는 증식하지 않고 토양이나 물 등에서는 대장균군에 비하여 훨씬 적게 검출되는 특징이 있기 때문이다. 식품위생의 지표세균으로서 대장균과 장구균의 비교는 〈표 2-2〉와 같다.

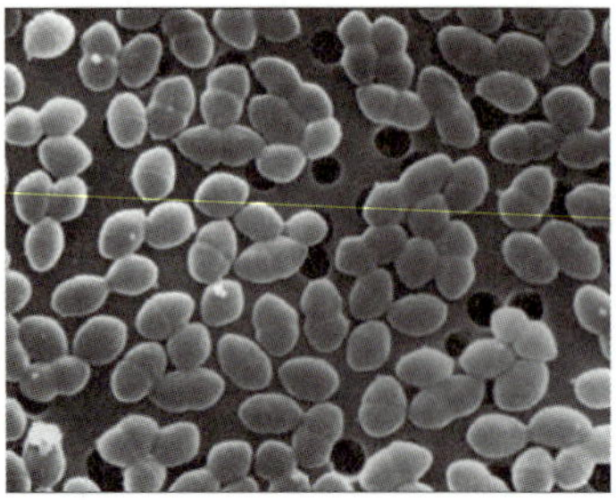

그림 2-12
장구균(Enterococcus)

표 2-2 식품위생의 지표세균인 대장균과 장구균의 비교

특징	대장균군 (Coliform group)	장구균 (Enterococcus속)
형태	간균	구균
그람(gram) 염색성	음성	양성
장관내 균	분변 1g당 10^7~10^9	분변 1g당 10^5~10^8
각종 동물 분변에서 검출될 가능성	동물마다 다르게 검출됨	동물에서 대부분 검출됨
장관 외에서 검출될 가능성	일반적으로 낮음	일반적으로 높음
외계에서의 저항성	약함	강함
동결에 대한 저항성	약함	강함
냉동식품에서의 생존가능성	일반적으로 가능성이 낮음	일반적으로 가능성 높음
건조식품에서의 생존가능성	가능성이 낮음	가능성 높음
생선과 채소에서 검출될 가능성	낮음	일반적으로 가능성 높음
날고기에서 검출될 가능성	일반적으로 낮음	일반적으로 가능성 낮음
절인 고기에서 검출될 가능성	낮거나 없음	일반적으로 가능성 높음
식품매개 장관계 병원균과의 관계	일반적으로 많음	보다 적음
식품매개 비장관계 병원균과의 관계	적음	적음

3 미생물의 생육 및 부패

1) 미생물의 생육

모든 미생물들이 똑같은 조건에서 생육할 수 있는 것이 아니기 때문에 미생물의 생육에 영향을 미치는 요인에 대해서 알아보면 식품을 부패시키는 미생물군을 추정할 수 있다.

(1) 온도

미생물 생육에 중요한 영향을 주는 환경요인이 온도이다. 미생물은 각각 발육 가능한 범위가 있다. 생육이 가능한 온도 범위에 따라 저온균(psychrothrouphs, facultative psychrophiles), 중온균(mesophiles), 고온균(thermophiles) 등으로 분류된다. 저온균은 호냉균이라고도 불리며 생육 최적온도 10℃ 내외, 중온균 25~37℃, 고온균은 60~70℃에서 생육 최적온도를 나타낸다. 대부분의 병원세균이나 부패세균은 중온균이다. 〈표 2-3〉은 온도에 따른 미생물을 분류한 표이다.

표 2-3 온도에 따른 미생물의 분류

분류	온도(℃)		미생물
	최적	가능	
저온균(호냉균)	10℃	0~20℃	Vibrio, Pseudomonas, Achromobacter와 같은 수중세균
중온균	25~37℃	20~40℃	사상균, 효모, 곰팡이, 대부분의 병원균
고온균	60~70℃	40~75℃	온천균, 퇴비균, Bacillus coagulans, Clostridium thermosacchariticum

(2) pH

세균은 생육 최적 pH가 중성 부근인 것이 많다. 부패세균은 대부분 pH 5.5 이하에서는 발육이 저해되지만 효모와 곰팡이는 산성영역에서 잘 증식하며, 증식이 가능한 pH 범위는 효모는 pH 4.0~8.5, 곰팡이는 pH 2.0~8.5이다. 그러므로 산 함량이 높은 과일, 채소류는 세균보다는 곰팡이나 효모에 의해서 부패가 일어나고, 육류나 수산물은 pH가 중성에 가깝기 때문에 세균에 의한 부패가 많다.

(3) 수분활성도(Water Activity, Aw)

대부분의 미생물은 75% 정도가 물로 구성되어 있고, 이러한 수분함량이 유지되면 생장이 가능하나 만약 이것을 유지하지 못한다면 생장이나 번식을 할 수 없게 된다. 식품 중 미생물이 이용할 수 있는 수분으로서 식품 중 자유수의 함량을 나타내는 척도로 수분활성도(water activity, Aw)가 이용된다. 수분활성도(Aw)는 다음의 식으로부터 구한다.

$$\text{수분활성도}(A_w) = \frac{\text{해당 물질이나 용액의 수증기압}}{\text{같은 온도의 순수한 물의 수증기압}} = \frac{P}{P_0} = \frac{n_2}{n_1 + n_2}$$

단, 여기서 P는 주어진 용액의 수증기압, P_0는 주어진 용매의 수증기압, n_1은 용질의 mole수, n_2는 용매의 mole수이다.

수분활성도가 높을수록 미생물의 발육이 더욱 용이해지고 발육이 가능한 최저 Aw의 한계는 통상 세균 0.9, 효모 0.88, 곰팡이 0.80이다. 특수한 세균은 0.75, 내건성 곰팡이는 0.65, 내삼투압성 효모는 0.6 배지에서 생육이 가능하다. 식품을 건조하면 세균, 효모, 곰팡이의 순으로 생육이 어려워질 뿐만 아니라 Aw 0.65 이하에서는 곰팡이도 생육하지 못한다. 그러므로 식품의 수분활성도를 낮추기 위한 방법으로는 식염이나 설탕 등의 용질을 첨가한다거나 농축이나 건조를 통해 수분을 제거하거나 냉동온도 강하로 수분활성도를 저하시키는 것 등을 생각할 수 있다.

(4) 기타 요인

식품 중에 미생물의 발육을 억제하는 물질, 발육을 촉진하는 성분의 존재가 영향을 미칠 수 있는데, 예를 들면 셀룰로오스, 전분, 펙틴, 단백질 등을 분해하는 세균 종류는 많지 않으나 이들을 잘 이용하기 때문에 변패가 잘 일어난다. 또한 산화환원전위, 식품의 조직상태, 식품의 저장환경 등도 변패에 크게 영향을 미친다.

2) 부패미생물

식품 취급에 있어서 세균으로 인해서 균수가 증가하게 되면 식품성분이 세균 효소에 의해 분해되어 각종 대사산물이 생성되어 부패가 일어나게 된다. 이때 유기물을 분해하여 유독한 물질과 악취를 발생시키는 미생물을 부패미생물이라고 한다. 식품 중 단백질 분해에 관여하는 세균을 병원성 세균이라 하고, 식중독 세균과는 달리 부패세균(putrefactive bacteria)이라고 한다.

부패세균은 수분함량이 높고, pH가 중성인 단백질식품에서 잘 자란다. 식품의 부패에 관여하는 세균은 어느 하나로 한정되기보다는 여러 가지 세균들이 시기를 달리해서 부패를 일으키는데, 단백질 분해력이 강한 세균이 주가 되어서 작용한다. 곡류, 빵, 과실, 채소 등과 같은 수분함량이 비교적 적고 전분질인 식품과 삼투압이 높으며, 산성인 식품에서는 곰팡이가 잘 발육하며 당분을 갖는 산성과즙과 같은 식품에서는 효모가 번식하기 쉽다.

(1) 곡류 및 곡류의 가공품

건조한 환경에서 생육하는 곰팡이로 Aspergillus, Penicillium 등이 주요 부패미생물이다. 쌀 수확 직후에는 일반적으로 Pseudomonas 등의 세균과 Alternaria, Fusarium 등의 곰팡이가 많이 검출되지만, 쌀의 저장과정에서는 주로 Aspergillus glaucus군과 Penicillium이 증식해서 쌀의 변질을 일으킨다.

쌀밥의 변질에 관여하는 미생물은 내열성 포자형성균으로 Bacillus가 주를 이룬다. 쌀밥은 세균에 의해서 변패가 일어나기 전에 수분이 증발하면 Penicillium, Aspergillus, Mucor 등의 곰팡이가 증식하기도 하는데 빵에는 주로, Penicillium 속 곰팡이가 발생하며, 식빵의 점질화(rope) 현상은 Bacillus subtilis 또는 Bacillus licheniformis가 생산하는 전분분해효소에 의해서 생성된 당에 의한 점질물이 변패의 원인이 된다. 과자류는 Penicillium, Aspergillus, Mucor 등의 곰팡이와 내당성 효모, Bacillus subtilis, Sterptococcus, Micrococcus, Achromobacter, Flavobacterium 및 대장균군의 균류가 증식해서 변패를 일으킨다.

(2) 채소류와 과일류

채소와 과일의 부패에서는 펙틴 분해력이 강한 Mucor, Aspergillus, Penicillium 속 곰팡이와 Erwinia 세균이 대표 미생물이다. 자기소화에 의한 부패도 많지만 주로 과일은 곰팡이에 의한 부패가 생기고 채소는 곰팡이와 세균에 의한 부패가 일어난다.

과일의 표면은 곰팡이를 비롯한 여러 가지 미생물에 의해 오염되는데 과일 표면에 상처가 생기면 그 부위로 미생물이 침투하여 증식함으로써 부패가 일어난다. 일반적으로 과일은 pH가 낮아서 Lactobacillus와 Leuconostoc 같은 내산성 세균을 제외한 대부분의 세균의 생육이 억제되므로 주로 내산성이 높은 효모와 곰팡이에 의한 부패가 일어난다. Penicillium digitatum과 Penicillium italicum은 감귤류의 연부병을 일으키며, Penicillium expansum은 사과나 배 등에 푸른곰팡이를 일으킨다.

(3) 육류

단백질 분해력이 높은 세균인 Bacillus putrificans, Bacillus subtilis, Clostridium sporogenes, Protues vulgaris에 의한 부패가 많이 일어난다. 식육은 수분활성이 높기 때문에 주로 그람음성균 Pseudomonas에 의해 부패가 일어난다. Aeromonas,

Alcaligenes, Flavobacterium, Acinetobacter, Moraxella, Enterobacter, Microbacterium, Proteus, Streptococcus 등의 세균도 식육의 부패를 일으키는 것으로 알려져 있다. 식육의 부패로 인한 현상은 불쾌취, 점질물질 생성, 변색 등이 있다. 수분활성이 낮은 식육의 경우는 Thamnidium, Cladosprium, Sporotrichum, Penicillium 등의 곰팡이가 증식해서 부패를 일으킨다. 가금육은 저온에서 저장되므로, 주로 저온성 세균인 Pseudomonas가 주된 부패균이다. 염지육의 경우는 Micrococcus가 주로 부패를 일으키며, 부패취, 점질물질 생성 등의 변화가 일어난다.

(4) 어패류

어패류의 대표적인 부패세균으로는 Pseudomonas, Flavobacterium, Achromobacter, Micrococccus 등이 있으며, 이들은 저온성 수중세균이고, 부패 원인균은 Pseudomonas, Acinetobacter, Achromobacter, Flavobacterium, Aeromonas, Alcaligenes, Bacillus, Clostridium 등이 있다.

어체의 표피와 아가미에 부착되었던 세균이나 장내세균이 증식하여 부패의 원인이 된다. 어획 직후 어체의 표면 1cm^{2}당 수백 마리였던 세균이 여러 단계를 거치면서 수백만 마리까지 증식한다.

조개류의 부패균은 생선의 부패균과 유사한 종류이나 때로는 대장균과 토양세균도 관계한다.

(5) 유제품

우유의 대표적인 부패세균으로는 산 생성세균인 Streptococcus lactis, 점질물 생성세균인 Alcaligenes viscolactis가 있고 우유는 착유하는 과정이나 착유한 다음에 여러 가지 오염원에 의해서 오염된다.

Pseudomonas syncyanea는 Streptococcus lactis와 같은 산생성균과 함께 증식하면 공동작용에 의해서 청변을 생성하고, Pseudomonas synxantha는 황변을, Serratia marcescens는 적변을, Pseudomonas fluorescens는 형광색소를 형성하게 된다.

신속히 냉각하지 않으면 포도상구균과 같은 균이 증식해서 독성물질을 생성하기도 한다. 냉장저장되고 있는 우유에서도 Pseudomonas, Acinetobacter, Aeromonas, Alcaligenes, Flavobacterium 등의 균과 Strptococcus속, 대장균군 등 장내세균들이 검출된다. 또한 냉장고에 장시간 저장하면 호냉균인 psychrophiles 또는 저온균인 psychrotrophs 등이 증식하여 부패를 일으킨다. 우유 변질의 주된 미생물은 Pseudomonas로 부패취와 쓴맛을 생성하고 산패에도 관여한다. 때로는 젖산균이 생우유의 변질에 관여하기도 한다. 우유에 Alcaligenes, Klebsiella, Pseudomonas, Flavobacterium이 증식하면 점성물질이 생성되어 우유를 탁하고 끈적끈적하게 한다.

버터에는 Pseudomonas와 Alteromonas 같은 저온성 세균이 증식해서 부패취, 단백분해취, 과일냄새 등을 생성한다. 버터의 표면에는 Penicillium 등의 곰팡이가 증식하기도 한다. 치즈에는 Pseudomonas, Alteromonas, Flavobacterium, Micrococcus 등의 세균이 증식해서 부패취, 산패취, 쓴맛, 색소 등을 생성한다. 치즈의 표면에는 Penicillium, Mucor, Aspergillus 등의 곰팡이가 증식하기도 한다. 때로는 Rhodotorula, Torulopsis, Geotrichum 등의 효모가 증식해서 색소와 점질물질을 생성하기도 한다.

(6) 통조림

부패균은 대부분 내열성이 많으며 탄산가스와 수소가스를 발생하는데, 대표적인 부패균으로는 Clostriduim butylicum, Clostridium pasteurianum, Clostridium sporogenes 등이 있다. Clostridium botulinum은 통조림을 부패시키고 식중독을 발생시킨다. 가열이 충분하지 않은 통조림 식품은 내열성 포자형성균인 Bacillus와 Clostridium 등에 의해 부패한다. Flat sour 원인 세균인 Bacillus stearothermophilus, Bacillus coagulans가 대표적인 부패세균이다.

(7) 난류

대표적인 원인균은 흑색변패세균인 Proteus melanovogenes이다. 산란한 직후의 알은 거의 무균상태인데, 난분이나 계사의 흙, 세척수, 취급자의 손, 포장재료 등으로부터 세균과 곰팡이에 의해 껍질이 오염되고 오염된 균이 습한 껍질을 통해 알의 내부로 들어가 증식하게 되어서 부패하게 된다.

(8) 유지식품

미생물의 증식에 의해 산패(rancidity), 산성화(acidity), 비누화(soapiness), 불쾌취 생성 등과 같은 변질이 일어난다. 버터와 마가린에서는 Cladosporium, Candida, Pseudomonas, Micrococcus, Penicillium, Geotrichum 등이 증식해서 유리지방산을 생성하며, 올리브유와 유지방에서는 Micrococcus, Pseudomonas, Serratia, Staphylococcus 등이 증식해서 유지의 가수분해를 일으킨다. 마요네즈에서는 Saccaromyces, Lactobacillus, Bacillus 등이 증식해서 부패를 일으킨다.

3) 부패판정

식품의 부패는 인체에 위해를 가져오기 때문에 초기에 식품의 부패를 판단하는 것이 중요하다. 일반적으로 천연식품보다 가열 조리한 식품이 부패되기 쉽다. 즉, 가열 조리함으로써 조직이 연화되고 단백질이 변성하여 가용성분이 많아짐으로써 세균증식에 적절한 조건을 만들기 때문이다. 음식물이 완전히 부패되면 부패취가 나게 되고 외관상 변형이 오기 때문에 쉽게 부패정도를 알아차릴 수 있어 완전히 부패된 식품은 문제가 되지 않지만, 초기부패 단계의 식품은 판별이 어려워서 잘못 먹었다가 문제를 가져오게 된다. 이러한 부패 초기단계에서는 다음과 같은 검사에 의해서 부패를 판정한다.

식품의 부패는 미생물 증식에 의한 것이므로 실험으로 미생물의 수를 측정하거나 부패산물의 양을 측정함으로써 부패의 진행정도를 판정할 수 있으며 숙달이 되면 관능적으로도 잘 알 수 있다. 따라서 관능검사, 세균학적 검사, 화학적 검사, 물리적 검사 등으로 부패를 판정할 수 있다.

(1) 관능검사

관능검사는 여러 가지 품질을 인간의 시각, 촉각, 후각, 미각으로 평가하는 가장 간단한 평가방법이다. 즉 식품이 초기 부패 단계에 이르면 악취가 나고 색깔의 변화가 생기며 조직의 변화를 가져오고 맛의 변화가 생긴다. 그러나 관능검사는 개인마다 그 평가결과가 달라질 수 있어 객관적이지 않으므로 일반화하기 힘들다는 단점도 있다. 관능검사 항목은 다음과 같다.

- 색깔의 변화(변색, 퇴색, 광택 등)
- 조직의 변화(액체인 경우에는 혼탁, 침전, 응고현상이 일어남. 고체인 경우에는 탄력성, 유연성, 점액의 발생상태 등)
- 냄새의 발생(암모니아 냄새, 아민 냄새, 산패한 냄새, 알코올 냄새 등)
- 이상한 맛이나 불쾌한 맛이 발생(신맛, 쓴맛, 자극적인 맛 등)

(2) 생물학적 검사판정

세균수 검사 : 식품 중에 혼입된 세균수를 측정하여 판정하는 방법으로서, 일반적으로 세균수가 많은 식품은 위생적이지 않고 신선도가 떨어지는 것으로 추정한다. 보통 식품 1g 또는 1㎖당인 때를 안전한계, ~에 도달하면 초기 부패가 진행되는 것으로 여겨지지만, 이를 모든 식품에 적용할 수 없으며 측정에 오랜 시간(24~28시간)이 걸리는 단점이 있다.

쌀밥은 세균수 측정에 의한 초기 부패 판정이 가능한 몇 안 되는 식품 중 하나이다. 그러나 반드시 균수가 많은 식품이 비위생적이고 선도가 나쁘다고 단정할 수는 없다. 미생물에는 유용균과 무작용균에 속하는 종류가 있으며, 또한 균수가 많아도 미생물이 식품을 분해하여 영양원으로 이용하면서 균이 증식하는 것과 단순히 일과성 오염에 의해 균수가 증가하는가에 따라 균수의 의의가 다르기 때문에 이 경우에는 균수뿐만 아니라 유해균종의 유무와 대사산물의 측정도 필요하다. 우유 등 액체식품은 생균수가 ~/㎖일 때, 생선 등 고체식품은 ~/cm^2일 때를 부패의 초기단계로 본다.

(3) 화학적 검사판정

어류나 육류와 같은 단백질 함유식품은 신선도 저하와 함께 부패생성물을 만들어내는데 이렇게 만들어진 부패생성물의 양을 측정하여 초기 부패를 알아보는 것이다.

① 휘발성 염기질소(VBN; volatile basic nitrogen)

단백질 식품은 부패에 의해 암모니아나 아민류를 생성하는데 암모니아 휘발성 아민류를 총칭하여 휘발성 염기질소(VBN; volatile basic nitrogen)라 하며, 화학적으로 그 함량을 측정하면 식품의 부패정도를 알 수 있다. 아주 신선한 어육의 경우, VBN이 5~10mg%, 보통 신선도의 어육은 15~25mg%, 부패초기 어육은 30~40mg%, 부패한 어육은 50mg% 이상으로 나타나 어육과 식육의 신선도를 나타내는 지표로 이용된다.

② 트리메틸아민(TMA; Trimethylamine)

트리메틸아민 비린내의 원인물질로 어패류의 신선도 저하와 함께 증가되기 때문에 어패류 신선도 검사에 사용되는데, 휘발성 염기질소를 구성하는 아민 중 가장 많다. 신선한 어패류는 3mg% 이하이지만, 부패 초기에는 4~6mg% 함유되어 있다.

③ K값

어육의 신선도를 나타내는 지표로 어육 중의 Adenosine triphosphate(ATP)는 사후강직에 관여한 후 Adenosine diphosphate(ADP), Adenosine monophosphate(AMP), Inosinic acid(IMP) 등으로 분해되고 더욱더 신선도가 떨어지면 Inosine(HxR), Hypoxanthine(Hx) 등의 생성물이 나타나게 된다. K값이 10% 이하일 때는 아주 신선하며, 20% 이하는 신선도가 양호하고 40~60%는 신선도가 약간 떨어지고 60~80%는 초기 부패가 일어났음을 의미한다.

$$\text{K값}(\%) = \frac{HxR + Hx}{ATP + ADP + AMP + IMP + HxR + Hx} \times 100$$

K값은 어패류뿐만 아니라 식육의 신선도 판정에도 적용할 수 있는데, 사후강직 후 신선한 고기에는 핵산구성분인 Nucleotide가 다량 존재한다. 이러한 Neucleotide가 많을수록 선도가 양호함을 의미한다. Nucleotide가 분해하여 Neucleoside, Purine 유도체가 많아짐에 따라 선도의 저하를 나타내는 K값이 증가하게 되고 선도가 나쁘게 된다.

④ pH 및 산의 함량 측정

탄수화물이 많은 식품은 미생물이 증식하여 유기산을 생성하므로 pH가 저하되는데, 예외로 조개류와 연제품 등이 있다. pH 7 정도가 신선한 육류이고, 사후강직 시기에는 근육 내 젖산생성으로 인해서 pH 5.4 정도로 낮아졌다가 부패가 진행될수록 pH가 상승하는데, pH 6.2~6.5를 부패 초기단계로 본다. 우유의 경우 젖산으로서 산 함량이 0.14~0.16%이면 신선한 우유이고, 0.18~0.20%이면 부패 초기단계, 0.25% 이상이면 부패한 우유로 본다.

⑤ 히스타민(Histamine)

적색 어류(꽁치, 방어, 가다랑어, 참치, 고등어 등)의 가공품은 당질, 혈액 등이 첨가되거나 혼입되면 부패의 방향이 탈아민 반응보다는 탈탄산 반응으로 진행되어 아미노산, 특히 Histidine으로부터 Histamine을 생성한다.

국내 수산물에 대한 규격에서는 히스타민 양을 다음과 같이 규정하고 있다.

냉동어류, 염장어류, 통조림, 건조 또는 절단 등 단순 처리한 것(어육, 필렛, 건멸치 등) : 200mg/kg 이하(고등어, 다랑어류, 연어, 꽁치, 청어, 멸치, 삼치, 정어리, 몽치다래, 물치다래, 방어에 한한다)

일본에서의 한 연구에 의하면 어육 1g 중에 4～10mg, 즉 100g 중에 400～1,000mg(400～1,000mg%)이 축적되면 알레르기성 식중독이 발생한다고 한다. 이 경우 휘발성 염기질소(VBN)는 증가하지 않으므로 초기 부패에 도달하지 않은 것으로 잘못 판단하기도 한다.

(4) 물리적 검사판정

식품의 경도, 탄성, 점성, 색 및 전기저항 등을 측정하는 것으로서 식품이 본래의 형태를 유지하고 있는지를 판정하는 방법이다. 동일한 식품이라도 여러 가지 조건에 따라서 달라질 수 있고 정해진 기준이 없기 때문에 초기 부패 판정을 확실히 하는 것은 어렵다.

4) 식품의 보존 방법

식품의 변질과 부패의 원인은 온도, 습도 등 여러 가지 요인이 있지만, 미생물의 번식으로 인한 것이 가장 많다. 그러므로 식품의 부패를 방지하려면 미생물의 오염을 방지하거나 오염된 미생물의 증식과 발육을 억제하는 것이 중요하다. 방법으로는 물리적 방법, 화학적 방법, 기타 방법으로 분류할 수 있다.

(1) 물리적 방법

물리적 방법으로는 냉장 및 냉동, 탈수건조, 가열살균, 조사살균, 밀봉 등이 있다.

① 냉장 및 냉동

식품을 저온처리하여 미생물이 번식하지 못하게 막는 방법으로 냉장 및 냉동으로 관리한다.

냉장시설은 내부의 온도를 10℃ 이하(다만, 신선편의식품, 훈제연어, 가금육은 5℃ 이하 보관 등 보관온도 기준이 별도로 정해져 있는 식품의 경우에는 그 기준을 따른다.), 냉동시설은 -18℃ 이하로 유지한다.

외부에서 온도변화를 관찰할 수 있어야 하며, 온도 감응 장치의 센서는 온도가 가장 높게 측정되는 곳에 위치하도록 한다.

냉장냉동 및 가열처리 시설 등의 온도측정 장치는 연 1회 이상, 검사용 장비 및 기구는 정기적으로 교정하여야 한다.

냉장고 보관 식품의 양은 냉장고 용량의 70% 이내만 저장한다.

식재료 간 교차오염이 일어나지 않게 정리 보관한다.

② 탈수건조

식품의 수분을 제거하여 미생물의 생육을 억제하는 방법으로 식품을 건조시키면 세균, 효모, 곰팡이의 순으로 생육이 어려워질 뿐만 아니라 Aw 0.65 이하에서는 곰팡이도 생육하지 못한다. 그러므로 식품의 수분활성도를 낮추기 위한 방법으로는 식염이나 설탕 등의 용질을 첨가한다거나 농축이나 건조에 의해 수분을 제거하거나 냉동온도 강하로 수분활성도를 저하시키는 것 등을 생각할 수 있다.

③ 가열살균

'살균'이라 함은 따로 규정이 없는 한 세균, 효모, 곰팡이 등 미생물의 영양 세포를 불활성화시켜 감소시키는 것을 말한다.

유가공품의 살균 또는 멸균 공정은 저온장시간 살균법(63~65℃에서 30분간), 고온단시간 살균법(72~75℃에서 15초 내지 20초간), 초고온순간처리법(130~150℃에서 0.5초 내지 5초간) 등의 방법으로 실시하여야 한다. 그리고 살균제품에 있어서는 살균 후 즉시 10℃ 이하로 냉각하여야 한다.

식품 중 멸균제품은 기밀성이 있는 용기 · 포장에 넣은 후 밀봉한 제품의 중심부 온도를 120℃ 이상에서 4분 이상 멸균처리하거나 또는 이와 동등 이상의 멸균 처리를 하여야 한다.

표 2-4 가열살균법

종류	방법	
저온장시간 살균법	63~65℃에서 30분간	살균 후 즉시 10℃ 이하로 냉각하여야 한다.
고온단시간 살균법	72~75℃에서 15초 내지 20초간	
초고온순간처리법	130~150℃에서 0.5초 내지 5초간	
멸균처리	120℃ 이상에서 4분 이상	

④ 조사살균

'식품조사(Food Irradiation)처리'란 식품 등의 발아억제, 살균, 살충 또는 숙도 조절을 목적으로 감마선 또는 전자선가속기에서 방출되는 에너지를 복사(radiation)의 방식으로 식품에 조사하는 것으로, 선종과 사용목적 또는 처리방식(조사)에 따라 감마선 살균, 전자선 살균, 엑스선 살균, 감마선 살충, 전자선 살충, 엑스선 살충, 감마선 조사, 전자선 조사, 엑스선 조사 등으로 구분하거나, 통칭하여 방사선 살균, 방사선 살충, 방사선 조사 등으로 구분할 수 있다. 다만, 검사를 목적으로 엑스선이 사용되는 경우는 제외한다.

⑤ 밀봉

식품을 밀봉하여 보존하는 방법이다.

(2) 화학적 방법

화학적 방법에는 절임법(염장, 당장, 산장), 보존료 및 살균제 첨가법 등이 있다.

① 절임법

염장 : 10% 정도의 소금에 절여 삼투압작용에 의해 식품 내 수분활성도를 낮추어 미생물 증식을 방지하는 방법으로 식품을 보존

당장 : 설탕농도 50% 이상에 식품을 보관하여 삼투압작용에 의해 식품 내 수분활성도를 낮추어 미생물의 증식을 방지하는 방법으로 식품을 보존

산장 : 초절임으로 식품에 산을 첨가하여 pH를 저하시켜 미생물의 증식을 방지하는 방법으로 식품을 보존

② 보존료 및 살균제 첨가법

식품첨가물인 방부제, 산화방지제를 첨가하여 식품을 보존하는 방법

(3) 생물학적 처리 방법 및 기타처리 방법

생물학적 처리방법으로는 미생물을 활용하여 유해한 미생물의 번식을 저하시키는 방법으로 김치, 치즈 등의 발효식품에 활용된다.

기타 처리방법으로는 훈증(fumigation), 훈연(smoking), 가스저장(CA저장), 통조림, 병조림 및 필름포장, 진공포장 등이 있다.

CHAPTER III

식중독

CHAPTER 3

식중독

1 식중독의 개념

1) 식중독의 정의

우리나라 식품위생법에서 식중독(food poisoning)이란 식품 섭취로 인하여 인체에 유해한 미생물 또는 유독물질에 의하여 발생하였거나 발생한 것으로 판단되는 감염성 질환 또는 독소형 질환을 말하며, 세계보건기구(WHO)에서 정의한 집단 식중독은 역학조사결과 식품 또는 물이 질병의 원인으로 확인된 경우로 동일한 식품이나 동일한 공급원의 물을 섭취한 후 2인 이상이 유사한 질병을 경험한 사건을 말한다.

식중독의 범위는 발생원인에 따라서 미생물학적 식중독과 화학물질 식중독으로 나눌 수 있는데 미생물학적 식중독에는 세균성 식중독, 바이러스성 식중독, 원충성 식중독이 있으며, 화학물질 식중독에는 자연독 식중독, 화학적 식중독이 있다.

식중독의 분류는 〈표 3-1〉과 같다.

표 3-1 식중독의 분류

분류	종류	원인균 및 물질	
미생물학적 식중독 (30종)	세균성 (18종)	감염형	살모넬라, 장염비브리오, 콜레라, 비브리오 불니피쿠스, 리스테리아 모노사이토제네스, 병원성대장균(EPEC, EHEC, EIEC, ETEC, EAEC), 바실루스 세레우스(설사형), 쉬겔라, 여시니아 엔테로콜리티카, 캠필로박터 제주니, 캠필로박터 콜리
		독소형	황색포도상구균, 클로스트리디움 퍼프린젠스, 클로스트리디움 보툴리눔, 바실루스 세레우스(구토형)
	바이러스성 (7종)	-	노로, 로타, 아스트로, 장관아데노, A형간염, E형간염, 사포 바이러스
	원충성 (5종)	-	이질아메바, 람블편모충, 작은와포자충, 원포자충, 쿠도아
화학물질 식중독	자연독 식중독	동물성	복어독, 시가테라독
		식물성	감자독, 원추리, 여로 등
		곰팡이	황변미독, 맥각독, 아플라톡신 등
	화학적 식중독	고의 또는 오용으로 첨가되는 유해물질	식품첨가물
		본의 아니게 잔류, 혼입되는 유해물질	잔류농약, 유해성 금속화합물
		제조·가공·저장 중에 생성되는 유해물질	지질의 산화생성물, 니트로아민
		기타물질에 의한 중독	에탄올 등
		조리기구 포장에 의한 중독	녹청(구리), 납, 비소 등

자료 : 식품의약품안전처, 식품안전나라, 위해예방

2) 식중독 발생 시 조사절차 규정

식중독 발생 시 식품위생법 제86조 및 시행령 제59조에 따라 식중독 의심환자나 식중독 환자가 발생한 원인에 대해서 조사해야 하며, 식중독 발생원인 조사절차에 관한 규정이 제정되었다.

이 규정은 2명 이상의 사람이 동일한 식품을 섭취 후 유사한 식중독 증상이 발생한 경우에 대한 식중독 원인 · 역학조사에 적용한다.

(1) 식중독 보고

① 식품위생법 제86조 제1항에 해당하는 의사, 한의사 및 집단급식소 설치 · 운영자는 특별자치시장 · 시장 · 군수 · 구청장에게 식중독 발생 또는 의심 사실을 보고하여야 한다.

② 시장 · 군수 · 구청장은 규정 제4조에 따라 식중독에 관한 보고 및 신고를 받은 때에는 지체 없이 식중독 발생 사실을 식품의약품안전처장, 지방식품의약품안전청장 및 시 · 도지사에게 문서로 보고하거나, 식중독보고관리시스템을 활용하여 등록 · 보고하여야 한다.

③ 식품의약품안전처장은 식중독이 발생한 집단급식소에 식재료를 공급한 업체 정보를 확인하고, 해당 공급업체의 식재료를 공급받은 다른 집단급식소에 식중독 주의 정보를 제공하여야 한다.

(2) 식중독 원인 · 역학 조사

① 식중독 원인 · 역학조사반은 식중독의 원인이 된 식품 등과 환자 간의 연관성 확인을 위해 다음에 대한 현장조사를 실시한다.

- 해당 시설 및 환경조사, 식재료와 섭취식품 등 조사 및 조리과정 확인, 검수조서, 식재료관리일지 등 기록조사, 환자와 조리종사자 및 관리자에 대한 설문조사 등 역학조사

② 식중독 원인 · 역학조사반은 식중독의 원인이라고 생각되는 보존식 등 식품, 도마 · 칼 · 행주 등 식품을 오염시킬 수 있는 환경 검체를 채취하여 미생물학적 또는 이화학적(理化學的) 검사를 의뢰한다.

(3) 식중독 원인 · 역학조사 결과 보고 등

① 시장 · 군수 · 구청장은 규정 제8조에 따라 식중독 원인 · 역학조사를 실시한 후 역학조사결과보고서와 별지 제3호 서식의 환경조사결과보고서를 작성하고 식중독 조사결과를 식품의약품안전처장 및 관할 시 · 도지사에게 문서로 보고하거나, 식중독보고관리시스템을 활용하여 등록 · 보고하여야 한다.

② 식품의약품안전처장은 전년도 식중독 발생 현황 등 관련 통계를 당해 연도 6월 말까지 확정하고, '식품안전나라(http://www.foodsafetykorea.go.kr)' 홈페이지를 통해 공개한다.

3) 식중독 발생현황

(1) 연도별 식중독 발생현황

표 3-2 최근 10년간 식중독 발생현황 표

연도	2011년	2012년	2013년	2014년	2015년	2016년	2017년	2018년	2019년	2020년
발생건수	249	266	235	349	330	399	336	363	286	178
환자수	7,105	6,058	4,958	7,466	5,981	7,162	5,649	11,504	4,075	2,747

단위 : 발생건수(건), 환자수(명)

자료 : 식품의약품안전처, 식품안전나라

표 3-3 최근 10년간 원인시설별 식중독 발생현황 표

연도	구분	학교	학교 외 집단급식	음식점	가정집	기타	불명	합계
2011	발생건수	30	10	117	8	33	51	249
	환자수	2,061	460	1,753	51	2,217	563	7,105
2012	발생건수	54	9	95	14	22	72	266
	환자수	3,185	246	1,139	54	758	676	6,058
2013	발생건수	44	14	134	5	24	14	235
	환자수	2,247	608	1,297	22	502	282	4,958

2014	발생건수	51	15	213	7	50	13	349
	환자수	4,135	380	1,761	28	1,078	84	7,466
2015	발생건수	38	26	199	9	54	4	330
	환자수	1,980	802	1,506	34	1,641	18	5,981
2016	발생건수	36	32	251	3	73	4	399
	환자수	3,039	904	2,120	16	974	109	7,162
2017	발생건수	27	23	222	2	52	10	336
	환자수	2,153	426	1,994	6	776	294	5,649
2018	발생건수	44	38	202	3	67	9	363
	환자수	3,136	1,875	2,323	10	4,094	66	11,504
2019	발생건수	24	29	175	3	48	7	286
	환자수	1,214	620	1,409	7	764	61	4,075
2020	발생건수	16	33	103	2	24	0	178
	환자수	448	1,086	827	5	381	0	2,747

단위 : 발생건수(건), 환자수(명)

자료 : 식품의약품안전처, 식품안전나라

식중독 발생현황은 매년 증가와 감소를 반복하고 있으나, 원인시설별 식중독 발생현황 표를 살펴보면 음식점에서 식중독 발생 횟수가 가장 많은 것을 알 수 있으며, 학교에서 발생한 식중독은 환자수가 높은 것으로 볼 수 있다. 2020년 식중독 발생건수는 178건으로 최근 10년 중 가장 낮은 수치를 보여주고 있는데, 이는 코로나의 영향으로 인해 음식점 이용횟수가 줄었기 때문으로 볼 수 있다.

(2) 월별 식중독 발생현황

표 3-4 2020년 월별 식중독 발생현황 표

월	1월	2월	3월	4월	5월	6월	7월	8월	9월	10월	11월	12월
발생 건수	28	8	3	8	4	17	30	19	16	12	16	17

단위 : 발생건수(건)

자료 : 식품의약품안전처, 식품안전나라

표 3-5 2020년 월별 식중독 원인균 발생건수

원인균			1월	2월	3월	4월	5월	6월	7월	8월	9월	10월	11월	12월
미생물학적	세균성	병원성 대장균	0	0	0	1	0	4	5	2	1	0	2	0
		살모넬라	0	0	2	0	0	3	3	3	3	3	0	0
		장염 비브리오균	0	0	0	0	0	0	0	2	0	0	0	0
		캠필로박터 제주니	1	1	0	1	0	1	6	1	1	0	1	0
		황색 포도상구균	0	0	0	0	0	0	0	0	0	0	0	0
		클로스트리디움 퍼프린젠스	2	0	0	0	0	1	0	1	2	0	1	0
		바실루스 세레우스	0	0	0	0	0	0	0	1	0	0	0	0
		기타세균	0	0	0	0	0	0	0	0	0	1	0	0
	바이러스성	노로 바이러스	14	4	0	1	0	0	1	1	1	2	2	0
		기타 바이러스	0	0	0	1	0	0	0	0	0	0	0	0
	원충		0	0	0	1	0	1	2	1	1	0	0	0
화학물질	자연독		0	0	0	0	0	0	0	0	0	0	0	0
	화학물질		0	0	0	0	0	0	0	0	0	0	0	0
불명			6	3	1	2	4	5	12	4	4	3	1	1
진행 중			5	0	0	1	0	2	1	3	3	3	9	16
합계			28	8	3	8	4	17	30	19	16	12	16	17

단위 : 발생건수(건), 환자수(명)
자료 : 식품의약품안전처, 식품안전나라

2020년 월별 식중독 발생현황을 살펴보면 여름인 6월~9월, 겨울인 11월~1월에 식중독 발생건수가 많았으며, 원인균을 살펴보면 여름에는 세균성 식중독이, 겨울에는 바이러스성 식중독이 주로 발생되는 것을 확인할 수 있었다. 2020년 외에 다른 연도에도 비슷한 양상을 보이는 것을 확인할 수 있는데, 식중독균은 1월부터 12월까지 모두 발생하므로 늘 철저한 관리가 요구된다.

따라서, 식중독 발생을 예방하기 위해서는 적절한 조리온도로 조리하고, 칼, 도마의 교차오염을 방지하며 개인위생을 철저히 해야 한다.

2 세균성 식중독

세균성 식중독은 발병원인에 따라 감염형, 독소형으로 구분된다. 감염형 식중독은 식품과 함께 섭취한 미생물이 체내에서 증식되어 식중독을 일으키는 것으로 살모넬라, 캠필로박터제주니, 장염비브리오, 장침입성대장균 등이 대표적인 균으로 포함된다. 독소형 식중독은 미생물 증식에 의한 독소가 식품과 함께 섭취되어 식중독을 일으키는 것으로 황색포도상구균, 클로스트리디움 퍼프리젠스, 클로스트리디움 보툴리눔 등이 있다.

세균성 식중독의 원인 및 증상

병원체	잠복기	증상	2차감염
바실루스 세레우스			
a. 구토독소	1~6시간	구토, 일부 설사, 간혹 발열	X
b. 설사독소	6~24시간	설사, 복통, 일부 구토, 간혹 발열	X
캠필로박터균	2~7일	설사(가끔 혈변), 복통, 발열	X
클로스트리디움 퍼프린젠스	8~24시간	설사, 복통, 간혹 구토와 열	X
장출혈성대장균(EHEC)	2~6일	수양성 설사(자주 혈변), 복통(가끔 심함), 발열은 거의 없음	X
장독소성대장균(ETEC)	6~48시간	정액성 설사, 복통, 오심, 간혹 구토·발열	X
장병원성대장균(EPEC)	일정치 않음	수양성 설사(자주 혈변), 복통, 발열	X
장침입성대장균(EIEC)	일정치 않음	수양성 설사(자주 혈변), 발열, 복통	X

살모넬라균	12~36시간	설사, 발열 및 복통은 흔함	O
황색포도상구균	1~6시간 (2~4시간)	심한 구토, 설사	X
장염비브리오균	4~30시간	설사, 복통, 구토, 발열	X
여시니아 엔테로콜리티카	1~10일 (통상 4~6일)	설사, 복통(가끔 심하다)	X
리스테리아 모노사이토제네스	1~6주	건강인: 감기와 유사 증상 임산부: 유산, 사산 면역저하자: 수막염, 패혈증	X
클로스트리디움 보툴리눔	12~36시간	구토, 복부경련, 설사, 근무력증, 착시 현상, 신경장애, 호흡곤란	X

※ 식중독은 일반적으로 구토, 설사, 복통, 발열 등의 증상을 나타내며 원인 물질에 따라 잠복기와 증상의 정도가 다르게 나타난다.

자료 : 식품의약품안전처, 식품안전나라, 위해예방

1) 감염형 식중독

(1) 살모넬라균

① 요약

정의	• 비장티푸스성 살모넬라균(non – typhoidal Salmonella)의 감염에 의한 급성위장관염
질병분류	• 법정감염병 : 제4급 감염병 • 질병코드 : ICD – 10 A02
병원체	• non – typhoidal Salmonella – S. Enteritidis, S. Typhimurium, S. Newport, S. Javiana, S. Heidelberg 등 – 살모넬라균속은 장내세균과에 속하는 그람음성 막대균 (보통 10^2~10^3 이상 개체수에서 감염)
병원소	• 가금류, 돼지, 두더지, 소와 같은 가축과 야생동물, 이구아나, 거북이, 개, 고양이, 햄스터 등 애완동물이 주 병원소 • 사람은 보균자, 환자 등이 병원소가 될 수 있고, 2차감염 가능
전파경로	• 오염된 물(지하수 및 음용수 등)이나 음식을 통해 전파 • 살모넬라균에 감염된 동물이나 감염된 동물 주변 환경에 접촉하여 감염

잠복기	• 6~72시간(대부분 12~36시간)
진단	• 검체(대변, 직장도말 등)에서 비장티푸스성 살모넬라균 분리 동정
증상	• 발열, 두통, 오심, 구토, 복통, 설사 등의 위장증상 • 수일에서 일주일까지 지속
치료	• 대증치료 : 경구 또는 정맥으로 수분, 전해질 신속히 보충 • 항생제 치료 : 중증, 노약자, 어린이, 면역저하자에서 권유
치사율	• 대부분 회복, 사망은 드묾
관리	• 환자 관리 : 증상이 있는 환자는 보육시설·요양시설 종사자, 조리종사자, 간호, 간병, 의료종사자에게 업무 제한 권고 • 접촉자 격리 : 발병여부 관찰(3일)
예방	• 일반적 예방 – 올바른 손 씻기의 생활화 : 흐르는 물에 비누로 30초 이상 손 씻기(특히, 동물·애완동물을 접촉 후 등) – 안전한 음식 섭취 : 음식 익혀 먹기, 물 끓여 마시기 – 위생적인 조리하기

② **개요**

살모넬라균은 크게 두 군으로 분류된다.

– 티푸스(typhoidal)군 : 장티푸스, 파라티푸스를 일으키는 S. typhi, S. paratyphi 등

– 비－티푸스(non－typhoidal)군 : 급성위장관염의 식중독을 일으키는 S. Enteritidis, S. Typhimurium, S. Newport, S. Panama, S. Muenchen, S. Anatum, S. Heidelberg, S. London 등 : 염증성 설사가 주 증상으로 나타남

발육 최적온도는 37℃이며, 증식가능 온도범위는 10~43℃이다. 60℃에서 20분 동안 가열하면 사멸하는 균이지만, 토양이나 수중에서는 비교적 오래 생존하는 특징이 있다. 균이 생체 내로 침입하면 장내에서 분열 · 증식되어 독소를 생성하지만, 그 독성은 비교적 약한 편이며, 살모넬라 식중독은 감염형 식중독의 가장 일반적이고 대표적인 식중독이다.

③ 발생 현황

– 국외

전 세계적으로 발생하며, 감시체계가 잘 발달한 북미와 유럽에서 널리 보고된다. 미국에서는 매년 120만의 사례가 발생하며, 450명이 사망하는 것으로 추정된다.

– 국내

최근 5년간 살모넬라균 집단발생은 9월에 21건으로 가장 많이 발생했다.

④ 관련 보도자료

관련 보도자료

식품의약품안전처 / 배포일 : 2018.9.10(월)

'우리밀 초코블라썸케익' 살모넬라 식중독으로 확정

– 학교 급식소 식중독 의심환자 발생 현황 –

■ 식품의약품안전처, 교육부, 질병관리본부는 최근 발생한 집단 급식소 대규모 식중독 발생 원인으로 식품제조업체 더블유원에프엔비(경기 고양 소재)의 '우리밀 초코블라썸케익'에서 분리한 살모넬라균을 최종 병원체로 확정하였습니다.

• 최종 확정은 환자 가검물, 학교 보존식, 납품예정인 완제품, 원료인 난백액에서 모두 동일한 살모넬라균(살모넬라 톰슨, Salmonella Thompson)이 검출되고 유전자 지문 유형도 동일한 형태로 일치한 데 따른 것입니다.

※ 살모넬라 톰슨(Samonella Thompson) : 살모넬라균에는 2,600개 이상의 혈청형 종류가 있으며, 그중에서 항원형 C 그룹 330개 중 하나로 살모넬라 식중독을 일으킴

• 9월 10일 17시 기준으로 식중독 의심환자수는 57개 집단급식소에서 2,207명으로 집계되었습니다.

– 식중독 발생현황('18.9.10. 17시 기준)은 전북 13곳(700명), 경남 13곳(279명), 부산 10곳(626명), 대구 5곳(195명), 경북 5곳(180명), 충북 4곳(122명), 울산 2곳(11명), 경기 1곳(31명), 광주 1곳(31명), 전남 1곳(15명), 제주 1곳(13명), 대전 1곳(4명) 입니다.

(2) 장염비브리오균

① 요약

정의	• 장염비브리오균(Vibrio parahemolyticus)의 감염에 의한 급성위장관염
질병분류	• 법정감염병 : 제4급 감염병 • 질병코드 : ICD – 10 A05.3
병원체	• Vibrio parahemolyticus – 그람음성 막대균으로 호염성 세균 – 장독소를 분비하여 수양성 설사를 일으키고, 소장 점막에 염증 반응을 일으켜 염증성/혈성 설사를 일으킴
병원소	• 해안가, 해양환경에 비브리오균이 자연 서식함 – 겨울에는 바닷가 모래, 진흙에서 검출됨 – 여름에는 해안가 바닷물, 어류, 조개류에서 검출됨
전파경로	• 날것 또는 부적절하게 조리된 해산물(굴, 어패류) 섭취 시 감염 • 해산물 취급 또는 균에 오염된 물에 노출된 음식 섭취 시 감염
잠복기	• 4~96시간(대부분 12~24시간)
진단	• 검체(대변, 직장도말 등)에서 Vibrio parahemolyticus 분리 동정
증상	• 발열, 두통, 오심, 구토, 복통, 설사 등의 위장증상 • 병증은 1~7일가량 지속
치료	• 대증치료 : 경구 또는 정맥으로 수분, 전해질 신속히 보충 • 항생제 치료 : 심한 설사, 혈류 감염 등 중증 시 투여
치사율	• 대부분 회복, 사망은 드묾
관리	• 환자 관리 : 장내배설물에 오염된 물품 소독 • 접촉자 격리 : 발병여부 관찰
예방	• 일반적 예방 – 올바른 손 씻기의 생활화 : 흐르는 물에 비누로 30초 이상 손 씻기 – 안전한 음식 섭취 : 음식 익혀 먹기(특히 해산물), 물 끓여 마시기 * 조리 시 70℃에서 15분간 조리 * 해산물은 먹기 전까지 냉장 보관 * 바닷물로 음식물 씻지 않기 – 위생적인 조리하기

② 개요

해수세균의 일종인 장염비브리오균은 호염균으로서 2~4%의 소금물에서 잘 생육하며 10% 이상의 염도에서는 성장이 정지되는 세균이다. 주로 여름철에 해수온도가 높아지면서 급속히 증식하여 어패류, 해조류 등에 부착해서 사람이 그것들을 생식할 때 급성장염을 일으키게 된다. 발육 최적온도는 비병원성 비브리오의 최적온도인 25~30℃와는 대조적으로 37℃이며, 해수온도가 15℃ 이상이 되면 증식을 시작, 20~37℃에서 매우 빠르게 증식하여 3~4시간 만에 100만배로 증가하지만 5℃ 이하에서는 잘 자라지 못한다. 최적 pH는 중성으로 7.8~8.6이고, 열과 산성에 약하다. 식중독균들 중 가장 빠른 속도로 증식하는 것이 특징이다.

③ 발생현황

– 국외

전 세계적으로 발생하며, 특히 일본, 동남아시아, 미국에서 종종 보고된다.

대규모의 식품매개 유행사례는 날생선 또는 덜 조리된 해산물(굴, 어패류) 섭취로 발생했다.

– 국내

최근 5년간 장염비브리오균 집단발생은 8월에 24건으로 가장 많이 발생했다.

④ 관련 보도자료

관련 보도자료

식품의약품안전처 / 배포일 : 2020.8.4(화) / 담당과 : 식품소비안전국 식중독예방과

여름 휴가철, 바닷가 장염비브리오 식중독 주의

'어패류는 반드시 익혀먹고,
칼·도마 등 조리도구는 구분 사용해야...'

■ 식품의약품안전처는 여름 휴가철을 맞아 바닷가를 찾는 피서객들은 장염비브리오 식중독에 걸리지 않도록 수산물 섭취에 각별한 주의가 필요하다고 밝혔습니다.

• 장염비브리오(원인균 : Vibrio parahaemolyticus)는 바닷물에서 생존하는 식중독균으로, 최근 3년간('17~'19년) 여름철(8~9월)에 장염비브리오 전체 환자(597명)의 78%가 집중적으로 발생했습니다.

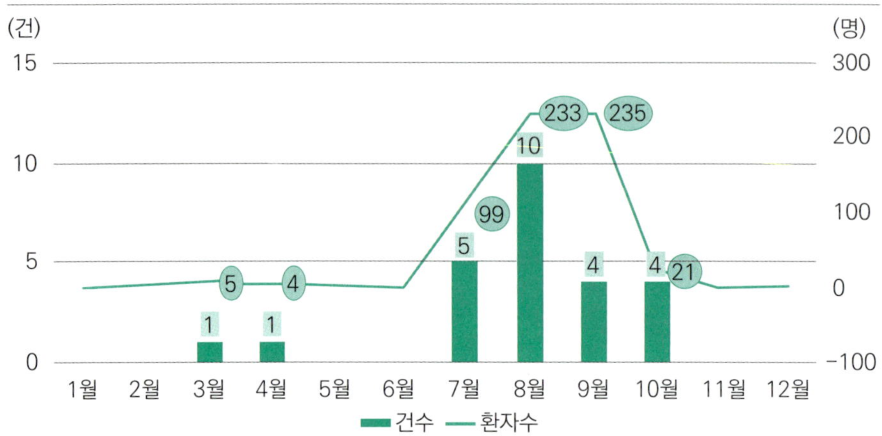

〈3년('17~'19년) 월별 장염비브리오 발생 건수 및 환자 현황〉

- 주요 발생지는 음식점이며, 오염된 어패류를 날것으로 먹고 구토, 복통 및 설사 등의 증상을 일으킴
  * 시설별 장염비브리오 식중독 발생률 : 음식점(86%), 기타(14%)

(3) 콜레라

① 요약

정의	• 독소형 콜레라균(Vibrio cholerae O1 또는 V. cholerae O139) 감염에 의한 급성 설사 질환
질병분류	• 법정감염병 : 제2급 • 질병코드 : ICD - 10 A00
병원체	• V. cholerae O1 또는 V. cholerae O139 - Vibrionaceae과에 속하는 그람음성 막대균 - 콜레라 독소(cholera toxin)가 분비성 설사 유발
병원소	• 주로 사람이며 환경에서는 기수 및 하구에 존재하는 요각류 또는 동물성 플랑크톤
전파경로	• 오염된 물(지하수 및 음용수 등)이나 음식을 통해 전파 • 드물게 환자 또는 병원체 보유자의 대변이나 구토물과 직접 접촉에 의한 감염도 가능
잠복기	• 수시간~5일(보통 2~3일)

진단	• 확인 진단 - 검체(대변, 직장도말물, 구토물 등)에서 독소형 V. cholerae O1 또는 V. cholerae O139 분리 동정
증상	• 처음에는 복통 및 발열이 없이 수양성 설사가 갑자기 나타나는 것이 특징적이며 구토를 동반 • 심한 탈수 등으로 저혈량성 쇼크 등 • 무증상 감염이 많으며, 5~10% 정도는 증상이 심하게 나타날 수 있음
치료	• 대증치료 : 경구 또는 정맥으로 수분, 전해질 신속히 보충 • 항생제 치료 : 중증 탈수 환자에서만 권유
전염기간	• 환자는 균 배출기간이 증상기부터 회복 후 약 2~3일 정도 • 무증상 환자의 대변 오염에 의한 감염가능 기간은 7~14일 정도이며 드문 경우에 수개월간 간헐적으로 균을 배출
치사율	• 적절한 수액 치료 시 1% 미만 • 치료 받지 않으면 50% 정도
관리	**〈환자 관리〉** • 환자 격리 - 항생제 치료하지 않은 경우 : 설사증상이 소실되고 48시간이 지난 이후 24시간 간격으로 2회 배양검사(대변검체) 음성 확인 후 격리해제 - 항생제 치료한 경우 : 항생제 치료를 완료하고 48시간이 지난 이후 24시간 간격으로 2회 배양검사(대변검체) 음성 확인 후 격리해제 - 격리 해제까지 음식 조리, 간호, 간병, 보육 금지 • 무증상 감염인(병원체 보유자) 격리 - 병원체 보유를 확인하고 나서 48시간이 경과 후에 24시간 간격 2회 배양검사(대변검체) 음성 확인 후 격리해제 **〈접촉자 관리〉** • 환자와 의심 감염원에 함께 노출된 경우 접촉자 발병여부 관찰 - 환자와 음식, 식수를 같이 섭취한 접촉자는 마지막 폭로 가능 시점부터 5일간 발병여부 감시
예방	• 일반적 예방 - 올바른 손 씻기의 생활화 : 흐르는 물에 비누로 30초 이상 손 씻기 - 안전한 음식 섭취 : 음식 익혀 먹기, 음식 익혀 먹기, 물 끓여 마시기 - 위생적인 조리하기 • 예방접종 - 콜레라 유행 또는 발생지역을 방문하는 경우 백신 접종을 권고함 - 경구용 사백신 (기초접종 2회, 추가접종) * 일부 국가에서 콜레라 예방접종 증명서 요구(필요시 전국 13개 국립검역소에서 예방접종 가능)

② 개요

비브리오나세(vibrionaceae)과에 속하는 호염성의 그람음성 막대균(rod-shape bacteria)으로 콜레라 독소를 발현하는 균주, 독소를 발현하지 않을 경우에는 단순 장염을 유발하는 비브리오균으로 간주한다.

단일균 또는 짧은 연쇄 형태의 배열을 보이고 한 개의 편모가 있어 콤마형이고 활발한 운동성을 보이며 아포나 협막은 없다.

콜레라 독소를 발현하는 균체 항원형은 네 혈청형으로 O1, O27, O37, O139가 있고, 집단 유행을 일으키는 것은 O1과 O139 혈청군이다. O1과 O139를 제외한 콜레라균은 V. cholerae non-O1 and non-O139라는 표현을 사용하며 콜레라 독소를 발현하는 유전자는 ctx라 부르며 유전자 여부에 따라 V. cholerae O1 ctx(+) 또는 V. cholerae O1 ctx(-)라고 표기한다. pH 6.0 이하이거나 56℃에서 15분 이상 또는 끓는 물에서는 순간적으로 사멸하고 실온에서는 약 2주, 물에서는 수일간, 그리고 하천과 해수에서는 오래 생존 가능하다.

③ 발생현황

구분		2009년	2010년	2011년	2012년	2013년	2014년	2015년	2016년	2017년	2018년	2019년 11월
신고수(명)	계	0	8	3	0	3	0	0	4	5	2	1
	국내	0	0	0	0	0	0	0	3	0	0	0
	국외	0	8	3	0	3	0	0	1	5	2	1

- 국외

2015년 전 세계 42개국에서 사망 1,304명을 포함하여 172,454명이 보고되었다.

- 국내

2000년 이전에는 1980년(145명), 1991년(113명), 1995년(68명)에 El Tor형 콜

레라 유행이 발생하였고, 2000년 이후는 2001년 경상도 지역을 중심으로 전국적인 유행이 있어 162명(확진환자 142명)의 환자가 발생하였다. 2003년 이후 해외유입 환자가 대부분 2016년에는 경상도 지역에 국내환자(3명)가 발생하였고, 2017년 5명, 2018년 2명, 2019년 1명은 모두 해외유입이었다.

④ 관련 보도자료

관련 보도자료

보건복지부 질병관리본부 / 배포일 : 2019.11.1

2019년 해외유입 콜레라 첫 발생, 예방수칙 준수 당부

◇ '19년 10월 29일(화) 대한항공(KE482)으로 인도 델리에서 국내로 입국자 중 콜레라 환자(54세 여성, 대한민국 국적) 발생
◇ 동 항공기를 이용한 승객 중 심한 수양성 설사, 구토 등의 증상이 있는 경우 가까운 병원 방문 당부
◇ 해외 여행 시 올바른 손씻기, 식생활 등 감염병 예방수칙 준수

■ 질병관리본부는 인도 델리에서 국내로 '19년 10월 29일(화) 오전 6시에 인천국제공항으로 입국한 대한항공 KE482편 탑승자 중 설사증상자 채변검사 결과 콜레라균(V. cholerae O1 Ogawa, CTX+)이 검출('19.10.31. 17:30)되었다고 밝혔다.

• 콜레라균 검출 확인 즉시 환자의 거주지 보건소에서 환자역학조사를 진행하였으며, 입국 후 국내 체류기간 동안 접촉자에 대해서 발병 감시 중에 있다.
  * 현재 환자는 격리 중이며, 건강상태 양호

■ 질병관리본부는 동 항공기를 이용한 승객 중 심한 수양성 설사, 구토 등의 증상이 있는 경우 가까운 병원을 방문하여 해외여행 여부를 의료진에게 설명하고 콜레라검사를 받도록 하고,

• 콜레라 환자를 진단 및 치료한 병원은 지체 없이 관할 보건소로 신고할 것을 당부하였다.

• 아울러, 콜레라 등 질병 정보에 대해 궁금한 사항은 질병관리본부 콜센터(☎1339)로 문의하면 된다.

(4) 비브리오 불니피쿠스(비브리오 패혈증)

① 요약

정의	• 비브리오패혈증균(Vibrio vulnificus) 감염에 의한 급성패혈증
질병분류	• 법정감염병 : 제3급 • 질병코드 : ICD - 10 A05.8
병원체	• Vibrio vulnificus - Vibrionaceae과에 속하는 그람음성 막대균 - 3가지 생물형이 알려져 있으며, 우리나라에서는 1형이 발견
병원소	• 해수, 해하수, 갯벌, 어패류, 사람은 주로 기회 감염됨
전파경로	• 해산물을 날로 먹거나 덜 익혀서 먹을 경우 감염 • 상처 난 피부가 오염된 바닷물에 접촉할 때 감염
잠복기	• 12~72시간
증상	• 발열, 오한, 혈압 저하, 복통, 구토, 설사 등의 증상이 발생하고, 1/3은 저혈압이 동반 • 대부분 증상 발생 24시간 내 피부 병변이 생기고, 주로 하지에 발생 - 피부병변은 발진, 부종으로 시작하여 수포, 또는 출혈성 수포를 형성한 후 점차 범위가 확대되고 괴사성 병변으로 진행
진단	• 검체(대변, 직장도말물, 구토물 등)에서 독소형 V. cholerae O1 또는 V. cholerae O139 분리 동정
치료	• 병변절제 : 괴사조직 제거 및 근막절개술 • 항생제 치료 : 3세대 세팔로스포린, 플루오로퀴놀론, 테트라사이클린계 항생제로 즉각치료
전염기간	• 사람 간 직접 전파는 없음
치사율	• 50% 내외
관리	**〈환자 관리〉** • 환자 격리는 불필요 **〈접촉자 관리〉** • 접촉자 관리 : 불필요 • 환자와 의심 감염원에 함께 노출된 경우 접촉자 발병여부 관찰
예방	• 일반적 예방 - 어패류 충분히 익혀 먹기(특히, 고위험군 환자) - 피부에 상처가 있는 사람은 오염된 바닷물과 접촉을 피하고, 바닷물에 접촉 시 깨끗한 물과 비누로 노출 부위 씻기

② 개요

비브리오나세(Vibrionaceae)과에 속하는 호염성의 그람음성 막대균(rod-shape bacteria)으로 해양환경에서 흔히 발견 가능하다. 크기는 0.5~0.8㎛×1.4~2.6㎛ 정도로, 단일균 또는 짧은 연쇄 형태의 배열을 보이고 한 개의 편모가 있어 활발한 운동성을 보이며 아포나 협막은 없고, 콤마형이다.

3가지 생물형이 알려져 있고, 다음과 같다.

- 1형은 우리나라에서 주로 발생되는 형으로 사람에게 기회감염 병원체로 생굴 섭취, 해양환경에서 상처로 노출될 경우 감염 가능하다.
- 2형은 유럽 밖에서는 거의 발견되지 않고, 오염된 장어에서 가장 많이 검출되나 가끔 오염된 장어를 다룬 경력이 있는 사람의 균혈증 또는 상처 감염부위에서 발견된다.
- 3형은 이스라엘에서만 분리되며, 양식 생어(틸라피아, 잉어)에 노출된 경력이 있는 사람의 상처 감염부위 또는 균혈증으로 발견된다.

③ 발생현황

– 국외

일본, 대만, 이스라엘, 스페인, 터키 등에서 보고되고, 미국에서 2011~2013년 연간 약 5,000 사례 보고되었다.

– 국내

주로 간질환이 있는 고위험군에서 발생하고 있으며, 2000년 법정감염병으로 지정되었다. 치명률은 약 50% 내외이며, 40세 이상 남자에서 흔하게 나타나고(남 : 여 = 7 : 1) 주로 여름철 서남 해안지역에서 발생(해수 온도 18~20℃ 이상)된다.

고위험군은 간질환자(만성간염, 간경화, 간암), 알코올 중독자, 면역저하 환자 등이다. 매년 약 50건 정도 발생한다.

④ 관련 보도자료

관련 보도자료

질병관리청 / 배포일 : 2021.6.15 / 담당부서 : 감염병관리과

올해 첫 비브리오패혈증 확진환자 발생, 예방수칙 준수 당부

◇ 6월 14일 비브리오패혈증 첫 확진환자 발생(60대(남), 경기도 평택시 거주)
◇ 어패류 익혀 먹기, 바닷물 접촉주의(피부에 상처가 있는 경우), 어패류 5℃ 이하 저온보관 및 위생적으로 조리하기 등 비브리오패혈증 예방수칙 준수 당부

■ 질병관리청(청장 정은경)은 6월 14일 비브리오패혈증 올해 첫 확진 환자가 확인됨에 따라 비브리오패혈증 예방을 위해 각별한 주의를 당부하였다.

• 확진자는 60대 기저질환자로, 6월 7일 간장게장 섭취력이 있고 6월 9일부터 발열, 전신허약감, 피부병변 등이 나타나 천안 소재 병원에서 입원치료 중 6월 14일 비브리오패혈증으로 확진되었다.

■ 비브리오패혈증은 매년 5~6월경에 발생하기 시작하여, 8~9월에 가장 많이 발생하고, 주로 어패류 섭취 또는 피부에 상처가 있는 경우 바닷물 접촉에 의해 감염된다.

• 여름철에 해수면 온도가 상승하고 해수와 접촉하는 기회가 늘어날 것으로 예상됨에 따라 비브리오패혈증 발생이 지속될 것으로 예상된다.
 * 2020년 비브리오패혈증 발생현황: 환자 70명, 사망자 25명

• 비브리오패혈증은 만성 간 질환자, 당뇨병, 알코올중독자 등 기저질환이 있는 고위험군에서 주로 발생하며, 치사율이 50% 전후로 높기 때문에 피부에 상처가 있는 사람은 바닷물에 접촉을 피하고 비브리오패혈증 예방수칙을 지켜야 한다.

〈 비브리오패혈증 고위험군 〉

간 질환자, 당뇨병 등 만성질환자, 알코올중독자, 부신피질호르몬제나 항암제 복용 중인 자, 악성종양, 재생불량성 빈혈, 백혈병 환자, 장기이식환자, 면역결핍 환자

■ 질병관리청 정은경 청장은 "비브리오패혈증을 예방하기 위해 어패류, 게, 새우 등 날것 섭취를 피하고 어패류 조리, 섭취 시 비브리오패혈증 예방수칙을 준수하도록 당부"하였다.

• 특히, 만성 간 질환자, 당뇨병, 알코올중독자 등의 기저질환을 가진 고위험군은 치사율이 높으므로 더욱 주의할 것을 당부하였다.

■ 연도별 비브리오패혈증 환자 및 사망자 발생 현황

(단위 : 명)

연도＼월	발생건수(사망자수)	1월	2월	3월	4월	**5월**	**6월**	**7월**	**8월**	**9월**	**10월**	11월	12월
'21년*	2(0)	0	0	0	1**	0	1	–	–	–	–	–	–
'20년*	70(25)	1	0	0	0	2(1)	2(1)	9(4)	26(7)	22(9)	6(2)	1	1
'19년	42(14)	0	0	0	0	0	1	2	14(7)	14(5)	5(1)	6(1)	0
'18년	47(20)	0	0	0	1	0	2	7(3)	16(8)	10(6)	11(3)	0	0
'17년	46(24)	0	0	0	1	0(1)	1(1)	2	13(8)	19(11)	9(3)	1	0
'16년	56(12)	0	1***	0	0	0	2	5(2)	20(4)	17(4)	9(2)	1	1

* 2020년, 2021년 자료는 잠정통계로 변동가능

** 의심환자(PCR에서 V.vulnificus 유전자 확인되었으나 확진검사(배양)에서 음성)

*** 해외유입

(5) 리스테리아 모노사이토제네스

① 요약

구분	내용
정의	• 리스테리아 모노사이토제네스(Listeria monocytogenes)의 감염에 의한 위장 관염
질병분류	• 법정감염병 : 제4급 감염병 • 질병코드 : ICD – 10 A32
병원체	• Listeria monocytogenes – 리스테리아는 그람양성 간균, 통성혐기성균 – 토양, 물, 하수, 목초 등 자연환경 및 식품 등에 널리 분포되어 있음
병원소	• 토양, 물, 진흙, 사료 등 가축이 먹는 음식, 사일리지(짚을 뭉쳐서 비닐로 싼 소사료) 등
전파경로	• 오염된 육류, 우유, 연성치즈, 채소 등을 섭취할 경우 감염됨 • 드물게 병원감염을 일으키며, 동물에게 감염을 일으키기 때문에 가축을 취급하는 사람에서는 감염된 동물로부터 직접전파 가능 ** 감염을 일으킬수 있는 균의 양은 대략 섭취한 음식물 1g당 10^4~10^6개 정도 가능, 단 면역이 저하되거나 위장이 산도가 떨어진 경우 더 적은 양으로 감염이 가능
잠복기	• 2~3주(최대 70일) ⇒ 임신한 경우에 아닌 경우보다 잠복기가 길게 나타남
진단	• 검체(대변, 지장도말 등)에서 L. monocytogenes 분리 동정

증상	• 발열, 두통, 설사, 오심, 근육통 및 관절통 증상이 발생함 • 임산부에서는 유산, 사산, 일부 환자군에서 리스테리아 패혈증이나 중추신경계 감염이 발생
치료	• 항생제 치료 : 페니실린, 암피실린 또는 아미노글라이코사이드 등
치사율	• 대부분 회복 • 단, 신생아, 장기 이식자, HIV 감염자 등 면역억제자는 치사율 높음
관리	• 환자 관리 : 장관배설물 격리 • 접촉자 관리 : 발병여부 관찰
예방	• 일반적 예방 - 흐르는 물에 비누로 30초 이상 손 씻기 - 안전한 음식 섭취 : 음식 익혀 먹기, 물 끓여 마시기 * 특히, 살균된 우유 섭취 - 위생적인 조리하기

② 개요

리스테리아 모노사이토제네스(Listeria monocytogenes)는 그람양성의 통성혐기성 무아포 간균으로 편모가 주모성이다. 발육최적온도는 30~37℃이며 4℃에서도 느린 속도로 생육이 가능하고, 중온성균이지만 1~45℃ 범위에서 증식이 가능한 것이 특징이다. 냉동온도인 −18℃에서는 증식하지 못하고, 65℃ 이상에서 5분 이상 가열해야 사멸한다. 6%의 식염에서도 생존이 가능하다. 다른 박테리아와 비교하여 낮은 온도에 강하여 냉장고 안에서 음식물을 다발적으로 오염시킬 수 있으며, 리스테리아는 생산시설의 생물막에서 생존하고 성장할 수 있어 식품생산물에 감염될 수 있다.

임신부에서의 증상은 가볍거나 비특이적으로 발열, 두통, 근육통, 위장관염증상 등이 일어나나 사산 또는 유산의 원인이 되기도 하고 유산은 임신 중기에 많이 일어나는 것으로 추정된다.

- 산모가 무증상 감염의 경우에도 신생아의 수막뇌염 감염이 가능한 것으로 알려진다.

– 보통 감염된 산모가 출산 후에 특이사항이 없으나, 신생아 치사율은 4일 이내 30~50%까지 이른다.

임신부 외에 치사율은 30%로 추정되며, 50대 이상의 환자(24%)가 다른 연령대(14%)에 비해 높게 나타난다.

수막뇌염은 갑자기 나타나며, 발열, 극심한 두통, 오심, 구토와 수막자극 증상이 있으며, 면역억제제 투여자와 고령자에서는 아급성으로 나타난다.

사방형 뇌염은 드물게 나타나며, 고령자에서는 섬망(예, 안절부절못하고, 잠을 안 자고, 소리를 지르고, 주사기를 빼내는 행위)과 혼수가 일어나기도 하며, 때때로 쓰러지거나, 쇼크가 일어나기도 한다. 간과 다른 장기에 심내막염, 육아종병변, 내외의 농양, 드물게 피부병변의 고름 물집 또는 구진을 일으킨다.

③ 발생현황

– 국외

전 세계적으로 드물게 발생한다. 주로 살균하지 않은 우유와 유제품, 치즈와 인스턴트 고기 등을 섭취하여 감염된다.

감염은 산발적으로 일어나며, 최근에 드문 집단발생이 있으며, 임상에서의 20% 미만으로 임신 중에 발생하며, 비임신성인은 40대 이상의 연령대에서 주로 나타나며, 시설 내 감염이 보고된 적이 있다. 무증상 감염도 전 연령대에서 나타나며, 임신기간 중 사산의 위험 때문에 중요하게 관리되어야 한다.

미국에서는 연간 100만 명당 3.1명의 환자가 병원감시에서 보고되고 있으며, 유럽에서는 수인성 · 식품매개감염병에서 적게 발생하나, 전체 수인성 · 식품매개감염병 중 4%의 입원과, 28%의 사망을 일으키는 원인으로 보고 있다.

– 국내

집단 발생의 원인병원체로 검출된 사례는 없다.

④ 관련 보도자료

관련 보도자료

관계부처 합동 / 배포일 : 2020.3.18(수)

팽이버섯 생산업체에 대한 위생관리 강화

팽이버섯에 '가열조리용' 표시, 정기적 위생점검 실시

■ 정부는 미국*으로 팽이버섯을 수출하는 4개 업체를 조사한 결과, 2개 업체의 팽이버섯에서 리스테리아균이 검출**되어 생산·유통 과정에서 위생관리를 한층 강화하기로 했습니다.

* 한국은 팽이버섯을 가열·조리하여 섭취하나, 미국은 바로 섭취하는 샐러드 형태로 먹는 등 식문화가 달라 미국에서 리스테리아 식중독이 발생한('16.11~'19.12) 것으로 추정

** 리스테리아균이 검출된 팽이버섯을 70℃에서 3분, 5분, 10분, 100℃에서 15초, 1분 가열한 결과 리스테리아균이 사멸됨(농관원 실험결과)

• 우선, 팽이버섯을 가열·조리하여 섭취하면 식중독을 예방*할 수 있으므로 팽이버섯 포장에 소비자가 쉽게 알 수 있도록 "가열조리용"인 점을 표시하도록 개선**하고 이를 제도화해 나갈 계획입니다.

* ▲ 리스테리아균은 토양, 물 등 자연 환경에 분포 ▲ 선진국 등에서도 일반농산물은 생산단계에서 위생관리를 통해 리스테리아균을 저감(低減)시키고 소비단계에서 가열·조리 등을 통해 섭취하도록 하는 등 식중독 예방에 초점을 두고 관리

** 이번 표시조치는 대규모 생산업체(8개 업체, 전체 연간 생산량의 95% 수준)의 23일 출하물량부터 순차적으로 적용될 예정임

■ 국내에서는 통상 팽이버섯을 가열·조리하여 섭취하고 있고, 현재까지 팽이버섯을 섭취하여 발생한 리스테리아균 식중독 사고가 보고된 사례는 없었습니다.

■ 미국으로 수출하는 4개 업체를 포함하여 국내 21개 팽이버섯 생산업체를 조사한 결과, 가열·조리하지 않고 그대로 먹는 샐러드 등 신선편의식품을 생산하지 않는 것으로 확인되었습니다.

• 또한, 식품 품목제조보고 자료를 조사한 결과에서도 현재까지 팽이버섯이 포함된 신선편의식품은 없는 것으로 파악되었습니다.

• 정부는 그대로 섭취하는 신선편의식품에 대해서도 지속적으로 리스테리아균을 검사하는 등 위생관리에 철저를 기하겠습니다.

(6) 병원성대장균

병원성대장균은 동물의 장내에 서식하는 대장균 가운데 일부 대장이나 소장 세포에 침입하거나 독소를 생성하여 병원성을 나타내는 균을 말하며, 발병 특성, 독소의 종류 등에 따라 나눌 수 있다.

① 장출혈성대장균(EHEC, Enterohemorrhagic E. coli)

② 장병원성대장균(EPEC, Enteropathogenic E. coli)

③ 장침입성대장균(EIEC, Enteroinvasive E. coli)

④ 장독소성대장균(ETEC, Enterotoxigenic E. coli)

⑤ 장흡착성대장균(EAEC, Enteroaggregative E. coli) 등으로 구분된다.

관련 보도자료

식품의약품안전처 / 배포일 : 2021.6.13(일)

여름철, 병원성대장균 식중독에 주의하세요!

식의약 바로알기㉓ 식중독 예방은 꼼꼼한 손씻기, 식재료 세척·소독과 조리 시 충분한 가열로

■ 식품의약품안전처(처장 김강립)는 기온과 습도가 높아 세균 증식이 활발해지는 여름철을 맞아 병원성대장균 식중독 예방과 음식물 관리에 각별한 주의를 당부했습니다.

• 최근 5년간 병원성대장균 식중독의 발생 현황을 보면, 총 195건 8,881명의 환자 중 여름철(6~8월)에만 114건(58%) 6,357명(72%)의 환자가 발생했습니다.

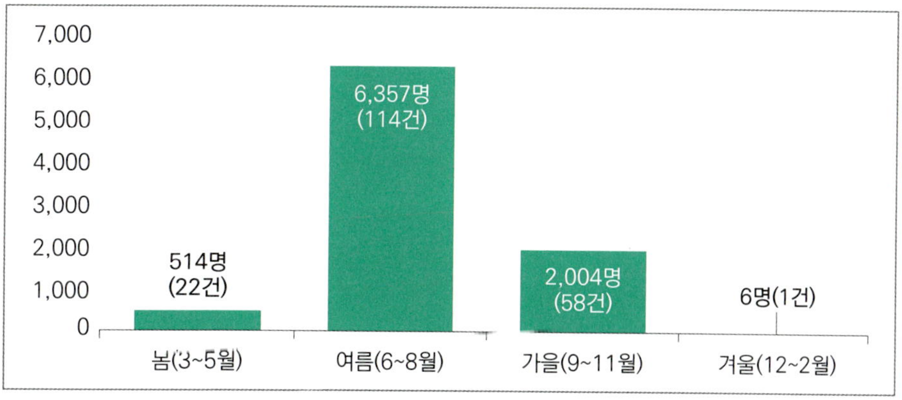

〈계절별 병원성대장균 식중독 발생 추이('16~'20 누계)〉

- 발생 장소는 학교[5,424명(61%)]가 가장 많았고 기업체 등의 집단급식소[1,744명(20%)], 음식점[865명(10%)]순 이었습니다.
- 원인 식품은 채소류[3,034명(67%)], 복합조리식품(도시락 등)[457명(10%)], 육류[202명(4%)], 어패류[175명(4%)] 순이었습니다.

■ 병원성대장균* 식중독은 일반적으로 오염된 채소를 제대로 세척하지 않고 생으로 섭취했거나 소고기 등 동물성 식재료를 충분히 가열하지 않았을 때 발생할 수 있습니다.

* 병원성대장균 : 병원성대장균은 동물의 장내에 서식하는 대장균 가운데 일부 대장이나 소장 세포에 침입하거나 독소를 생성하여 병원성을 나타내는 균으로 장출혈성대장균(일명 햄버거병), 장병원성대장균, 장침입성대장균, 장독소형대장균, 장흡착성대장균 등 크게 5종으로 분류

• 육류로 음식을 준비할 때는 도마나 칼 등을 구분해 사용함으로써 교차오염이 되지 않도록 하고, 조리할 때는 육류를 충분히 가열하며 특히 다짐육은 속까지 완전히 익히도록 합니다.
- 가열·조리한 음식은 가능한 2시간 내 빨리 먹고, 가열 후 바로 먹을 수 없는 경우는 식혀서 바로 냉장보관하는 것이 좋습니다.

• 채소류는 세척과정에서 미세한 흠집이 생겨 세척 전보다 식중독균이 서식하기 더 쉬운 조건이 되므로 세척 후에는 바로 섭취하거나 냉장 보관해야 합니다.

■ 올해 여름은 평년보다 덥고 국지성 비가 많이 올 것이라는 기상 예보에 따라 병원성대장균 식중독 예방의 중요성이 더욱 강조됩니다.

• 식약처는 식중독 예방 6대 수칙인 ①손씻기, ②익혀 먹기, ③끓여먹기, ④칼·도마 구분 사용하기, ⑤세척·소독하기, ⑥보관온도 지키기 실천을 강조하면서

• 특히 대량으로 음식을 조리하는 급식소 등에서는 식재료의 세척, 보관, 조리에 각별히 주의하고, 설사 등 식중독 의심 증세가 있는 조리종사자는 증상이 없어진 후에도 최소 2~3일까지는 조리하지 않도록 당부하였습니다.

• 또한 학교·기업체 등의 집단급식소와 가정에서 식중독 의심 증상자가 발생하면 증상자를 신속하게 별도 공간에 분리해 집단이나 가정 내 전파를 방지하고, 시·군·구보건소에 즉시 신고해야 한다고 강조하였습니다.

① 장출혈성대장균(EHEC, Enterohemorrhagic E. coli)

– 요약

정의	• 장출혈성대장균(Enterohemorrhagic Escherichia coli) 감염에 의하여 출혈성 장염을 일으키는 질환
질병분류	• 법정감염병 : 제2급 • 질병코드 : ICD–10 A04.3
병원체	• 장출혈성대장균(Enterohemorrhagic Escherichia coli) – 장내세균과에 속하는 그람음성 혐기성 막대균 – Shiga 독소(Shiga toxin, Stx1, Stx2)에 의해 질병 유발
병원소	• 소가 가장 중요한 병원소이며, 양, 염소, 돼지, 개, 닭 등 가금류에서도 발견
전파경로	• 식수, 식품을 매개로 전파 • 적은 양으로도 감염될 수 있어 사람–사람 간 전파도 중요
잠복기	• 2~10일(평균 3~4일)
진단	• 검체(대변, 직장도말 등)에서 독소 유전자(stx1, stx2)를 보유한 E. coli 분리 동정
증상	• 발열, 오심, 구토, 심한 경련성 복통 • 설사는 경증, 수양성 설사에서 혈성 설사까지 다양한 양상 • 용혈성 빈혈, 혈소판 감소증 또는 혈전성 혈소판감소증 자반, 급성신부전 등을 특징으로 하는 용혈성요독증후군이 발생하기도 함 • 증상은 5~7일간 지속된 후 저절로 호전
치료	• 대증치료 : 경구 또는 정맥으로 수분, 전해질 신속히 보충
전염기간	• 이환기간 및 증상 소실 후 대변에서 균이 검출되지 않을 때까지 전파 가능하며, 보통 성인에서 1주일 이하, 어린이의 1/3은 3주가량 균 배출 • 드물지만 보균상태가 수개월 이상 지속 가능
치사율	• 대부분 후유증 없이 회복되나 용혈성요독증후군 진행 시 치명률 3~5%
관리	**〈환자 관리〉** • 증상이 완전히 소실된 후 24시간 후부터 또는 항생제 치료 시 항생제 치료 종료 48시간 후부터 24시간 이상의 간격으로 배양검사(대변검체)에서 2회 연속 음성임을 확인 후 격리해제 • 격리 해제까지 음식 조리, 간호, 간병, 보육 금지, 설사 증상 소실 후 2주간 수영 금지 **〈접촉자 관리〉** • 발병여부 관찰 – 환자와 음식, 식수를 같이 섭취한 접촉자는 마지막 폭로 가능 시점부터 10일간 발병여부를 감시 – 공동 노출자 : 사례와 의심 감염원에 함께 노출된 경우 10일간 접촉자 발병여부 관찰하고 증상이 있을 경우 배양검사(대변검체) 실시 • 고위험군(식품업종사자, 수용시설 종사자 등)은 대변배양 검사결과가 나올 때까지는 음식 취급, 보육, 환자간호 등 업무 제한

예방	• 일반적 예방 - 올바른 손 씻기의 생활화 : 흐르는 물에 비누로 30초 이상 손 씻기 - 안전한 음식 섭취 : 음식 익혀 먹기, 물 끓여 마시기 - 위생적인 조리하기

– 개요

1982년 미국에서 햄버거로 인한 식중독이 발생되면서 알려지기 시작하였으며, 주로 햄버거병이라 불린다. 장출혈성대장균은 시가독소(shiga toxin 또는 verotoxin)를 생산하며, 주요 독소 유전자는 stx1(vt1), stx2(vt2)이다. 시가독소는 세포의 단백질 합성을 저해하여 세포를 사멸시키며 사람의 장 및 신장의 상피세포들의 주요 표적 세포가 된다. 장 세포가 사멸되어 설사가 발생하며, 신장 사구체 상피세포의 손상과 모세혈관 폐색에 의한 급성신부전증을 유발한다.

* 장출혈성대장균 혈청형은 70여 종의 혈청군이 알려져 있으며, 주요 혈청형으로는 O157, O26, O45, O103, O111, O145, O121 등이 있다.

– 발생현황

2000년 법정감염병으로 지정된 이후 연간 50명 내외의 환자가 신고되고 있다. 연중 발생하고 있으며 특히 6~8월에 발생이 많다. 2014년 이후 연간 100명 내외의 환자가 신고되고 있다.

– 관련 보도자료

관련 보도자료

관계부처 합동 / 배포일 : 2020.6.26(금)

정부, 안산 유치원 장출혈성대장균 감염증 발생 관련 긴급 대책 추진

◇ 교육부, 질병관리본부, 식품의약품안전처 등 관계부처 긴급대책반 구성
◇ 안산 원인 파악을 위한 공동 역학조사 및 현장점검
◇ 집단급식소가 설치된 유치원 급식안전성 전수점검
◇ 식중독 발생 확산을 막기 위한 조기경보시스템 가동

■ 교육부(부총리 겸 교육부 장관 유은혜)와 시도교육청, 식품의약품안전처(처장 이의경) 및 질병관리본부(본부장 정은경)는 경기도 안산시 소재 A유치원에서 발생한 장출혈성대장균 감염증 관련 긴급 회의를 개최하고 현황 점검 및 향후 대책 등을 논의하였다.

• 아울러 관계기관이 국장급 대책반*을 구성하여 이번 사태가 종결될 때까지 역학조사 및 현장안전 점검 등 공동으로 대응해 나갈 계획이다.

* 교육부(학생지원국장, 교육복지정책국장), 경기도교육청(부교육감), 식품의약품안전처(식품소비안전국장), 질병관리본부(감염병관리센터장)

■ 질병관리본부는 6월 16일(화) 장출혈성대장균 감염증 집단 발생에 대한 의심신고 이후 지방자치단체와 협력하여 역학조사 등을 실시하였다.

• 장출혈성대장균 감염증 발생 원인을 찾기 위해 조리종사자 등을 대상으로 인체검체를 채취하고 보존식과 칼·도마, 교실, 화장실 등 환경검사를 실시하였으며 모두 음성으로 확인되었다.

• 재원 중인 모든 원아, 교사, 조리종사자 및 환자의 가족 등에 대한 진단검사 실시 결과, 유치원 원아 및 종사자 202명 중 102명(6월 26일 18시 기준)이 유증상자로 확인되었으며, 원아 및 종사자, 가족접촉자 중 총 57명이 장출혈성대장균 감염증 환자로 확진되었다.

– 현재 입원 중인 24명(원아 21명, 가족 3명) 중 15명의 환아에서 용혈성요독증후군 의심증상이 발생하였고, 투석치료를 받은 5명 중 1명은 투석치료를 중단하고 호전 여부를 경과 관찰 중이다.

• 안산시는 6월 20일(토)부터 6월 30일(화)까지 A유치원을 폐쇄하는 행정조치를 하였다.

■ 식품의약품안전처(이하 '식약처')는 경기도와 함께 식품으로 인한 장출혈성대장균 감염증 발생 가능성 확인을 위해 식품원인조사를 실시 중이다.

• A유치원에서 6월 10일(수)부터 6월 15일(월)까지 급식으로 제공한 음식을 보관한 보존식 21개를 수거하여 검사한 결과, 식중독균은 검출되지 않았으며, 6월 10일(수)부터 6월 12일(금)까지 A유치원에 납품한 식자재 공급업체 등에 보관 중인 돈육, 치즈, 아욱 등 34건을 수거하여 현재 검사 중이다.

- 아울러, 식중독 의심환자 발생신고가 접수된 6월 16일(화), 식중독조기경보시스템을 활용하여 안산지역 104개 급식소에 식중독발생상황 정보를 공유하여 식중독 발생 확산을 차단하였다.

■ 교육부는 이번 회의에서 유치원 및 초중등학교에서 장출혈성대장균 감염증 예방을 위한 단위학교의 위생관리 준수 철저, 학교급식 종사자에 대한 위생·안전 교육 강화, 식중독 의심 환자 발생 시 즉시 대응할 수 있도록 하였다.

- 단위학교에서는 식중독 예방을 위해 개인위생 수칙 준수 및 급식 관리(가열식품 온도관리, 교차오염 방지 등)를 강화하고, 식중독 발생 시 원인을 규명하기 위한 보존식 보관 기준*을 철저히 준수하도록 하였다.
  * 조리·제공한 식품의 매회 1인분 분량을 -18℃ 이하에서 144시간 이상 보관
- 특히, 위생 취약학교 및 유치원을 대상으로 위생·안전관리 상태 모니터링 등 감시체계를 강화하고, 유치원에서도 초중등 학교급식에 준하여 위생 및 전담인력 관리가 철저히 이루어질 수 있도록 하였다.

② 장병원성대장균(EPEC, Enteropathogenic E. coli)

– 요약

구분	내용
정의	• 장병원성대장균(Enteropathogenic Escherichia coli)의 감염에 의한 급성위장관염
질병분류	• 법정감염병 : 제4급 감염병 • 질병코드 : ICD - 10 A04.0
병원체	• Enteropathogenic Escherichia coli - 장내세균과에 속하는 그람음성 막대균
병원소	• 사람
전파경로	• 오염된 물(지하수 및 음용수 등)이나 음식을 통해 전파 • 드물게 환자 또는 병원체 보유자의 대변 직접 접촉에 의한 감염도 가능
잠복기	• 1~6일
진단	• 검체(대변, 직장도말 등)에서 부착인자 유전자(eaeA, bfpA)를 가진 E. coli 분리 동정
증상	• 구토, 설사, 복통, 발열 • 어린 소아에서 중증의 수양성 설사
치료	• 대증치료 : 경구 또는 정맥으로 수분, 전해질 신속히 보충 • 항생제 치료 : 설사 지속 시 고려
치사율	• 대부분 회복, 사망은 드묾

관리	• 환자 관리 : 증상 있을 시 음식 취급, 보육·요양시설 종사, 의료종사 제한 권고, 장내 배설물에 오염된 물품 소독 • 접촉자 관리 : 발병여부 관찰
예방	• 일반적 예방 - 올바른 손 씻기의 생활화 : 흐르는 물에 비누로 30초 이상 손 씻기 - 안전한 음식 섭취 : 음식 익혀 먹기, 물 끓여 마시기 - 위생적인 조리하기

– 개요

소장에서 일어나는 식중독으로 균이 세포질 내에서 증식한 후 베로독소를 분비하여 혈액–수양성 설사를 일으키는 식중독으로 많은 양의 대장균 감염으로 나타나며, 주요 혈청형은 O55, O86, O119, O125 등이 있다. 원인식품은 완전히 익히지 않은 소고기, 마요네즈, 양상추 등이다.

③ 장침입성, 장침습성대장균(EIEC, Enteroinvasive E. coli)

– 요약

정의	• 장침습성대장균(Enteroinvasive Escherichia coli)의 감염에 의한 급성위장관염
질병분류	• 법정감염병 : 제4급 감염병 • 질병코드 : ICD – 10 A04.2
병원체	• Enteropathogenic Escherichia coli - 장내세균과에 속하는 속하는 그람음성 막대균 - 독소에 의해 수양성 설사가 발생한 이후 장점막 침입에 의해 염증성 설사가 일어남
병원소	• 사람
전파경로	• 오염된 물(지하수 및 음용수 등)이나 음식을 통해 전파 • 드물게 환자 또는 병원체 보유자의 대변에 직접 접촉에 의한 감염도 가능
잠복기	• 1~3일
진단	• 검체(대변, 직장도말 등)에서 침습성인자 유전자(ipaH)를 가진 E. coli 분리 동정
증상	• 발열, 복통, 구토, 수양성 설사 등이 있으며, 약 10%에서는 혈성 설사가 있기도 함 • 위장관염 증상은 보통 7일 이내에 소실됨
치료	• 대증치료 : 경구 또는 정맥으로 수분, 전해질 신속히 보충 • 항생제 치료 : 중증 환자에게만 권유

치사율	• 대부분 회복, 사망은 드묾
관리	• 환자 관리 : 증상 있을 시 음식 취급, 보육·요양시설 종사, 의료종사 제한 권고, 장내 배설물에 오염된 물품 소독 • 접촉자 관리 : 발병여부 관찰
예방	• 일반적 예방 - 올바른 손 씻기의 생활화 : 흐르는 물에 비누로 30초 이상 손 씻기 - 안전한 음식 섭취 : 음식 익혀 먹기, 물 끓여 마시기 - 위생적인 조리하기

– 개요

장내세균과에 속하는 그람음성 간균으로 감염부위는 대장이다. 대장점막의 상피세포에 적은 양의 균이 침입해서 감염을 일으키는 식중독으로 세포의 괴사로 인한 궤양이 형성되고 점액 및 혈액성의 설사를 일으킨다. 주요 혈청형은 O28ac, O29 등이 있다.

④ 장독소성대장균(ETEC, Enterotoxigenic E. coli)

– 요약

정의	• 장독소성대장균(Enterotoxigenic Escherichia coli)의 감염에 의한 급성위장관염
질병분류	• 법정감염병 : 제4급 감염병 • 질병코드 : ICD – 10 A04.1
병원체	• Enterotoxigenic Escherichia coli - 장내세균과에 속하는 그람음성 막대균 - 열저항 독소, 열민감 독소 2종류의 장독소를 생산하여 설사를 일으킴
병원소	• 사람, 동물도 ETEC에 감염될 수 있으나, 사람에게 설사를 일으키는 균주는 사람이 병원소임
전파경로	• 오염된 물(지하수 및 음용수 등)이나 음식을 통해 전파 • 드물게 환자 또는 병원체 보유자의 대변이나 구토물과 직접 접촉에 의한 감염도 가능
잠복기	• 1~3일
진단	• 검체(대변, 직장도말 등)에서 이열성 독소유전자(lt) 또는 내열성 독소 유전자(st)를 가진 E. coli 분리 동정
증상	• 미열, 복통, 수양성 설사 등의 위장증상 • 증상은 5일가량 지속

치료	• 대증치료 : 경구 또는 정맥으로 수분, 전해질 신속히 보충 • 항생제 치료 : 중증 환자에서만 권유
치사율	• 대부분 회복, 사망은 드묾
관리	• 환자 관리 : 증상 있을 시 음식 취급, 보육·요양시설 종사, 의료종사 제한 권고, 장내 배설물에 오염된 물품 소독 • 접촉자 관리 : 발병여부 관찰
예방	• 일반적 예방 - 올바른 손 씻기의 생활화 : 흐르는 물에 비누로 30초 이상 손 씻기 - 안전한 음식 섭취 : 음식 익혀 먹기, 물 끓여 마시기 - 위생적인 조리하기

– 개요

콜레라균과 비슷한 균이 소장 내에서 정착하여 증식하는 동안 생성된 이열성 및 내열성의 엔테로톡신 독소를 분비하여 심한 복통과 수양성 설사를 동반하는 식중독으로 균량이 많을 때 일어난다. 이열성 독소(LT)는 항원이고 콜레라 위장독과 비슷하며 내열성 독소(ST)는 분자량이 낮은 항원성 분자이다. 주요 혈청형은 O6, O8, O15, O20, O78, O114 등이 있다. 혈전성 혈소판 감소증 또는 용혈성 요독증후군을 일으키기도 한다. 심한 경우 신부전증을 유발하기도 하는데 대부분의 감염자들은 항생제나 특별한 치료 없이 5~10일 이내에 회복된다.

⑤ 장흡착성, 장부착성대장균(EAEC, Enteroaggregative E. coli)

– 요약

정의	• 장부착성대장균(Enteroaggregative Escherichia coli) 감염에 의한 급성위장관염
병원체	• Enteroaggregative Escherichia coli - EAEC균의 침습적 부착 섬모로 사람의 회장과 대장 점막에 부착하고, 독소를 분비하여 장세포를 손상시키고, 세포의 염증을 일으켜 설사를 유발
병원소	• 주로 사람, 동물도 가능함
전파경로	• 오염된 물(지하수 및 음용수 등)이나 음식을 통해 전파
잠복기	• 20~48시간 추정
진단	• 검체(대변, 직장도말 등)에서 장부착성 유전자(aggR)를 가진 E. coli 분리 동정

증상	• 수양성/점액성 설사가 주 증상이며, 혈성 설사도 3~31%에서 동반됨
치료	• 대증치료 : 경구 또는 정맥으로 수분, 전해질 신속히 보충 • 항생제 치료 : 중증 사례·여행자 설사 시 고려
치사율	• 거의 대부분 회복되나, 드물게 치명적인 전신감염 가능
관리	• 환자 관리 : 증상 있을 시 음식 취급, 보육·간호 제한, 장내배설물에 오염된 물품 소독 • 접촉자 관리 : 발병여부 관찰
예방	• 일반적 예방 - 올바른 손 씻기의 생활화 : 흐르는 물에 비누로 30초 이상 손 씻기 - 안전한 음식 섭취 : 음식 익혀 먹기, 물 끓여 마시기 - 위생적인 조리하기

– 개요

저개발국가의 신생아와 소아 설사증의 주원인 균으로 장내세균과에 속하는 그람음성 간균이다. 간, 유아설사증, 여행자 설사 등을 유발하고 주로 수양성 설사, 열이 없거나 미열을 일으킨다.

해외여행 시, 가급적 물을 끓여서 마시고, 생채소, 샐러드 및 과일 섭취를 피하고, 가열 조리된 음식을 섭취하도록 한다.

(7) 바실루스 세레우스

① 요약

정의	• 바실루스 세레우스(B. cereus)가 만들어내는 장독소에 의해 설사나 구토를 일으키는 급성위장관염
질병분류	• 법정감염병 : 제4급 감염병 • 질병코드 : ICD – 10 A01.1 – A01.4
병원체	• Bacillus cereus - 내열성 아포를 생성하는 그람양성 막대균, 통성혐기성균 - 토양, 하수, 공기 등 자연계에 널리 분포 • 열에 안정한 독소를 생산하여 구토, 복통, 설사를 일으킴
병원소	• 토양, 환경에서 다양한 유기체, 음식(날것, 말린 것, 가공품)
전파경로	• 오염된 음식을 통해 전파
잠복기	• 구토형 : 1~5시간 • 설사형 : 8~16시간

진단	• 검체(대변, 직장도말, 구토물 등)에서 독소 유전자(hblC, nheA, entFM, cytK2, becT, CER)를 가진 B. cereus 분리 동정
증상	• 갑자기 발생하는 오심, 구토, 복통, 설사 등이며 대체로 1일 이내 소실 • 구토형 : 구토와 복통이 주 증상이며 발열 및 설사는 없음 • 설사형 : 복통, 설사가 주 증상이며 구토는 적음
치료	• 대증치료 : 경구 또는 정맥으로 수분, 전해질 신속히 보충 • 항생제 치료 : 필요 없음
치사율	• 대부분 회복, 사망은 드묾
관리	• 환자 관리 : 격리 불필요 • 접촉자 관리 : 발병여부 관찰
예방	• 일반적 예방 – 올바른 손 씻기의 생활화 : 흐르는 물에 비누로 30초 이상 손 씻기 – 안전한 음식 섭취 : 음식 익혀 먹기, 물 끓여 마시기 – 위생적인 조리하기

② 개요

바실루스 세레우스는 세균성으로 증상에 따라 설사형, 구토형으로 2가지로 분류할 수 있는데 설사형은 세균성 중에서도 감염형으로 구분되고, 구토형은 독소형으로 구분된다. 내열성이 높은 포자(spore)를 형성하고 집단발생 사례로 쌀을 이용한 요리를 재가열하기 전에 은은한 온도가 유지될 때 구토형이 많이 발생된다.

보통 24시간 이내 증상이 소실되며, 아주 드물게 간 부전에 의한 사망사례가 있다.

③ 발생현황

– 국외

전 세계적으로 발생하는 식중독의 주 원인균 중 하나이다.

– 국내

장관감염증 집단발생 원인병원체 중 바실루스 세레우스 감염증은 매년 10건 이내 발생된다.

최근 5년간 바실루스 세레우스 집단발생은 9월에 8건으로 가장 많이 발생한다.

④ 관련 보도자료

관련 보도자료

식품의약품안전처 / 배포일 : 2020.11.03 / 수입식품정보마루, 해외위해정보

독일, 식품 내 바실루스 세레우스균이 위장 질환을 유발할 수 있다는 의견문 게재

독일 연방 위해평가원(BfR)은 식품 내 바실루스 세레우스균(Bacillus cereus)으로 인하여 위장 질환이 발생할 수 있다는 의견문을 게재했다.
바실루스 세레우스균은 B. cereus군 내 17개의 균주에 해당하는데, 이 균주들을 구별하기 위해서 매우 복잡한 실험 과정을 거친다고 한다. 따라서 식품위생검사 시 명확하게 특정된 균주가 검출되기보다는 B.cereus군으로 추정되는 박테리아가 검출되었다고 통보되는 경우가 많으므로 동 의견문은 B.cereus 그룹의 박테리아로 인한 건강 위해도에 관한 정보를 담고 있으며, 독일 내 식품안전관리에 기본이 되는 예방대책을 제시하고자 한다.
연방 위해평가원은 이와 관련한 연구논문과 자체 테스트 결과를 총평하여 분석한 결과, B. cereus군에 해당하는 모든 균주가 독소를 생성할 수 있으며, 독소의 유형 및 그 생성량(amount)은 매우 다양할 수 있다고 설명하였다.
이 독소는 위장장애를 유발할 수 있는데 구토를 동반하고 나타나는 질병(emetic disease)과 설사를 동반하는 질병(diarrhoea disease)으로 그 형태가 구분된다고 한다.
이러한 위장 질환은 연령대에 상관없이 발병할 수 있으나 전염성이 없고 24시간 이상 지속되는 경우가 드물어 매우 심각한 중증 질환으로 악화하는 경우 또한 드물다고 설명하였다.
B. cereus군에 의한 식품 오염은 완벽하게 방지될 수 없으며 박테리아의 포자(spore)가 토양 입자나 먼지를 통해서 식품으로 유입되어, 열 혹은 가뭄과 같은 극한 조건에서도 오랫동안 생존할 수 있다고 한다. 포자에 의한 식품의 초기 오염도는 일반적으로 매우 경미한 수준이나, 부적절한 보관 등으로 인하여 섭씨 7°~ 48°C의 환경에서 포자가 발아(germination)하면 박테리아가 번식하게 된다고 설명했다.
그러나 B.cereus군에는 4°C의 온도에서 번식할 수 있는 내한성(Low-temperature resistant) 및 50°C 이상에서도 번식하는 내열성(High temperature resistant) 균주도 존재한다고 한다.
끓이거나 저온 살균과 같은 처리 과정으로 박테리아 세포가 사멸되나, 개별 포자가 생존할 수 있는 가능성은 존재함으로 식품 열처리(2분 동안 최소 70°C) 후에 급속 냉각(≤7°C) 또는 식품의 온도 유지(≥ 60°C) 등으로 포자의 발아 및 박테리아 번식을 방지할 것을 권장한다고 전하였다.

(8) 쉬겔라, 세균성이질

① 요약

구분	내용
정의	• 세균성이질균(Shigella dysenteriae, S. flexneri, S. boydii, S. sonnei) 감염에 의해 급성 염증성 장염을 일으키는 질환
질병분류	• 법정감염병 : 제2급 • 질병코드 : ICD – 10 A01.1 – A01.4
병원체	• 이질균(Shigella spp.) : 그람음성 막대균 – S. dysenteriae, S. flexneri, S. boydii, S. sonnei(각각 serogroup A, B, C, D에 해당) • 이질균의 점막 침입에 의해 전형적인 양상인 혈액, 점액 및 화농성 설사가 나타남
병원소	• 사람
전파경로	• 오염된 식수와 식품매개로 주로 전파됨 • 환자나 병원체 보유자와 직접·간접적인 접촉에 의한 감염도 가능
잠복기	• 12시간~7일(보통 1~4일)
진단	• 검체(대변, 직장도말 등)에서 세균성이질균 분리 동정
증상	• 고열, 구역질, 구토, 경련성 복통, 설사(혈변, 점액변), 잔변감 등 • 경증의 경우, 증상은 4~7일 후 저절로 호전되며 무증상 감염도 가능 • S. dysenteriae가 가장 심한 증상을 보이고, S. flexneri, S. sonnei로 갈수록 임상증상이 약해짐
치료	• 대증치료 : 경구 또는 정맥으로 수분, 전해질 신속히 보충 • 항생제 치료 : 항생제 내성을 고려한 약제 선택
전염기간	• 이환기간 및 증상 소실 후 대변에서 균이 검출되지 않을 때까지 전파 가능하며, 보통 발병 후 며칠~4주 이내 전염력이 소실 • 드물지만 보균상태가 수개월 이상 지속 가능
치사율	• 적절한 치료 시 1% 내외 • 치료 받지 않으면 10~20% 정도
관리	**〈환자 관리〉** • 증상 소실 후(항생제 치료를 했을 경우 항생제 치료 완료 48시간 후) 24시간 간격으로 대변이나 직장도말물 배양검사에서 2회 연속 음성 확인 후 격리해제 • 무증상 감염인 관리 : 병원체 보유를 확인 후 48시간 경과 후(만일 항생제를 투여한 경우에는 항생제를 중단하고 48시간 경과 후) 24시간 간격으로 대변이나 직장도말 배양검사에서 2회 연속 음성 확인 후 격리해제 **〈접촉자 관리〉** • 발병여부 관찰(마지막 노출 가능시점부터 7일까지 발병여부를 감시) • 고위험군(식품업종사자, 수용시설 종사자 등)는 24시간 간격으로 배양검사(대변검체) 2회 검사, 음성 결과 나올 때까지 음식취급, 보육, 환자 간호 등 업무제한 • 접촉자 중 유증상자인 경우 환자 관리와 동일하게 검사 실시 후 해제

예방	• 일반적 예방 - 올바른 손 씻기의 생활화 : 흐르는 물에 비누로 30초 이상 손 씻기 - 안전한 음식 섭취 : 음식 익혀 먹기, 물 끓여 마시기 - 위생적인 조리하기

② 개요

Shigella 균속은 O항원과 당을 이용한 발효특성에 따라 4종으로 분류

– S. dysenteriae(혈청군 A군) : 심한 설사 등 증상이 제일 중함

– S. flexneri(혈청군 B군) : 증상이 심함

– S. boydii(혈청군 C군) : 증상이 경함

– S. sonnei(혈청군 D군) : 증상이 경함

③ 발생현황

– 국외

미국에서는 연간 500,000 사례가 발생하고, 2013년 인구 10만 명당 4.82명 발생하였고, 후진국에서는 S. flexneri가 가장 흔하며, 선진국에서는 S. sonnei가 가장 흔하다. 항생제의 광범위한 사용으로 인한 항생제 내성 균주가 중요한 문제로 부각되었다.

– 국내

10년간 세균성이질 신고 현황은 2013년이 294명으로 제일 높았으며 국내 발생도 229명으로 제일 높았다. 2007년부터 세균성이질 국외유입 비율은 30~40% 차지, 2014년 이후에는 100명 내외로 신고되었으나, 2018년에는 국외유입 환자 증가로 191명이 신고되었다.

④ 관련 보도자료

관련 보도자료

보건복지부 질병관리본부 / 배포일 : 2018.2.28 / 담당부서 : 감염병관리과, 검역지원과

동남아 지역 여행 시 장티푸스, 세균성이질 주의 당부!

◇ 2018년 신고된 장티푸스, 세균성이질 환자 147명 중 110명(74.8%) 동남아 방문
* 장티푸스 환자 68명 중 40명(58.8%), 세균성이질 환자 79명 중 70명(88.6%)

◇ 동남아시아 지역 여행 시 감염병 예방수칙 준수 당부
* 30초 이상 비누로 손씻기, 음식 익혀 먹기, 포장된 물과 음료수 마시기 등

■ 질병관리본부는 2018년 신고된 장티푸스, 세균성이질 환자가 전년 대비 급증*하고 (2018.2.26.기준), 이 중 74.8%(110명)가 동남아시아 지역을 여행한 것으로 확인됨에 따라 해당 지역을 방문할 때 수인성·식품매개감염병 예방수칙을 준수할 것을 당부하였다.
* **티푸스** : '17년 14명(국내발생 9, 해외유입 5) → '18년 68명(국내발생 27, 해외유입 41)
* **세균성이질** : '17년 24명(국내발생 2, 해외유입 22) → '18년 79명(국내발생 9, 해외유입 70)

• 제1군 법정감염병인 장티푸스는 장티푸스균(Salmonella Typhi) 감염에 의한 급성 전신성 발열성 질환으로 균 감염 3일~60일 후 고열, 두통, 변비 또는 설사, 장미진(장미빛 반점), 비장 비대 등의 증상을 나타내며 우리나라에서는 연 100~300명 정도 발생한다.

- 2018년 2월 26일 현재 장티푸스 신고환자 68명의 역학조사서를 확인한 결과, 40명이 2017년 12월부터 2018년 2월까지 라오스, 베트남, 필리핀, 인도 등 동남아시아 지역을 여행한 후 고열, 두통, 설사, 복통 등의 증상을 나타냈다.

• 세균성이질 또한 제1군 법정감염병으로, 이질균(Shigella spp.) 감염에 의한 급성장관 질환이고, 균 감염 12시간~7일 후 발열, 구토, 복통, 수양성 또는 혈성 설사 등의 증상을 나타내며 우리나라에서는 연 100~300명 정도 발생한다.

- 2018년 2월 26일 현재 세균성이질 신고환자 79명의 역학조사서를 확인한 결과, 70명이 2017년 12월부터 2018년 2월까지 필리핀, 베트남, 인도 등 동남아시아 지역을 여행한 후 설사, 발열, 복통 등의 증상을 나타냈다.

(9) 여시니아 엔테로콜리티카, 예르시니아 엔테로콜리티카

① 요약

정의	• 예르시니아 엔테로콜리티카(Yersinia enterocolitica)의 감염에 의한 급성위장관염
질병분류	• 법정감염병 : 제4급 감염병 • 질병코드 : ICD – 10 A04.6
병원체	• Yersinia enterocolitica – 그람음성으로 유당을 분해하지 않는 호기성 간균이며 자연 환경계에 널리 분포하며 사람에게서도 발견됨
병원소	• 동물 : 돼지가 Y. enterocolitica(혈청형 O:3)의 가장 주 병원소이며, 양, 소, 염소에서 무증상 보균이 확인됨
전파경로	• 살균하지 않은 우유, 오염된 물, 오염된 돼지고기를 섭취할 경우 감염될 수 있으며, 때로는 분변 – 구강경로 전파가 가능함
잠복기	• 3~7일
진단	• 검체(대변, 직장도말, 구토물 등)에서 Y. enterocolitica 분리 동정
증상	• Yersinia enterocolitica 감염증은 소아에 많으며 주 증상은 발열, 설사, 구토, 복통 등 위장염임 – 유아 : 급성 수성 설사가 3~14일까지 지속, 5% 정도 혈변 – 청소년 : 발열 및 중증도의 백혈구 증다증이 수반된 동통 특징 – 성인 : 장염과 더불어 관절염이 동반되는 경우가 흔함
치료	• 대증치료 : 경구 또는 정맥으로 수분, 전해질 신속히 보충 • 항생제 치료 : 면역저하자, 균혈증 등의 경우 항생제 치료
치사율	• 대부분 회복, 사망은 드묾
관리	• 환자 관리 : 설사 증상 있을 시 조리종사, 보육·요양시설 종사, 의료종사를 설사 증상 소실 48시간까지 제한 권고 • 접촉자 관리 : 발병여부 관찰
예방	• 일반적 예방 – 올바른 손 씻기의 생활화 : 흐르는 물에 비누로 30초 이상 손 씻기 – 안전한 음식 섭취 : 음식 익혀 먹기, 물 끓여 마시기 – 위생적인 조리하기

② 개요

여시니아의 최적 pH는 7.2이고 발육 최적온도는 25~37℃이다. 다른 장내세균은 증식할 수 없는 0~5℃의 냉장고에서도 발육이 가능한 전형적인 저온세균이다. 진공포장에서도 증식할 수 있는 특성과 저온발육 특성으로 인하여 저온보관 상태에서도 균이 증식하여 식중독을 발생시킨다. 가을과 초겨울에 식중독 발생의 원인이 된다는 것이 특징이다. 특히, 어린이들에게 감염되기 쉽고 맹장염으로 오진되기도 한다.

저항성 장독소를 생산하는 대장균과 같이 열저항성 장독소를 생산하여 설사를 일으키는데 열저항성 장독소는 22℃ 생성되나, 37℃에서는 생산되지 않아 예르시니아증의 중요한 병인으로 여겨진다.

③ 발생현황

– 국외

O:3, O:9 혈청형은 유럽에서 대부분 발생하며, 미국과 캐나다에서는 O:3, O:8의 혈청형이 발생한다. 온대 기후 지역(유럽, 북아메리카, 남아메리카의 온대기후 지역)의 추운 계절에 검출률이 높다.

– 국내

집단 발생은 2017년 1건 보고되었다.

(10) 캠필로박터균, 캄필로박터균 식중독

① 요약

정의	• 캄필로박터균(Campylobacter jejuni, Campylobacter coli)의 감염에 의한 급성 위장관염
질병분류	• 법정감염병 : 제4급 감염병 • 질병코드 : ICD – 10 A04.5
병원체	• Campylobacter jejuni, Campylobacter coli – 그람음성 막대균으로 가느다란 나선형 – 배양 배지에서는 구혀이나 섬유소 형태
병원소	• 가금류와 소를 포함한 동물, 개, 고양이, 돼지, 양, 설치류, 새 등

전파경로	• 오염된 음식이나 물(지하수 및 음용수 등)을 통해 전파 • 드물게 환자 또는 병원체 보유자의 대변 직접 접촉에 의한 감염도 가능
잠복기	• 1~10일(대부분 2~5일)
진단	• 검체(대변, 직장도말, 구토물 등)에서 캄필로박터균 분리 동정
증상	• 발열, 권태감이 설사 1~2일 전부터 발현할 수 있음 • 설사, 혈변, 복통, 권태감, 발열, 오심, 구토 등의 증상이 일주일까지 지속
치료	• 대증치료 : 경구 또는 정맥으로 수분, 전해질 신속히 보충 • 항생제 치료 : 고열, 혈성 설사, 심한 설사 등 증상이 심할 경우
치사율	• 대부분 회복, 사망은 드묾
관리	• 환자 관리 : 증상 있을 시 음식 취급, 보육·요양시설 종사, 의료종사 제한 권고, 장내 배설물에 오염된 물품 소독 • 접촉자 관리 : 발병여부 관찰
예방	• 일반적 예방 - 올바른 손 씻기의 생활화 : 흐르는 물에 비누로 30초 이상 손 씻기 - 안전한 음식 섭취 : 음식 익혀 먹기, 물 끓여 마시기 - 위생적인 조리하기

② 개요

대장균보다 가느다란 형태의 나선형균으로 일반적인 호기배양법으로는 전혀 발육하지 않고 미호기성 조건인 산소 5%, 이산화탄소 10%, 질소 85%에서 발육하는 균이다. 발육 최적온도는 37~42℃, 최적 pH는 6.5~7.5로 고온에 강하지만, 소량의 산소가 있는 상태인 상온에서는 서서히 사멸하며 전혀 산소가 없는 혐기조건에서도 성장할 수 없다. 냉장온도에서의 증식은 불가능하지만 생존은 가능하다.

생균에 의한 감염형이기 때문에 식품을 충분히 가열하여 균을 사멸시켜야 한다. 또한 이 균이 수중에서 장시간 생존가능하기 때문에 마시는 물도 끓여 마시도록 해야 한다. 식육 중 특히 닭고기의 생식을 피하고, 열이나 건조에 약하기 때문에 조리기구는 물로 끓이거나 소독해서 건조해야 한다.

③ 발생현황

– 국외

전 세계적으로 주요 설사의 원인균 중 하나이며, 여행자 설사 주요 원인균 중 하나이기도 하다. 전 연령층에서 발생할 수 있으나 산업화된 국가에서는 남성과 5세 이하의 어린이가 가장 발병률이 높고 개발도상국에서는 2세 이하의 어린이에게서 가장 많이 발생한다. 비살균식품과 덜 익힌 가금류, 비염소화 물에서 가장 많이 검출되며, 주로 닭에서 많이 검출된다. 여름에 주로 발생한다.

– 국내

장관감염증 집단발생 원인병원체 중 캄필로박터균 감염증은 매년 20건 내외 발생한다.

2) 독소형 식중독

(1) 황색포도상구균, 황색포도알균

① 요약

정의	• 황색포도알균(Staphylococcus aureus)의 독소에 의한 급성위장관염
질병분류	• 법정감염병 : 제4급 감염병 • 질병코드 : ICD - 10 A05.0
병원체	• Staphylococcus – Micrococcaceae과에 속하는 균속으로서 그람양성 알균 – 임상에서 주로 문제가 되는 것은 3종임(S. aureus, S. epidermidis, S. saprophyticus) • 음식 내에서 균이 증식하며, 독소를 생산하여 복통, 설사를 일으킴
병원소	• 사람 : 정상인의 25%에서 피부, 코에 상재함 • 소, 개, 새 등 동물
전파경로	• 오염된 음식을 통해 전파
잠복기	• 30분~8시간(대부분 2~4시간)
진단	• 검체(대변, 직장도말물, 구토물 등)에서 장독소 특이유전자를 가진 S. aureus 분리 동정

증상	• 갑자기 발생하는 오심, 구토, 복통, 설사 등이며 대체로 2일 이내 소실 • 상부 위장관 증상이 하부 위장관 증상에 비해 빈번
치료	• 대증치료 : 경구 또는 정맥으로 수분, 전해질 신속히 보충 • 항생제 치료 : 필요 없음
치사율	• 대부분 회복, 사망은 드묾
관리	• 환자 관리 : 격리 불필요 • 접촉자 관리 : 발병여부 관찰
예방	• 일반적 예방 - 올바른 손 씻기의 생활화 : 흐르는 물에 비누로 30초 이상 손 씻기 - 안전한 음식 섭취 : 음식 익혀 먹기, 물 끓여 마시기 - 위생적인 조리하기

② 개요

식품 중에 증식하여 생성된 Enterotoxin(장독소)을 섭취해서 발생하는 대표적인 독소형 식중독이다. 음식 1g당 1000개 이상의 장독소가 있을 경우 식중독 증상이 나타날 수 있다.

4~5개의 구균이 모여 있는 경우가 많아 포도상구균이라 부른다. 소금농도가 높은 곳에서도 잘 증식하며 특히 건조상태에서 저항성이 강하여 식품이나 가검물 등에서 장기간(수개월) 생존하여 식중독을 유발한다. 발육 최적온도는 37℃이며, 엔테로톡신 생성 최적온도는 40~45℃이다. 최적 pH는 6~7이며 pH 4.3 이하에서는 사멸한다. 60℃에서 3분간의 가열로 균은 거의 사멸되나 식중독 원인물질인 Enterotoxin(장독소)은 내열성이 강하여 끓는점이 넘는 열처리 후에도 사멸되지 않을 수 있다.

상재균으로 건강인의 약 25%가 이 균을 보균하고 있기 때문에, 코 안이나 피부에 상재하고 있는 황색포도상구균이 식품에 혼입될 가능성이 있다. 세균성 식중독 중 가장 짧은 잠복기를 가진다.

③ 발생현황

– 국외

전 세계적으로 발생하는 식중독의 주 원인균 중 하나로 미국에서는 매년 600~800만 건 발생하는 것으로 추정된다.

– 국내

장관감염증 집단발생 원인병원체 중 황색포도알균 감염증은 매년 10건 이내 발생된다.

(2) 클로스트리디움 퍼프린젠스

① 요약

정의	• 클로스트리듐 퍼프린젠스(Clostridium perfringens)가 증식하여 만들어내는 장독소에 의한 급성위장관염
질병분류	• 법정감염병 : 제4급 감염병 • 질병코드 : ICD – 10 A05.2
병원체	• Clostridium perfringens – 그람양성, 운동성이 없는 혐기성의 아포 형성 간균 – 음식 내에서 균이 증식하며, 장독소를 생산하여 복통, 설사를 일으킴
병원소	• 건강한 사람과 동물의 소화기계에 상재 • 토양에서 포자로 수년간 존재
전파경로	• 오염된 음식이나 물(지하수 및 음용수 등)을 통해 전파
잠복기	• 6~24시간(대부분 10~12시간)
진단	• 검체(대변, 구토물 등)에서 10^6개 균/g 이상 C. perfringens 검출 • 검체(대변, 직장도말, 구토물 등)에서 장독소 특이 유전자(cpa 및 cpe)를 가진 C.perfringens 분리 동정
증상	• 갑작스러운 복통, 설사, 메스꺼움이 있으며 대체로 1일 이내 소실됨 • 발열과 구토는 흔하지 않고 일부 환자에서 보임
치료	• 대증치료 : 경구 또는 정맥으로 수분, 전해질 신속히 보충 • 항생제 치료 : 장괴사 등 증상이 심할 경우
치사율	• 대부분 회복, 사망은 드묾 * 치사율은 약 0.05%(1만 명 중 5명)

관리	• 환자 관리 : 격리 불필요 • 접촉자 관리 : 발병여부 관찰
예방	• 일반적 예방 - 올바른 손 씻기의 생활화 : 흐르는 물에 비누로 30초 이상 손 씻기 - 안전한 음식 섭취 : 음식 익혀 먹기, 물 끓여 마시기 - 위생적인 조리하기

② 개요

생성하는 독소의 종류에 따라서 A부터 E까지 다섯 가지 형태가 존재한다. 주로 A형이 식중독을 가장 많이 일으키며, C형균이 괴사성 장염을 유발한다. 토양, 하천과 하수 등 자연계와 사람을 비롯하여 포유동물의 장관, 분변 및 식품 등에 널리 분포되어 있다.

혐기성균이기 때문에 식품을 대량으로 큰 용기에 보관하면 혐기조건이 될 수 있으므로 소량씩 용기에 넣어서 보관한다. 식품은 신선한 원재료로 필요 섭취량만을 신속하게 가공 조리하여 남기지 않도록 하며, 부득이하게 남길 경우에는 먹기 전에 충분히 가열한 후에 섭취해야 한다.

③ 발생현황

– 국외

전 세계적으로 발생하는 식중독의 주 원인균 중 하나로, 미국에서는 백만 사례가 연관 있는 것으로 추정된다.

– 국내

장관감염증 집단발생 원인병원체 중 클로스트리듐 퍼프린젠스 감염증은 매년 10건 내외로 발생하며, 최근 5년간 4~5월에 9건으로 가장 많이 발생하였다.

④ 관련 보도자료

관련 보도자료

식품의약품안전처 / 배포일 : 2020.5.12(화)

퍼프린젠스 봄철 식중독에 주의하세요!

가열 조리해도 식중독 발생할 수 있어, 식품 보관온도 관리 철저 당부

■ 식품의약품안전처는 일교차가 큰 봄철에 클로스트리디움 퍼프린젠스(Clostridium perfringens, 이하 '퍼프린젠스') 식중독이 특히 많이 발생할 수 있으니, 조리한 음식을 적정한 온도로 보관하는 등 각별한 주의를 당부했습니다.

• 최근 5년간('15~'19년) 계절별 퍼프린젠스 식중독 발생 현황을 보면 4월부터 6월까지 총 879명의 환자가 발생하여 총 환자 수 1,744명의 50.4%가 집중된 것으로 나타났습니다.

  * 5년간('15~'19년) 퍼프린젠스 식중독 발생현황(건/명) : (1~3월) 13/289, (4~6월) 25/879, (7~9월) 5/45, (10~12월) 6/531

■ 퍼프린젠스는 자연계에 널리 분포하여 사계절 식중독을 유발할 수 있고, 산소가 없는 환경에서 잘 자라며 열에 강한 포자(균의 씨앗) 생성과정에서 만들어진 독소가 식중독을 유발합니다.

• 따라서 퍼프린젠스 식중독은 산소와 접촉면이 적도록 많은 음식을 한번에 조리하거나, 조리된 음식을 상온에 방치하는 경우 잘 발생하며, 대개 묽은 설사나 복통 등 가벼운 증상이 나타납니다.

  * 퍼프린젠스의 포자는 100℃에서 1시간 이상 가열해도 죽지 않고, 60℃ 이하에서 깨어나 증식하며, 생육 과정에서 독소를 생성. 다만, 독소는 열에 약해 75℃에서 파괴되므로 조리된 음식은 2시간 이내 섭취하고, 보관된 음식은 75℃에서 재가열한 후 섭취

(3) 클로스트리디움 보툴리눔, 보툴리눔독소증

① 요약

정의	• 보툴리눔균(Clostridium botulinum)이 생산하는 독소에 의한 신경마비성 질환
질병분류	• 법정감염병 : 제1급 감염병(제4군) 및 생물테러감염병으로 지정 • 질병코드 : A05.1

병원체	- Clostridiaceae과 그람양성, 아포 형성, 무산소성 - 휴면체(休眠体)로서 크기는 0.5~2.0㎛ × 1.6~22.0㎛ 정도 - 독소 : 독소의 혈청형에 따라 7종(A-G)으로 구분되며, 이 중에서 A, B, E, F형이 사람에게서 보툴리눔독소증을 일으킴 - 위험정보 : 고위험병원체, 제2위험군, 생물안전밀폐등급 Biosafety level 2(BL2) - 감염력 : A형 보툴리눔 독소는 70kg의 사람에게 주입 시 0.15㎍로도 치명적이며, 흡입의 경우 0.70㎍, 섭취의 경우 70㎍ 정도에 의해서 생명이 위험함
병원소	• 사람, 어류를 포함한 동물(가금류, 어류, 소, 개, 밍크 등)
감염경로	- 식품매개형 : 보툴리눔 독소에 오염된 식품 섭취로 발생 - 영아형 : 균의 아포에 오염된 음식 섭취 후 아포가 장내에서 발아, 정착하여 독소를 생산하면서 발생 - 상처형 : 보툴리누스균의 아포가 상처로 들어간 뒤 독소를 생성하면서 발생 - 기타형 : 미용(주름 제거) 또는 치료(편두통 등) 목적으로 많은 양의 독소가 주입되거나 가공·살포된 생물학제제를 흡입하여 발생
잠복기	- 식품매개형 : 1~8일(빠른 경우 2시간~8시간, 늦은 경우 8일 후 증상발현) - 영아형 : 3~30일 - 상처형 : 4~14일(평균 7.5일)
진단	• 검체(혈액, 대변, 구토물, 위흡인물 등)에서 C. botulinum 독소 확인 또는 C. botulinum 분리 동정
임상증상 임상경과	- 일반적으로 3S(seeing, speaking, swallowing) 기능저하를 시작으로 관련 증상 발현 - 급성, 비발열성, 대칭성, 하행성 이완 마비가 특징임 - 뇌신경 마비 증상 : 복시, 안검하수, 안면근육 근력 저하, 연하곤란 및 발음곤란 등 - 자율신경계 증상 : 구갈, 동공 고정이나 산대, 변비 외에 심혈관계와 위장관계, 비뇨기계에서 자율신경계 이상증상 - 호흡근 마비 : 치명적인 결과를 낳을 수 있으며, 만약 증상발현이 매우 빠른 경우 갑작스러운 호흡근마비가 발생하기 전에 다른 증상이 없을 수도 있음 - 발열은 없고 감각이나 지남력은 일반적으로 소실되지 않음
치료	• 항독소제 투여(국가 비축) • 보존치료 - 증상의 악화 정도에 따라 인공호흡기 치료 등 집중적인 의료관리 필요 - 상처형 보툴리눔독소증은 항독소제 투여, 상처 괴사 조직 제거, 항생제 등 투여
치사율	• 약 5% 정도이며, C. botulinum 독소의 치사량은 독소형과 체내유입경로에 따라 성인에서 1㎍ 이하일 수 있음. 중증도 환자에서 치료를 시행하지 않는 경우 치명률은 100%에 이를 수 있지만 대증요법과 항독소를 사용하면 치명률을 많이 감소시킬 수 있음

관리	발생신고	보툴리눔독소증 의심 시 의료기관을 통한 진료 및 진단, 신고
	환자 관리	감염병관리기관 또는 신고의료기관에서 격리입원 치료
	노출자관리	오염 의심 환경 공동 노출 후 잠복기 동안 모니터링, 의심증상 시 의심사례에 준한 조치
	환경관리	환자에게 사용한 기구 및 주변 환경 소독, 관리
예방	- 음식 조리 전 손과 용기를 깨끗이 손 씻기 - 1세 이하 영유아에게 꿀 섭취 금지 - 보관식품은 햇볕을 피하고 냉장보관 - 저장 식품 10분 이상 끓이기 - 캔의 경우 용기가 부푼 경우 열지 말고 곧바로 버리기 등 - 신경마비 등 보툴리눔독소증이 의심되는 증상이 있을 경우 의료기관을 통한 진료 및 진단 필요	

② 개요

Clostridium botulinum은 독소의 면역학적 특이성에 따라서 A~G형으로 분류된다. 이 중에서 식품 매개형의 경우 대부분 A, B형이며, A형이 가장 치명적인 균이다.

가열로 아포를 완전 살균해야 한다(100℃에서 330분 이상 가열살균, 통조림, 병조림, 레토르트 식품에만 적용할 수 있다). 물리적(pH 4.5 이하, 수분활성 0.94 이하, 온도 3.3℃ 이하), 화학적 방법(아질산나트륨과 같은 항균제의 첨가)으로 아포의 발아 및 균의 증식을 방지하거나 식품 중에 생성된 독소를 섭취하기 직전에 불활성화시킨다(80℃에서 20분간 또는 100℃ 수분의 가열).

③ 발생현황

– 국외

미국은 연간 100~200건 내외의 발생이 보고됨, 2015~2017년 발생 사례 분석 시 영아형 74%, 음식매개형 15%, 상처형 10%, 기타 2% 로 나타난다.

* 2013년 153건, 2014년 161건, 2015년 총 141건, 2016년 205건, 2017년 199

건의 (확진)환자가 발생했다.

※ 식품 매개형의 경우 대부분 A형과 B형이며, 독소형에 해당된다.

※ 영아 보툴리눔독소증의 대부분은 원인 미정, 상처형 보툴리눔독소증의 대부분은 주사기 사용 관련 사례이다.

유럽은 연간 100건 내외로 유럽지역에서 발생 보고되었다.

※ 2014년 123건(91건 확진)

– 국내

2003년 3건, 2004년 4건, 2014년 1건, 2019년 1건(영아 보툴리눔독소증), 2020년 1건 발생(실험실 노출)하였다.

④ 관련 보도자료

관련 보도자료

보건복지부 질병관리본부 / 배포일 : 2019.6.18

영아 보툴리눔독소증 환자 감염경로 조사 중

◇ 생후 4개월 영아 보툴리눔독소증 확진
◇ 환아는 일반병실에서 치료받으면서 경과 관찰 중이며, 식품 및 환경을 통한 감염경로 조사 중

■ 질병관리본부는 영아 보툴리눔독소증 환자가 국내에서 처음 확인됨에 따라 감염경로를 조사 중이라고 밝혔다.

• 영아 보툴리눔독소증은 1세 이하의 영아에게서 나타나는 근신경계 질병으로 보툴리누스균 포자(胞子, Spore)가 영아의 장에 정착하고 증식함으로써 생성된 독소가 체내에 흡수되어 발병한다.

* 영아의 경우 장 발달이 성숙하지 못해 섭취한 포자(胞子)가 장내에서 증식하기 쉽고, 미국의 경우 연간 100명 내외로 영아 보툴리눔독소증 환자 보고

** 보툴리누스균 독소는 전염력이 없어 사람에서 사람으로의 전파는 일어나지 않음

(4) 바실루스 세레우스(구토형)

① 요약

구분	내용
정의	• 바실루스 세레우스(B. cereus)가 만들어내는 장독소에 의해 설사나 구토를 일으키는 급성위장관염
질병분류	• 법정감염병 : 제4급 감염병 • 질병코드 : ICD－10 A01.1－A01.4
병원체	• Bacillus cereus － 내열성 아포를 생성하는 그람양성 막대균, 통성혐기성균 － 토양, 하수, 공기 등 자연계에 널리 분포 • 열에 안정한 독소를 생산하여 구토, 복통, 설사를 일으킴
병원소	• 토양, 환경에서 다양한 유기체, 음식(날것, 말린 것, 가공품)
감염경로	• 오염된 음식을 통해 전파
잠복기	• 구토형 : 1～5시간 • 설사형 : 8～16시간
진단	• 검체(대변, 직장도말, 구토물 등)에서 독소 유전자(hblC, nheA, entFM, cytK2, becT, CER)를 가진 B. cereus 분리 동정
증상	• 갑자기 발생하는 오심, 구토, 복통, 설사 등이며 대체로 1일 이내 소실 • 구토형 : 구토와 복통이 주 증상이며 발열 및 설사는 없음 • 설사형 : 복통, 설사가 주 증상이며 구토는 적음
치료	• 대증치료 : 경구 또는 정맥으로 수분, 전해질 보충 • 항생제 치료 : 필요 없음
치사율	• 대부분 회복, 사망은 드묾
관리	• 환자 관리 : 격리 불필요 • 접촉자 관리 : 발병여부 관찰
예방	• 일반적 예방 － 올바른 손 씻기의 생활화 : 흐르는 물에 비누로 30초 이상 손 씻기 － 안전한 음식 섭취 : 음식 익혀 먹기, 물 끓여 마시기 － 위생적인 조리하기

② 개요

바실루스 세레우스는 세균성으로 증상에 따라 설사형, 구토형으로 2가지로 분류할 수 있는데 설사형은 세균성 중에서도 감염형으로 구분되고, 구토형은 독소형으로 구분된다. 내열성이 높은 포자(spore)를 형성하고 집단발생 사례로 쌀을 이용한 요리를 재가열하기 전에 은은한 온도가 유지될 때 구토형이 많이 발생된다.

보통 24시간 이내 증상이 소실되며, 아주 드물게 간 부전에 의한 사망사례가 있다.

③ **발생현황**

– 국외

전 세계적으로 발생하는 식중독의 주 원인균 중 하나이다.

– 국내

장관감염증 집단발생 원인병원체 중 바실루스 세레우스 감염증은 매년 10건 이내 발생했다.

최근 5년간 바실루스 세레우스 집단발생은 9월에 8건으로 가장 많이 발생했다.

3 바이러스성 식중독

1) 바이러스성 식중독의 원인 및 증상

병원체	잠복기	증상		전파기전	2차감염
		구토	열		
아스트로바이러스	1~4일	가끔	가끔	식품, 물, 대변·구강전파	○
장관 아데노바이러스	7~8일	통상적	통상적	물, 대변·구강전파	○
노로바이러스	24~48시간	통상적	드물거나 미약	식품, 물, 접촉감염, 대변·구강전파	○
로타바이러스 A군	1~3일	통상적	통상적	물, 비말감염, 병원감염, 대변·구강전파	○

※ 설사 증세는 일반적으로 묽거나 수양성이며 위장관 감염 시는 비출혈성 설사를 보임

자료 : 식품의약품안전처, 식품안전나라, 위해예방.

2) 노로바이러스

① 요약

정의	• 노로바이러스(Norovirus)의 감염에 의한 급성위장관염
질병분류	• 법정감염병 : 제4급 감염병 • 질병코드 : ICD - 10 A08.5
병원체	• Norovirus - Caliciviridae속에 속하는 리본형의 RNA 바이러스로 27~32㎚의 크기 - 소장 미세융모 손상으로 인한 흡수장애로 증상 발현
병원소	• 사람
감염경로	• 분변 - 구강 경로 감염
잠복기	• 10～50시간(12～48시간)
진단	• 검체(대변, 직장도말, 구토물 등)에서 특이 유전자 검출
증상	• 주요 임상적 증상은 설사, 구토, 복통 등 • 1～3일간 지속되는 낮은 발열, 탈수 증상이 발생할 수 있음
치료	• 대증치료 : 경구 또는 정맥으로 수분, 전해질 보충
치사율	• 대부분 회복하고, 사망은 드묾
관리	• 환자 관리 : 증상이 있는 환자는 조리종사자, 보육시설·요양시설 종사자, 간호, 간병, 의료종사자에서 업무 제한, 장내배설물에 오염된 물품 소독 • 접촉자 관리 : 발병여부 관찰 • 환경 관리 - 구토물, 접촉환경, 사용한 물건 등에 대한 소독(1,000～5,000ppm 염소소독)
예방	• 일반적 예방 - 흐르는 물에 비누로 30초 이상 손 씻기 * 음식조리 전, 수유하기 전, 배변 후, 설사 증상 있는 사람을 간호한 경우, 외출 후 - 안전한 음식 섭취 : 음식 익혀 먹기, 물 끓여 마시기

② 개요

Norwark-like viruses(NLVs) 또는 소형구형바이러스(Small round virus; SRV)라고도 불리며, 1968년 미국 오하이오주의 Norwalk 초능학교에서 구토, 설사를 수반한 위장염 증상이 집단발생함으로써 2일간에 232명의 학생과 교사가 발병하여 붙여진 이름이다. pH 2.7로 3시간, 실온에서도 안정, 60℃에서 적어도 30분간 가열해도 불활성화되기 어려운 바이러스다. 영국정부는 이 바이러스를 연체동물에서 사멸시키기 위해서는 적어도 85~90℃에서 2분 이상 가열할 것을 권장하고 있다.

③ 발생현황

– 국외

노로바이러스는 집단발생으로 빈번하게 발생하고, 산발적 위장관염 중 9~24%가 노로바이러스 감염증이다. 모든 연령대에서 발생하며, 5세 이하의 어린이에서 높고, 65세 이상의 성인에서 더 심한 질환이 나타난다.

미국 및 유럽에서 식당, 보육시설, 여객선, 호텔, 그리고 요양원에서 집단발생 사례가 있으며, 선진국일수록 종종 의료서비스 시설과 연관된 발생이 나타난다. 노로바이러스 감염증으로 인한 사망사례는 고령자 및 장기시설 생활자 중에서 발생한 사례가 있다.

– 국내

장관감염증 집단발생 원인병원체 중 노로바이러스 감염증은 매년 60건 내외로 발생하였으나, 2017년 101건, 2018년 178건으로 발생 증가하였다.

장관감염증 집단발생 원인병원체 중 가장 높은 비율을 차지하며, 계절적으로는 11월부터 다음 해 4월까지 발생이 높다.

④ 관련 보도자료

관련 보도자료

식품의약품안전처 / 배포일 : 2021.11.14(일)

추운 겨울 노로바이러스 식중독 조심하세요

- 식의약 바로알기㊿ 겨울부터 봄까지 노로바이러스 식중독 발생 가장 많아 -

■ 식품의약품안전처는 겨울부터 봄까지가 노로바이러스로 인한 식중독 의심환자 발생이 가장 많아지는 시기이므로 겨울 문턱에 진입한 지금부터 개인위생과 식품위생 관리에 각별한 주의를 당부했습니다.

• 최근 5년간('16~'20년) 식중독 발생 현황을 보면 여름철에는 세균성 식중독(병원성대장균, 살모넬라 등) 발생이 많지만, 겨울철에는 바이러스성 식중독(노로바이러스)이 증가하는 것으로 조사되었습니다.

  * 11월 25건(471명), 12월 30건(534명), 1월 40건(349명), 3월 31건(931명), 4월 21건(597명)

- 특히 최근 5년간 노로바이러스 식중독은 총 230건(4,817명)이 발생했으며, 11월부터 증가하여 1월과 3월에 특히 많이 발생하는 것으로 나타났습니다.

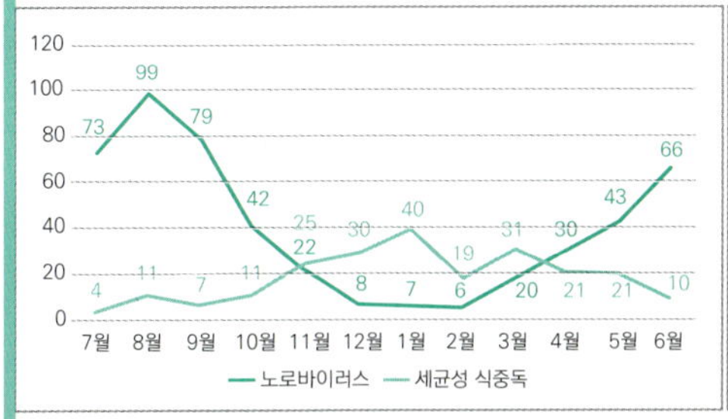

세균성, 노로바이러스 식중독 발생 동향('16~'20년)

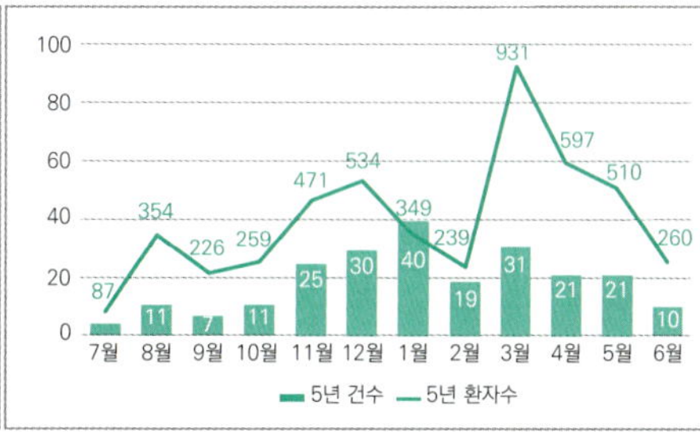

노로바이러스 월별 식중독 발생 현황('16~'20년)

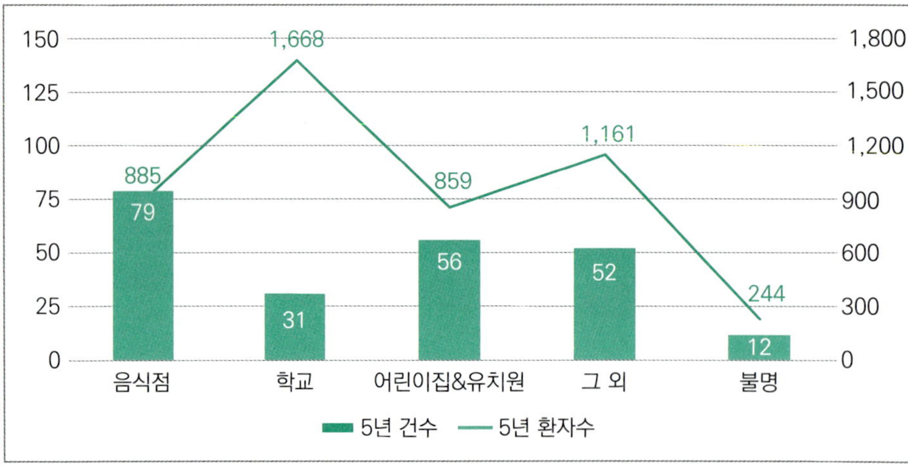

최근 5년간('16~'20년) 장소별 노로바이러스 식중독 발생 현황

- 노로바이러스는 영하 20℃ 이하의 낮은 온도에서도 생존이 가능하며, 노로바이러스에 오염된 음식물(어패류, 채소류)이나 지하수를 섭취했거나 감염자와의 직·간접적인 접촉으로도 노로바이러스가 전파됩니다.

3) 로타바이러스

① 요약

정의	• 그룹 A형 로타바이러스(Group A Rotavirus)의 감염에 의한 급성위장관염
질병분류	• 법정감염병 : 제4급 감염병 • 질병코드 : ICD – 10 A08.0
병원체	• Rotavirus : Reoviridae과에 속하는 RNA 바이러스
병원소	• 사람
감염경로	• 분변 – 구강 경로 감염 • 접촉 감염 및 호흡기 감염 • 바이러스에 오염된 물을 통한 감염
잠복기	• 24～72시간

진단	• 검체(대변, 직장도말 등)에서 특이 항원 검출 • 검체(대변, 직장도말 등)에서 특이 유전자 검출
증상	• 구토, 발열, 수양성 설사 • 보통 증상은 4~6일 정도 유지됨
치료	• 대증치료 : 경구 또는 정맥으로 수분, 전해질 보충
치사율	• 대부분 회복하고, 간혹 심한 탈수로 사망할 수 있으나 드묾
관리	• 환자 관리 : 증상이 없는 아이들과 구분, 장내배설물에 오염된 물품 소독 • 접촉자 관리 : 발병여부 관찰
예방	• 일반적 예방 - 올바른 손 씻기 * 흐르는 물에 비누로 30초 이상 손 씻기 * 외출 후, 식사 전, 배변 후, 조리 전, 기저귀 간 후 - 안전한 음식섭취 : 음식 익혀 먹기, 물 끓여 마시기 - 환자와의 접촉을 최소화 • 예방접종 - 로타바이러스 경구용 백신 * 5가 백신 : 생후 2, 4, 6개월 3회 접종 * 1가 백신 : 생후 2, 4개월 2회 접종 - 금기사항이 없는 영아에게 특별한 이유가 없는 한 표준 접종일정대로 접종

② 개요

1973년 처음 발견됐으며 전자현미경으로 보면 수레바퀴 모양이기 때문에 로타라는 이름이 붙었다. 국내에서는 원인을 몰라 오랫동안 가성 콜레라로 불렸다.

동물에서는 그룹 A, B, C, D, E, F형 로타바이러스가 모두 발생하나, 사람에게는 그룹 A~C형 로타바이러스만 발생한다. A군 로타바이러스는 특히 어린 유아를 중심으로 유행하며 B군, C군 로타바이러스는 원래 돼지와 소에서 발생하는 설사의 일반적 원인 바이러스로 알려져 있고, 형태학적으로 A군과 구별할 수 없다. 그러나 B군 로타바이러스는 1982년 이래 중국에서 사람 간에 수백 명에서 수천 명에 이르는 대규모 유행이 자주 발생하고 주로 성인에게 심한 설사를 일으켜 일명 성인성 설사증 로타바이러스라고 불린다. C군 로타바이러스는 세계 각지에서 위장염 환자로부터 산발적으로 보고된 바 있고 집단발생은 드물다.

③ 발생현황

– 국외

로타바이러스에 대한 예방접종이 시행되기 전인 1986년부터 2000년까지 매년 약 200만 명 이상의 영아가 로타바이러스 감염으로 입원하였고, 개발도상국에서 5세 이하에서 발생하는 설사증상자의 30~50%가 로타바이러스 감염증이다.

– 국내

우리나라에서 그룹 A형 로타바이러스감염증에 의한 감염 질환은 2006년 6월부터 법정 감염병(제4급 감염병 중 장관감염증)으로 지정되어 2011년부터 표본감시, 집단 설사의 역학조사에서 유치원/보육시설/산후조리원/초등학교를 중심으로 발생하며, 2020년 4건 발생하였다.

4) 아스트로바이러스

① 요약

정의	• 아스트로바이러스(Astrovirus)의 감염에 의한 급성위장관염
질병분류	• 법정감염병 : 제4급 감염병 • 질병코드 : ICD – 10 A08.0
병원체	• Astrovirus – Astroviridae과에 속하며 28~30㎚ 직경의 작은 바이러스로 한 가닥의 RNA – 캡시드는 3가지의 구조단백으로 구성되며 8개의 혈청형이 존재
병원소	• 사람
전파경로	• 분변 – 구강 경로 감염
잠복기	• 3~4일(짧은 경우 24~36시간)
진단	• 검체(대변, 직장도말 등)에서 특이 유전자 검출
증상	• 설사(경미), 두통, 권태감, 오심, 복통 (구토는 드묾) • 로타바이러스 위장관염과 비슷하나 더 경한 형태로 탈수를 덜 일으킴

치료	• 대증치료 : 경구 또는 정맥으로 수분, 전해질 보충 • 항바이러스제 : 권장하지 않음
치사율	• 대부분 회복하고, 사망은 드묾
관리	• 환자 관리 : 장내배설물에 오염된 물품 소독 • 접촉자 관리 : 발병여부 관찰
예방	• 일반적 예방 - 올바른 손 씻기의 생활화 : 흐르는 물에 비누로 30초 이상 손 씻기 - 안전한 음식 섭취 : 음식 익혀 먹기, 물 끓여 마시기

② 개요

캡시드는 3가지의 구조단백으로 구성되며 유전형은 1~8형까지 있으나 전 세계적으로 1형이 가장 많이 검출된다. 보통 5일 미만으로 증상이 있으며, 가끔 그 보다 길게 유지될 수 있다. PCR검사에 따른 바이러스 소실 기간은 35일까지 유지된다.

③ 발생현황

- 국외

전 세계적으로 발생하며, 열대지방에서는 우기, 온대지방에서는 겨울철에 주로 검출되는 등 로타바이러스와 비슷한 특성이 있다. 미국에서 혈청유병률 조사를 실시한 결과, 9세 때까지 90%가 HastV-1항체를 가지는 것으로 나타났으며, 대부분 무증상이다.

- 국내

집단 발생은 2014년 1건, 2016년 1건 발생했다.

5) 장내 아데노바이러스

① 요약

구분	내용
정의	• 아데노바이러스(Adenovirus)의 감염에 의한 급성위장관염
질병분류	• 법정감염병 : 제4급 감염병 • 질병코드 : ICD - 10 A08.2
병원체	• Adenovirus - 혈청형 중 40형, 41형만이 위장관염을 일으킴 - 장점막 손상으로 인한 흡수장애로 증상 발현
병원소	• 사람
전파경로	• 분변 - 구강 경로 감염
잠복기	• 8~10일
진단	• 검체(대변, 직장도말 등)에서 특이 항원 검출 • 검체(대변, 직장도말 등)에서 특이 유전자 검출
증상	• 주요 임상적 증상 : 묽은 설사변과 설사 1~2일 후에 나타나는 구토(평균 설사기간은 40형의 경우 8.6일, 41형은 12.2일) • 2~3일간 지속되는 낮은 발열, 탈수, 호흡기 증상
치료	• 대증치료 : 경구 또는 정맥으로 수분, 전해질 보충
치사율	• 대부분 회복하고, 사망은 드묾
관리	• 환자 관리 : 장내배설물에 오염된 물품 소독 • 접촉자 관리 : 발병여부 관찰
예방	• 일반적 예방 - 흐르는 물에 비누로 30초 이상 손 씻기 * 음식조리 전, 수유하기 전, 배변 후, 설사 증상 있는 사람을 간호한 경우, 외출 후 - 안전한 음식 섭취 : 음식 익혀 먹기, 물 끓여 마시기

② 개요

Adenoviridae에 속하는 이중가닥(Double strand) DNA 바이러스로서 A~G의 종으로 분류되고, 65개의 혈청형이 알려져 있다. 호흡기, 위장관, 눈, 신장 등 여러 가지 부위에 감염을 일으키며, F군의 40, 41형이 주로 위장관염을 일으키나, A군의 31형을 포함한 다른 혈청형도 위장관염을 일으킬 수 있다.

③ 발생현황

– 국외

혈청형 40, 41번 이외에 2, 3, 8, 31번이 어린이에서의 설사질환을 일으킨 사례가 있다. 어린 연령대에서 아데노바이러스 40형, 41형에 의한 급성설사질환이 대략 2~5% 발생한다.

– 국내

집단 발생은 2014년 1건 보고되었다.

6) A형간염

① 요약

정의	• A형간염 바이러스(Hepatitis A virus) 감염에 의한 급성간염질환
질병분류	• 법정감염병 : 제2급 • 질병코드 : ICD – 10 B15
병원체	• Hepatitis A virus – Picornaviridae과의 Hepatovirus속 RNA virus – 바이러스가 장관을 통과해 혈액으로 진입 후 간세포 안에서 증식하여 염증을 일으킴
병원소	• 사람(Ⅰ, Ⅱ, Ⅲ, Ⅶ 형), 침팬지, 원숭이류(Ⅳ, Ⅴ, Ⅵ 형)
전파경로	• '분변 – 경구' 경로로 직접 전파 • 환자의 분변에 오염된 물이나 음식물 섭취를 통한 간접 전파 • 주사기를 통한 감염(습관성 약물 중독자)이나 혈액제제를 통한 감염 • 성접촉을 통한 감염
잠복기	• 15~50일(평균 28일)
진단	• 검체(혈액 등)에서 특이 항체(IgM) 검출 • 검체(혈액, 대변, 직장도말 등)에서 특이 유전자 검출
증상	• 발열, 식욕감퇴, 구역 및 구토, 암갈색 소변, 권태감, 식욕부진, 복부 불쾌감, 황달 등 • 수주~수개월 후 대부분 회복하나 드물게 전격성 간염으로 진행될 수 있음 • 만성간염은 없으나, 감염 환자의 15%는 A형간염이 1년까지 지속 또는 재발할 수 있음

치료	• 특이적 바이러스 치료제는 없으며 대증요법으로 대부분 회복됨 • 전격 간염 또는 구토로 인해 탈수된 환자는 입원치료 필요
전염기간	• 최초 증상발현 2주 전부터 황달이 있는 경우 황달 발생 일주일까지, 황달이 없는 경우 최초 증상발생일로부터 14일간 * 황달이 뚜렷하지 않은 경우 빌리루빈 상승 시점 기준
치사율	• 0.1~0.3% • 50세 이상의 경우 1.8%
관리	**〈환자 관리〉** • 황달이 있는 경우 황달 발생 1주일까지, 황달이 없는 경우 최초 증상발생일로부터 14일간 격리 – 설사가 멈추고, 황달 발생 후 7일까지 격리하고, 음식 취급, 보육, 환자 간호, 학교 출석, 보육시설 출석 제한 * 황달이 뚜렷하지 않은 경우 빌리루빈 상승 시점 기준 • 무증상 감염인(병원체 보유자) 관리 : 황달, 간수치 상승 등 증상이 없어 입원하지 않은 무증상 감염인의 경우 개인위생 관리를 철저히 하고, 보육교직원, 요양시설 종사자, 조리종사자, 의료종사자는 1회 대변 검사에서 음성 확인 후 직장 복귀 **〈접촉자 관리〉** • 관리 대상 : 일상접촉자, 성접촉자 • 발병여부 관찰(마지막 노출 가능시점부터 50일까지 발병여부를 감시) • 노출 후 예방으로 면역글로불린 투여 또는 A형간염 백신접종 시행
예방	• 일반적 예방 – 올바른 손 씻기의 생활화 : 흐르는 물에 비누로 30초 이상 손 씻기 – 안전한 음식 섭취 : 음식 익혀 먹기, 물 끓여 마시기 – 위생적인 조리하기 • 예방접종 – 대상 :12~23개월의 모든 소아, A형간염에 대한 면역력이 없는 소아청소년이나 성인, 환자의 접촉자, 고위험군에 대해 접종 – 6~18개월 간격으로 2회 근육 주사

② 개요

경구로 진입한 바이러스가 장관 상피세포를 통과하는 기전은 알려져 있지 않으나, 바이러스가 장관을 통과해 혈액으로 진입 후 간세포 안에서 증식하게 되며, 간세포 안에서 담도계를 통해 장으로 분비, 분변으로 바이러스를 배출한다. A형 간염 바이러스는 상온과 낮은 pH 환경에서 안정하게 생존할 수 있어서 오염된 물이나 음식을 통해 전파가 가능하다.

- 4℃ 보관 시, 당근에서 4일, 상추에서는 9일 이상 생존, 사람 손에서 4시간 동안 생존할 수 있으며, 사람 손과 무생물 표면 사이 전파가 가능하다.

③ 발생현황

- 국외

세계보건기구는 연간 약 140만 명의 환자가 발생하는 것으로 추정, 미국에서는 1995년 백신 도입 이후 환자수가 급감하여 2014년 1,239명 보고되었다.

- 국내

선진국형으로 변화되어 1995년 이후 10~30세 사이에 A형 간염 환자가 증가하였다. A형간염은 「감염병의 예방 및 관리에 관한 법률」 개정 · 시행(2010.12.30.)에 따라 감시방법이 표본감시에서 전수 감시로 변경되었다. 20~40대가 전체 환자의 80% 이상을 차지한다.

④ 관련 보도자료

관련 보도자료

질병관리청 / 배포일 : 2021.9.15 / 담당부서 : 감염병관리과

A형간염 지속 발생으로 예방수칙 준수 권고

◇ '20년 동기간 대비 2배 이상의 A형간염 환자 발생
◇ 조개류는 익혀먹고, A형간염 예방접종을 받는 등 A형간염 예방수칙 준수 권고

■ 질병관리청은 올해는 A형간염 환자가 지속적으로 발생하고 있어 A형간염 예방수칙을 준수해줄 것을 당부하였다.

• '21년 11주(3.7~3.13) 이후 주당 100명 이상의 환자가 지속적으로 신고되면서 '20년 동기간과 비교하여 2배 이상의 환자가 신고되었고, 특히 30주(7.18~7.24.) 이후부터는 2019년 대규모 유행을 제외하고는 2011년 이후 가장 많은 환자가 보고되고 있다.

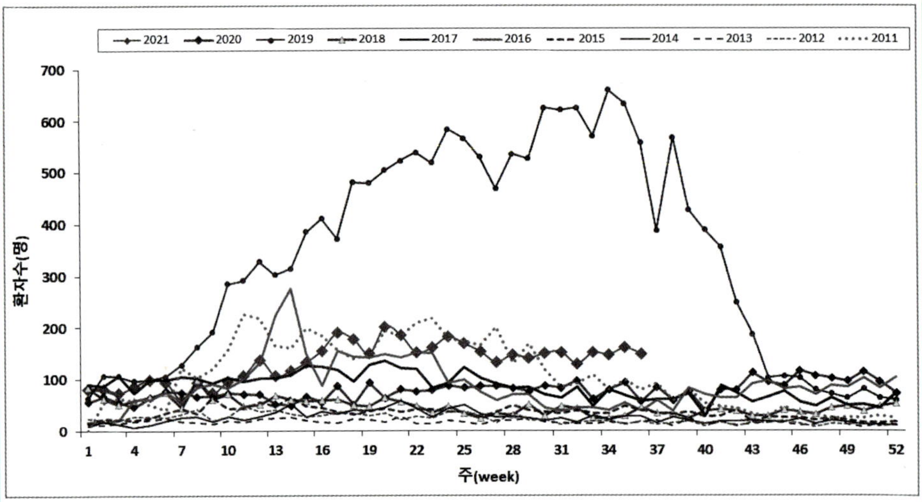

주별 A형간염 환자 신고 현황

- 신고된 환자는 30~49세가 많은데*, 이는 '70년 이후 태어난 사람들은 위생상태 개선으로 어린 시절 A형간염 바이러스 노출 기회가 적었고, 예방접종도 받지 않아 A형간염에 대한 면역이 없기 때문으로 추정된다.
  - * '21년 신고 환자 연령 : 40대 1,834명(39.1%), 30대 1,375명(29.3%), 50대 670명(14.3%), 20대 457명(9.7%), 기타 연령 354명(7.5%)

■ A형간염은 오염된 물이나 식품으로 전파되는 감염병으로, 예방을 위해서는 음식은 충분한 온도에서 조리하여 익혀먹고, 위생적인 조리과정을 준수하며, 채소, 과일은 깨끗이 씻거나 껍질을 벗겨먹는 등 위생수칙을 준수해야 한다.

- 질병관리청은 익히지 않은 조개류의 섭취는 A형간염 감염의 위험성이 있으니, A형간염 예방을 위해 조개류는 반드시 90℃ 이상에서 4분 이상 충분히 익혀 섭취할 것을 권고하였다.
  - ※ 바지락과 같은 껍데기가 두개인 조개류(이매패류(二枚貝類))의 소화기관(중장선(中腸腺))에는 A형간염 바이러스가 농축될 수 있음
- 또한, A형간염은 백신접종으로 예방 가능하므로, 특히 항체 보유율이 낮은 20~40대는 예방접종을 받을 것을 권고했다.

7) E형간염

① 요약

구분	내용
정의	• E형간염 바이러스(Hepatitis E virus) 감염에 의한 급성간염 및 만성간질환
질병분류	• 법정감염병 : 제2급 • 질병코드 : ICD – 10 B17.2
병원체	• Hepatitis E virus – Hepeviridae 과(family)의 Orthohepevirus A속(genus) RNA virus – 바이러스가 장관을 통과해 내장 혈류를 통해 간으로 진입 후 간세포 안에서 증식하면서 간에 염증을 일으킴
병원소	• 사람(HEV유전자형 1, 2), 사람 및 동물(HEV 유전자형 3, 4, 7 : 돼지, 멧돼지, 사슴, 낙타 등을 통한 인수공통감염)
전파경로	• '분변 – 경구' 경로로 직접 전파 – 환자의 분변에 오염된 물이나 음식물 섭취를 통한 전파 – 바이러스에 오염된 덜 익힌 동물의 간이나 담즙, 고기, 조개류 또는 육가공 식품(예, 비가열성 소시지) 섭취를 통한 직접 또는 교차 감염 • 주사기를 통한 감염(주사사용 약물 남용자)이나 혈액제제를 통한 감염 • 임신부로부터 태아로의 수직감염
잠복기	• 15~64일(평균 40일)
진단을 위한 검사기준	• 검체(혈액 등)에서 특이 항체(IgM) 검출 • 검체(혈액, 대변, 직장도말 등)에서 특이 유전자 검출
증상	• 발열, 피로감, 식욕감소, 구역질, 구토, 복통, 황달, 검은색 소변, 관절통 등 • 증상 및 무증상 감염 비율은 1:2~1:13으로 알려져 있음 • 감염된 임신부(유전자형 1, 2의 경우)는 전격 간염과 사망 등 중증 질환으로 진행 위험이 높음 • 기저 만성간질환자의 경우 임상경과가 심하게 나타날 수 있음 • 대부분 완전 회복되며, 만성간염으로 진행하지 않음. 그러나 HEV 유전자형 3, 4형 감염의 경우 면역억제 상태에 있는 환자에서(예, 장기 이식 후 면역억제제 복용자, HIV 감염자 등) 만성간염 및 간경변증으로 진행할 수 있음
치료	• 특이적 바이러스 치료제는 없으며 대증요법으로 대부분 회복됨 • 전격 간염 또는 구토로 인해 탈수된 환자는 입원치료 필요 • 면역기능저하 환자(임신부 제외)는 항바이러스제나 인터페론 치료를 고려할 수 있음
전염기간	• 증상발현 1주 전부터 증상발생 후 14일까지
치사율	• 1% 미만 • 임신 3기(유전자형 1, 2의 경우) 시 감염의 경우 10~30%

관리	**〈환자 관리〉** • 표준주의와 함께 환자의 분변 등 오염된 매개 물질과의 접촉을 피하는 접촉주의를 시행 • 환자의 격리는 필요하지 않으나 예외적으로 조절되지 않는 심한 설사가 있는 경우나 변실금이 있는 경우 설사가 멎을 때가지 격리할 수 있음 • 무증상 감염인(병원체 보유자) 관리 : 황달, 간수치 상승 등 증상이 없어 입원하지 않은 무증상 감염인의 경우 개인위생을 철저히 함 **〈접촉자 관리〉** • 발병여부 관찰 – 환자와 음식, 식수를 같이 섭취하거나 밀접한 접촉자의 경우 마지막 노출가능 시점부터 64일간 발병여부를 감시하고 증상이 있을 경우 진단검사(혈액, 대변검체)를 실시
예방	• 일반적 예방 – 올바른 손 씻기의 생활화 : 흐르는 물에 비누로 30초 이상 손 씻기 – 안전한 음식 섭취 : 음식 익혀 먹기, 물 끓여 마시기 – 위생적인 조리하기

② 개요

사람에서의 감염은 5개의 유전자형(1, 2, 3, 4, 7)이 보고된다. 1 · 2형은 사람에서만 발견되고 수인성 감염경로로 아시아 및 아프리카에서 호발하며, 급성간염의 중증도가 높고 특히 임신부(유전자형 1, 2의 경우)의 경우 치사율이 10~30%이다. 3 · 4형은 주로 돼지, 멧돼지, 사슴 등을 포함한 동물과 사람 사이에 인수공통감염으로 일어나며 전 세계적으로 발생건수가 증가하고 있고, 면역억제자에서 만성감염으로 이행할 수 있다. 유전자형 7형은 낙타를 통해 감염될 수 있다.

③ 발생현황

– 국외

매년 2,000만 명이 감염되고 이들 중 330만 명이 증상 발현하며, 2016년에는 44,000명이 HEV급성간염으로 사망하였다(세계보건기구). HEV 항체(anti-HEV IgG) 유병률은 네팔(47%) 및 방글라데시(50%)가 높고, 유럽에서는 프랑스(25~33%), 네덜란드(21~27%)에서 주로 보고되며, 미국(15~25%), 중국

(10~20%), 인도를 포함한 남아시아(10~40%)에서 보고된다.

- 국내

2005년 국민건강영양조사 검체(10~99세 대상평균나이 29세) 497례에서 anti-HEV IgG 유병률은 9.4% 보고된다. 2007~2009년 국민건강영양조사 검체(10~55세) 2,450례에서 anti-HEV IgG 유병률 5.9% 보고된다. 2015~2016년 국민건강영양조사 검체(10~99세) 5,198례에서 anti-HEV IgG 유병률은 17.0%로 확인된다.

건강보험공단 청구자료 의무기록 확진결과 국내 연간 E형간염 확진자는 60명 내외('14~'16년)로 확인되어 무증상 감염이 대부분이거나 유증상 감염일 경우 진단율이 매우 낮을 것으로 추정되며, 2020년 7월부터 2급 법정감염병으로 지정되어 전수감시체계 운영 중이다.

④ 관련 보도자료

관련 보도자료

보건복지부 질병관리본부 / 배포일 : 2017.8.27

E형간염 예방수칙 안내

◇ E형간염은 오염된 물, 오염된 육류(돼지·사슴 등)를 덜 익혀 섭취할 경우 감염
◇ 대부분 자연회복되나, 임신부·간질환자 등 고위험군 주의 필요
◇ 가공육류·육류(돼지 등) 충분히 익혀 먹기 등 예방수칙 준수 당부
◇ 질병관리본부는 E형간염 감염원 등 실태조사 추진

■ 질병관리본부(본부장 정은경)는 최근 영국의 E형간염*에 대한 언론보도와 관련하여 E형간염을 예방하기 위한 예방수칙을 안내하고, 우리나라에서 E형간염 감염경로 파악을 위한 실태조사를 시행할 계획이라고 밝혔다.

* 영국 보건부는 영국 내 해외여행력이 없는 E형간염 환자 60명에 대한 연구 결과, 특정 상점에서 돼지고기 햄·소시지를 구입한 경우 새로운 유형의 E형간염(HEV G3-2) 발생 위험도가 1.85배 높았다고 발표함

- E형간염은 E형간염 바이러스(Hepatitis E virus)에 의해 생기는 급성간염으로, 주로 바이러스에 오염된 물을 마시거나, 오염된 돼지, 사슴 등 육류를 덜 익혀 섭취할 경우에 감염되며,
  - 15~60일(평균 40일) 잠복기를 지나서 피로, 복통, 식욕부진 등의 증상이 발생한 후 황달, 진한색 소변, 회색 변 등의 증상을 보이고, 건강한 성인은 대부분 자연 회복되며 치명률은 약 3% 정도로 낮지만,
  - 임신부, 간질환자, 장기이식환자와 같은 면역저하자의 경우는 치명률이 높아 주의가 필요하다.
  - 세계보건기구(WHO)에 의하면, E형간염은 전 세계적으로 약 2천만 명이 감염되고 약 330만 명의 유증상자가 발생하며, 2015년에는 약 44,000명이 사망(치명률 약 3.3%)한 것으로 추정하고 있으며
  - 아시아·중남미·북아프리카 등 주로 저개발국가에서 오염된 식수로 유행이 발생하고, 미국·일본 등 선진국에서는 육류, 가공식품을 통하여 산발적으로 발생하고 있다.

    * (아시아) 중국, 인도, 방글라데시, 미얀마, 인도네시아, 말레이시아, 몽골, 네팔, 파키스탄, 카자흐스탄, 키르기스스탄, 우즈베키스탄 등 (중남미) 멕시코, 브라질 등
  - 우리나라에서는 멧돼지 담즙, 노루 생고기를 먹고 발병한 사례가 보고된 바 있으며, 건강보험 진료통계에 의하면 연간 100여 명이 E형간염으로 진료받았다.
- 질병관리본부는 E형간염을 예방하기 위해서는 다음과 같이 수인성·식품매개감염병 예방수칙을 준수하는 것이 필요하며, 특히 임신부, 간질환자, 장기이식환자와 같은 면역저하자 등 고위험군은 더욱 주의를 기울일 것을 당부하였다.

8) 사포바이러스

① 요약

정의	• 사포바이러스(Sapovirus)의 감염에 의한 급성위장관염
질병분류	• 법정감염병 : 제4급 감염병 • 질병코드 : ICD – 10 A08.5
병원체	Sapovirus – Caliciviridae에 속하는 RNA 바이러스로서 유전학적 또는 면역학적으로 매우 다양함 – 5종류의 유전자그룹으로 나뉘며, 그중 GI, GII, GIV, GV가 인체 감염을 일으키는 것으로 알려짐

병원소	• 알려진 바 없음
전파경로	• 분변 – 경구 경로, 사람 간 감염 추정
잠복기	• 24~48시간
진단	• 검체(대변, 직장도말 등)에서 특이 유전자 검출
증상	• 설사, 구토, 발열, 권태감, 복통이 48시간가량 지속됨
치료	• 대증치료 : 경구 또는 정맥으로 수분, 전해질 보충
전염기간	• 증상발현 1주 전부터 증상발생 후 14일까지
치사율	• 대부분 저절로 회복
관리	• 환자 관리 : 환자가 증상소실 시까지 집단생활 제한 또는 가정에서도 구분하여 생활 권고, 장내배설물에 오염된 물품 소독 • 접촉자 관리 : 발병여부 관찰
예방	• 일반적 예방 – 올바른 손 씻기의 생활화 : 흐르는 물에 비누로 30초 이상 손 씻기 – 안전한 음식 섭취 : 음식 익혀 먹기, 물 끓여 마시기

② 발생현황

– 국외

2002년~2009년, 미국 오르겐주와 미네소타주에서 발생한 급성위장관염 집단발생에서, 세균과 노로바이러스가 발견되지 않은 유행 중 23%가 Sapovirus로 밝혀졌다.

– 국내

집단발생 없음

9) 세균과 바이러스의 차이

구분	세균	바이러스	비고
특성	균에 의한 것 또는 균이 생산하는 독소에 의하여 식중독 발병	크기가 작은 DNA 또는 RNA가 단백질 외피에 둘러 쌓여 있음	
증식	온도, 습도, 영양성분 등이 적정하면 자체 증식 가능	자체 증식이 불가능하며 반드시 숙주가 존재하여야 증식 가능	

발병량	일정량(수백~수백만) 이상의 균이 존재하여야 발병 가능	미량(10~100) 개체로도 발병 가능	
증상	설사, 구토, 복통, 메스꺼움, 발열, 두통 등	메스꺼움, 구토, 설사, 두통, 발열 등	증상은 유사함
치료	항생제 등을 사용하여 치료 가능하며 일부 균은 백신이 개발되었음	일반적 치료법이나 백신이 없음	
2차감염	2차감염되는 경우는 거의 없음	대부분 2차감염됨	

자료 : 식품의약품안전처, 식품안전나라, 위해예방

4 원충성 식중독

1) 이질아메바

① 요약

정의	• 이질아메바(Entamoeba histolytica)의 감염에 의한 위장관염
질병분류	• 법정감염병 : 제4급 감염병 • 질병코드 : ICD - 10 A06.0, A06.1, A06.3
병원체	• Entamoeba histolytica - 아메바성 원충질환 중 인체에 병원성이 있는 것은 이질아메바만 포함되며 구형으로 5~20㎛의 직경을 가짐 - 소장에서 영양형으로 탈낭하여 장 상피세포에 부착, 세포와 조직을 파괴하면서 증상 유발
병원소	• 사람
전파경로	• 대부분 아메바 포낭에 오염되어 있는 음식물이나 물을 섭취하여 감염되며, 오염된 식기, 손 등을 통해서도 감염 가능 • 분변 - 구강경로에 의하여 감염됨 • 동성애자 간의 성접촉을 통해서도 감염이 가능
잠복기	• 보통 2~4주(수일~수개월 또는 수년도 가능)
진단	• 검체(대변, 장생검 조직 등)에서 원충 확인 • 검체(대변, 장생검 조직 등)에서 특이 유전자 검출

증상	• 대부분이 무증상이며, 증상의 정도도 다양함 • 혈성 혹은 점액성 설사, 상복부 통증, 잔변감, 발열, 구토, 오한이 나타남 • 심한 설사가 지속될 경우 저혈압, 전해질 불균형, 탈수 등도 가능
치료	• 항균제 치료 : 메트로니다졸 및 항아메바제 사용
치사율	• 환자의 0.5% 미만에서 전격성 장염으로 진행하며, 전격성 장염으로 진행 시 치사율 40% 이상
관리	• 환자 관리 : 증상이 있는 환자는 조리종사자, 보육시설·요양시설 종사자, 간호, 간병, 의료종사자에서 증상소실 후 48시간 동안 업무 제한 권고 • 접촉자 관리 : 1회 대변검사를 실시하여, 병원체 확인, 발병여부 관찰
예방	• 일반적 예방 – 올바른 손 씻기의 생활화 : 흐르는 물에 비누로 30초 이상 손 씻기 – 안전한 음식 섭취 : 음식 익혀 먹기, 물 끓여 마시기

② 개요

급성기 환자의 점혈변에서 적혈구를 탐식하는 모습이 관찰되는데 이는 다른 아메바와 감별할 수 있는 특징이다. 아메바 포낭이 몸 밖으로 배출될 때까지 전염 가능하여, 치료하지 않을 경우 몇 년간 지속될 수 있다.

③ 발생현황

– 국외

유행지역에서 8.4%의 혈청 항체 보유 확인 선진국에서는 해외여행자와 이민자에서 주로 발생하며, 중한 형태로는 HIV 감염자에게서 더 호발하며, 미국에서는 34,000명 이상의 환자가 보고된다. 일본에서는 매년 500~600명의 환자가 추정되며, 이 중 80%는 남성 동성애자에서 발생하는 것으로 추정된다.

– 국내

확인된 집단 발생 건은 없다.

2) 람블편모충

① 요약

정의	• 람블편모충(Giardia lamblia)의 감염에 의한 위장관염
질병분류	• 법정감염병 : 제4급 감염병 • 질병코드 : ICD – 10 A07.1
병원체	• Giardia lamblia(Syn, G. intestinalis, G. duodenalis) – 주로 장의 점막에 흡착하여 점막 상피세포에서 기계적인 손상을 일으켜 증상발현
병원소	• 사람, 고양이, 개, 소, 비버 등
전파경로	• 오염된 물이나 음식 등을 통해 전파 • 대변으로 오염된 손을 통해서도 전파가능 • 대변 – 구강 경로로 성접촉을 통해서도 감염이 가능
잠복기	• 3～25일(주로 7～10일)
진단	• 검체(대변, 장내흡인물 등)에서 원충 확인 • 검체(대변 등)에서 특이 유전자 검출
증상	• 대부분이 무증상이며, 증상의 정도도 다양함 • 설사, 복통, 복부 팽만감, 소화불량 등
치료	• 항균제 치료 : 메트로니다졸 등
치사율	• 사망은 드묾
관리	• 환자 관리 : 증상이 있는 환자는 조리종사자, 보육시설·요양시설 종사자, 간호, 간병, 의료종사자에서 증상소실 후 48시간 동안 업무 제한 권고 • 접촉자 관리 : 증상 있을 시 대변검사를 실시하여, 병원체 확인, 발병여부 관찰
예방	• 일반적 예방 – 올바른 손 씻기의 생활화 : 흐르는 물에 비누로 30초 이상 손 씻기 – 안전한 음식 섭취 : 음식 익혀 먹기, 물 끓여 마시기

② 개요

감염된 환자의 감염기간 동안 배설물에서 1～10만의 낭종이 배출되며, 수개월간 지속된다. 지방의 흡수장애로 지방변의 증상이 보이기도 한다.

③ 발생현황

– 국외

전 세계적으로 발생하며 어린이에서 호발된다. 대변 검출률은 사회와 연령에 따라 다르나 1~30%에 이른다. 선진국의 경우 성인의 2%, 어린이의 6~8%가 감염되는 것으로 보이며, 개발도상국에서는 33%의 인구가 감염된 것으로 추정된다.

– 국내

2010년 전북(진안)에서 지하수 오염으로 집단 감염 발생 보고 후, 2020년까지 집단발생 보고 없음

3) 작은와포자충

① 요약

정의	• 작은와포자충(Cryptosporidium parvum, Cryptosporidium hominis)의 장관내 감염에 의한 위장관염
질병분류	• 법정감염병 : 제4급 감염병 • 질병코드 : ICD – 10 A07.2
병원체	• Cryptosporidium parvum, Cryptosporidium hominis – 장관 상피세포의 세포 내 공포에 원충이 기생하지만 분비성 설사의 원인은 정확히 알려지지 않음
병원소	• 사람, 조류, 어류, 파충류, 포유류 등
전파경로	• 오염된 물이나 음식 등을 통해 전파 • 사람 간 감염이나 사람과 동물 사이의 감염도 가능함(난포낭에 오염된 식수를 마시거나 가축이나 애완동물 또는 감염자와 접촉 등)
잠복기	• 1~12일이나 다양함(보통 7일)
진단	• 검체(대변, 장생검조직 등)에서 원충 확인 • 검체(대변, 장생검조직 등)에서 특이 유전자 검출

증상	• 복통을 동반한 다량의 수양성 설사, 식욕부진, 구토 등의 증상, 때때로 점액이 섞여 나옴 • 갑작스러운 복통, 오심과 구토 등을 호소, 비특이적인 증상으로 전신쇠약, 피로, 두통, 근육통, 식욕부진 등 • 대개 30일 내에 증상이 호전됨
치료	• 대증치료 : 경구 또는 정맥으로 수분, 전해질 신속히 보충
치사율	• 대부분 저절로 회복하며, 사망은 드묾
관리	• 환자 관리 : 증상이 있는 환자는 조리종사자, 보육시설·요양시설 종사자, 간호, 간병, 의료종사자에서 증상소실 후 48시간 동안 종사 제한 권고 • 접촉자 관리 : 증상 있을 시 대변검사를 실시하여, 병원체 확인, 발병여부 관찰
예방	• 일반적 예방 - 올바른 손 씻기의 생활화 : 흐르는 물에 비누로 30초 이상 손 씻기 - 안전한 음식 섭취 : 음식 익혀 먹기, 물 끓여 마시기

② 개요

작은와포자충의 난포낭의 크기는 직경 5㎛ 내외이며, 네 개의 포자소체를 낭속에 포함한다. 난포낭이 장관에서 탈낭한 후 장관점막에 침입하여 세포 내에서 발육하여 분열체가 되고, 숙주세포를 파괴하고 나온 분열소체는 다시 새로운 상피세포에 침입한다. 증상이 소실되어 몇 주간 난포낭이 배출되며, 극소수의 난포낭으로도 감염된다.

③ 발생현황

– 국외

전 세계적으로 발생한다. 50개 이상의 나라 사람의 대변에서 난포낭이 검출된다. 선진국의 경우 1~4.5%의 대변 검출률을 보였으나, 개발도상국에서는 3~20%의 발생률을 보인다.

– 국내

2012년에 서울에서 노후된 상수도관을 통한 식수오염으로 집단 감염 발생이 보고되었다.

4) 원포자충

① 요약

정의	• 원포자충(Cyclospora cayetanensis)에 의한 감염증
질병분류	• 법정감염병 : 제4급 감염병 • 질병코드 : ICD - 10 A07.8
병원체	• Cyclospora cayetanensis - 포자 형태로 섭취하면 소장에서 탈포낭을 거치고, 소장상피세포에 침입하여 증상을 일으킴
병원소	• 사람, 영장류 등
전파경로	• 오염된 물이나 음식 등을 통해 전파
잠복기	• 7일(1~14일)
진단	• 검체(대변, 장생검조직 등)에서 원충 확인 • 검체(대변, 장생검조직 등)에서 특이 유전자 검출
증상	• 설사, 복통, 오심, 메스꺼움, 피로, 근육통 체중감소 등 • 위장관 증상이 사라진 후에도 근육통이 지속될 수 있음
치료	• 대증치료 : 경구 또는 정맥으로 수분, 전해질 신속히 보충 • 항균제 투여
치사율	• 사망은 드묾
관리	• 환자 관리 : 격리 불필요 • 접촉자 관리 : 공동 노출자 발병여부 관찰
예방	• 일반적 예방 - 올바른 손 씻기의 생활화 : 흐르는 물에 비누로 30초 이상 손 씻기 - 안전한 음식 섭취 : 음식 익혀 먹기, 물 끓여 마시기

② 개요

난포낭 상태로 체외 배출 5~7일 후 두 개의 포자소체가 들어있는 포자낭을 형성하면 인체 감염이 가능하여, 사람 간 전파 가능성은 떨어진다. 대부분이 설사이며, 메스꺼움, 구토, 복통, 식욕 부진, 발열 등이 나타날 수 있다. 치료하지 않으면 면역이 정상인 경우 보통 10~24일간 증상이 지속된 후 저절로 호전되나 면역 저하자의 경우 몇 개월 간 지속될 수 있다.

③ 발생현황

– 국외

개발도상국에서는 유행하며, 열대 · 아열대 지역에서는 매우 흔하여 무증상 감염자가 흔하고, 아시아, 라틴 아메리카, 카리브해 여행자 설사와 관련 있다.

– 국내

장관감염증 집단발생 원인병원체로 규명된 사례는 없다.

5) 쿠도아충증

① 요약

구분	내용
정의	• 쿠도아충(Kudoa septempunctata)으로 인한 급성위장관염
관련 기생충	• Kudoa septempunctata : 점액포자충아문 쿠도아과에 속하는 원충
중간숙주	• 모자갯지렁이 등 환형동물
전파경로	• 쿠도아충을 가진 넙치를 생식하여 증상 발생
잠복기	• 2~22시간(평균 4~6시간)
진단	• 검체(대변, 구토물 등)에서 특이유전자 검출
증상	• 구토, 설사, 복통, 오심 등의 증상이 동반되고 대부분 24시간 내 증상이 완화됨
치료	• 대증치료 : 경구 또는 정맥으로 수분, 전해질 신속히 보충
치사율	• 대부분 24시간 내 저절로 회복되며 사망 보고 없음
관리	• 환자격리 : 불필요 • 접촉자 관리 : 불필요, 넙치류 공동 섭취자에 대한 증상 발생 여부 확인
예방	• 일반적 예방 – 올바른 손 씻기의 생활화 : 흐르는 물에 비누로 30초 이상 손 씻기 – 안전한 음식 섭취 : 음식 익혀 먹기, 물 끓여 마시기 – 음식은 충분한 온도에서 조리하여 익혀 먹기(특히 넙치류)

② 개요

– 분류체계

문 : 점액포자충아문(myxozoa), 약 2,000여 종

강 : 점액포자충강(myxosporea)

목 : 다각목(multivalvulida)

과 : 쿠도아과(kudoidae)

속 : 쿠도아속(kudoa), 약 80종 이상

종 : Septempunctata

학명 : Kudoa septempunctata

환형동물(모자갯지렁이)을 중간숙주로 넙치에 분포하는 것으로 추정된다. 양식장으로 입식된 넙치 종묘가 쿠도아충 포자에 감염되고, 넙치 성장과 함께 성숙포자로 분열·증식하는 것으로 추정, 유입수·사육수 및 취수구 주변 환형동물과 배출구 서식 모자갯지렁이에서 쿠도아 유전자가 검출되어 모자갯지렁이 등 환형동물이 중간숙주로 추정된다.

③ 발생현황

– 국외

2010년 10월 일본 후생노동성에서는 에히메현 외 8개 현에서 양식넙치를 원인으로 추정하는 식중독 환자수 113명이 발생했음을 발표했으며, 2012년 일본에서 넙치회의 섭취를 통해 인체에서 쿠도아충이 식중독을 일으키는 요인임을 밝힌 연구결과가 발표되었다.

쿠아도아충은 주로 일본에서 발생 보고되고 있으며, 매년 100~400여 명의 환자가 발생하고 있다.

– 국내

국내 양식 넙치에서 쿠도아충 분포가 확인되었으며(국립수산과학원, 2013년,

2014년) 쿠도아충으로 인한 위장관질환 사례가 산발적으로 보고되고 있다.

국내 쿠도아충증 발생 현황

구분	2015년	2016년	2017년	2018년	2019년	2020년
건수(건)	11	44	51	70	55	10
사례수(명)	30	220	239	387	353	45

5 자연독 식중독

자연산물에 의한 식중독으로서 독버섯 · 원추리 · 박새풀 등에 의한 식물성 식중독과 복어 등에 의한 동물성 식중독으로 분류된다. 식물 또는 동물이 원래부터 가지는 성분이거나 먹이사슬을 통해 동물의 체내에 축적되어 유독물질이 생길 수 있다. 생리적으로 유해하거나 유독한 자연독이 사람이 먹는 식품으로 혼입되거나 식품으로 오인하고 섭취하여 일어나는 질환을 말하며, 자연독 식중독의 발생건수는 세균성 식중독이나 화학적 식중독 등에 비해 발생빈도는 낮지만 사망자 수는 제일 많다. 특히, 복어에 중독되면 치사율이 매우 높다. 동물성 자연독은 복어뿐만 아니라 독꼬치고기나 조개류, 고등어 등이 있고 식물성 자연독은 독버섯 · 파리버섯이나 옻나무순 · 독병꽃나무 · 부자 등에 의한 것이 많다.

1) 동물성 자연독에 의한 식중독

(1) 복어독

복어류가 가진 독의 총칭으로 복어독을 정제하여 결정화한 것을 테트로도톡신

(tetrodotoxin)이라 한다. 온혈동물은 모두 복어독과 반응하여 운동장애, 구토가 나타나며, 중증인 경우는 혈관 운동신경의 마비 및 혈압강하, 호흡중추의 마비에 의한 호흡 억제 또는 정지가 일어나 사망한다. 세계적으로 복어의 종류는 수십 종에 달하며 이 중 십수 종이 식용으로 제공되고 있다. 복어는 종류에 따라 그 독성이 다르며 생식선(난소), 간장, 장, 피부, 육질부 등 독소가 함유되어 있는 부위에 따라 독의 강약이 다르다.

테트로도톡신은 헤미아세탈 고리를 가지고 있는 아주 강력한 비단백성 독소이며 무색, 무미, 무취의 약염기성 결정으로 맹독성 물질이다. 성인에 대한 치사량은 1~2mg으로 추정되며, 약염기성 물질로 106℃에서 4시간 정도 가열하여도 파괴되지 않고 산에 안정성이 있으며 알칼리에는 약하여 4% 수산화나트륨 용액에서는 20분 내에 가수분해되어 무독화된다.

복어중독은 동물성 자연독 중 가장 많이 발생하고 치사율은 50~60% 정도이며, 독성은 산란기 직전인 5~6월이 가장 강하다. 중독증상은 식후 30분~4시간에 시작하여 심한 경우 5분 이내 사망할 수 있다. 그러나 중독증상이 나타나 8시간이 경과해도 사망하지 않는 경우에는 대체로 회복되지만 근육마비 현상은 며칠간 지속될 수 있다. 초기에는 입술, 혀끝, 손끝 등이 저리면서 구토, 복통, 두통이 계속되다가 운동불능, 피부감각, 청각, 미각의 둔화와 마비 등의 지각이상, 언어장애, 혈압저하 등이 오며, 중증일 경우 호흡중추의 마비로 인해서 호흡곤란, 청색증(cyanosis)이 나타난다.

치료에는 적당한 해독제가 없기 때문에 섭취한 즉시 구토, 위세척, 설사 등을 통해 위장 내의 독소를 제거해야 하는데, 위세척 방법은 중독 초기에는 2~5%의 중조를 사용하고, 그 후에는 2~5%의 식염수로 세척하는 것이 좋다. 구토제는 초기에 사용하여야 하며, 설사는 위세척과 동시에 실시하는 것이 좋다. 또한 혈압저하에는 강심제와 혈압상승제를 투여하고 호흡곤란에는 호흡촉진제를 투여하거나 인공호흡을 실시한다.

복어중독을 예방하려면, 반드시 복어요리 전문가가 만든 요리를 먹어야 하며, 독소가 많은 알, 내장, 난소, 간, 피부 등은 제거해야 한다.

(2) 시가테라독

열대나 아열대의 산호초 주변에 서식하는 독어를 섭취함으로써 일어나는 치사율이 낮은 식중독을 총칭한다. 본래 Ciguatera의 어원은 카리브해에서 잡히는 소라로서 Cigua라는 것에 의한 식중독을 의미하는데, 이것이 확대되어 독어에 의한 식중독을 총칭하고 있다. 독성분은 남조류의 시가톡신(ciguatoxin)으로부터 축적된 것이며 그 독성은 복어독만큼이나 강력하다.

중독증상은 1~8시간 후에 나타나며 회복기간은 경증일 경우는 2~3일, 중증은 1개월 정도로 회복기간이 길다. 주요 증상은 입술, 혀, 인후의 통증, 입과 손발의 마비, 오심, 구토, 금속적인 맛, 입건조, 설사, 입과 볼의 경련, 두통, 관절통 및 냉온감각 이상현상(입 주위나 손발의 온도감각에 이상이 생기는 드라이아이스 감각), 부정맥, 혈압저하 등이다.

(3) 조개중독

동물성 식품 중 자연독을 함유한 식품은 대부분이 어패류이다. 조개류의 독성물질은 주로 내장에 존재하며, 열에 대한 안정성이 있어 조리 시 열에 의해 잘 파괴되지 않기 때문에 독이 많이 축적되는 시기(2~6월)에는 유독 플랑크톤을 섭취하고 축적해서 독을 함유하게 되기 때문에 섭취를 피하는 것이 좋다.

① 마비성 조개중독(Paralytic shellfish poisoning)

마비성 조개중독은 섭조개, 진주담치, 홍합, 대합조개, 모시조개 등의 조개가 쌍편모조류를 섭취함으로써 플랑크톤에 함유된 독성분에 의해서 식중독이 발생하는 것이다. 미국 캘리포니아 연안과 알래스카 연안에 서식하는 식물성 플랑크톤인 Gonyaulax catenella는 삭시톡신(saxitoxin)이라는 독성분을 함유하는데, 이를 조개가 섭취함으로써 조개의 체내에서 독이 축적된다. 이 Gonyaulax catenella는 여름(5~9월)에 주로 증식한다. 마비성 조개독의 생성은 적조현상과 관련 있다. 적조현상은 유독 플랑크톤의 농도가 20,000~50,000/㎖일 때 나타나며 2~3일간 지속된다. 적조가 지속되는 동안에는 독성도 증가하지만 적조가 끝나면 3주 내에 독을 배설하거나 분해한다.

마비성 조개중독의 원인은 삭시톡신(saxitoxin), 고니어톡신(gonyautoxin), 프로토고니어톡신(protogonyautoxin) 등 20여 종이 알려져 있다.

중독증상은 식후 30분 후에 나타나며 입술, 혀, 잇몸 등의 마비로 시작하여 안면마비, 사지마비, 보행불능, 언어장애 등을 일으키고 심하면 호흡마비로 사망에 이를 수도 있다. 독성은 5~9월에 가장 강력하고, 사망은 12시간 이내에 일어나며 치사율도 15% 정도이다. 경증인 경우에는 1~2일 내에 회복된다.

② 신경성 조개중독(Neurotoxic shellfish poisoning)

신경성 조개중독은 독성을 함유한 굴을 섭취함으로써 발생한다. 굴은 유독 플랑크톤이 생성하는 브레베톡신(brevetoxin)을 체내에 축적하게 되는데, 섭취한 후 수시간 내 구토와 설사가 일어나고 입 안이 찌릿해지면서 얼굴, 목 등의 감각에 이상이 오고, 운동실조, 동공확대 현상 등의 중독증상을 가져온다. 대개 1일 이내 회복된다.

③ 설사성 조개중독(Diarrhetic shellfish poisoning)

설사성 조개중독은 가리비, 백합, 민들레조개, 모시조개, 검은조개, 바지락 등에 있는 독성분의 함유된 조개를 섭취함으로써 일어난다. 섭취한 후 4시간 이내에 설사, 구토, 복통 등과 같은 급성위장염 증세가 나타나는데, 대개 3일 이내에 회복한다. 원인은 Dinophysis fortii와 플랑크톤에 존재하는 독성분인 Okadaic acid, Dinophysistoxin, Pectenotoxin, Yessotoxin 등에 의해서 일어난다. 이러한 독성물질은 내열성이기 때문에 가열 조리에 의해 파괴되지 않는 것이 특징이다.

④ 베네루핀(Venerupin)에 의한 중독

베네루핀 중독은 바지락, 굴, 모시조개에 함유된 독성분을 섭취함으로써 발생한다. pH 5~8, 100℃에서 1분간의 가열에도 안정하나 pH 9 이상이 되면 불안정해진다. 모시조개와 굴 등의 중장선에 고농도로 함유되어 있고 독성은 계절적 변화에 따라서 1~4월에 높고, 6~11월에는 독이 없으며 지역 특이성에 따라서 무독의 조개를 유독지역에 이식하면 약 10일이 지나 독력이 발생하며, 반대로 유독지역의 조개를 무독지역에 이식하면 약 2주 후에 무독화되는 것이 특징이다.

잠복기는 1~2일 이내이고, 주요 증상은 초기에 불쾌감, 전신권태, 구토, 두통, 미열이 나타나고 내장 출혈, 피하의 출혈반점 배, 목, 다리 등에 적색 내지 암갈색의 반점 및 황달현상도 나타난다. 중증일 때는 뇌 증상으로 의식혼탁, 잇몸출혈, 토혈, 혈변을 동반하며, 치사율이 50%로 높은 편인데, 대개 10시간~7일 이내 사망하게 된다.

⑤ 테트라민(Tetramine) 중독

테트라민 중독은 육식성 권패류인 소라고둥, 조각매물고둥, 관절매물고둥 등의 타액선에서 발견된다. 테트라민은 아민 일종으로 테트라민이 함유된 조개를 섭취하면 섭취 30분 이후 두통, 뱃멀미, 눈 밑 통증, 두드러기와 같은 증상이 나타난다. 대개 2~3시간 지나면 회복되지만, 조개를 섭취하기 전에 타액선을 제거하는 것이 좋다.

2) 식물성 식중독

식물 중 감자나 버섯 등 유독성분을 함유하고 있는 식물을 섭취함으로써 식중독을 일으키게 된다. 독버섯에 의한 식중독이 식물성 자연독에 의한 식중독의 대부분을 차지할 정도로 많이 발생한다. 생식으로 인해서 중독을 일으키거나 무지로 인해서 오용할 경우 위험할 수 있으며, 주로 버섯이나 산채가 나는 계절에 많이 발생한다.

(1) 감자독

감자에는 쓴맛의 원인인 솔라닌(solanine)이 함유되어 있는데, 감자의 발아부위와 녹색부위에는 솔라닌이라는 배당체(solanidine과 glucose, rhamnose, galactose의 결합상태)가 생성되기 때문에 이 부분을 제거하지 않고 섭취하게 되면 중독을 일으키게 된다. 감자의 솔라닌 함유량은 2~13mg/100g인 데 반해, 발아 · 녹색부위에는 80~100mg/100g 이상이나 함유되어 있다. 독소의 함량이 0.2~0.4g/kg 이상 되면 중독의 위험성이 크고 보통 조리에 의해서 파괴되지 않는다. 솔라닌은 체내에서 콜린에스터라아제(cholinesterase)의 작용을 억제해서 독성을 나타내며, 특히 용혈작용 및 운동중추의 마비작용을 일으킨다. 중독증상은 섭취 후 수시간 뒤에 나타나고 안면창백 · 구토 · 설사가 일어나며, 피부가 차가워지고 두통 · 정신착란 · 근육위축 등의 증세가 나타난다. 중증일 때는 빈맥 · 산동이 따르며 전신이 쇠약해지고 순환기능이나 호흡기능이 불량해진다. 치료는 위를 세척하고 필로카르핀 · 메타콜린 등을 사용한다.

(2) 버섯독

독버섯을 식용버섯으로 잘못 알고 채취하여 먹으면 식중독을 일으키게 된다. 버섯은 널리 식용되고 있으며 산이나 들에서 쉽게 발견할 수 있지만, 간혹 독성이 있는 버섯이 섞일 수 있어 전문가가 아닌 일반인들이 버섯을 채취해서 먹다 사고가 일어난다. 자생버섯은 수천 종이 존재하는데, 그중에서 약 30종의 독버섯이 있다. 주로 독버섯을 정확하게 감별하기란 현실적으로 어려우나 일반적인 감별방법은 다음과 같다.

- 버섯의 살이 세로로 쪼개지는 것은 무독하다.
- 색이 아름답고 선명한 것은 유독하다.
- 악취가 나는 것은 유독하다.
- 쓴맛, 신맛을 가진 것은 유독하다.
- 유즙을 분비하거나 점성의 액이 나오거나 공기 중에서 변색된 것은 유독하다.
- 버섯을 끓였을 때 나오는 증기를 은수저에 대어봤을 때 색깔이 검게 변하면 유독하다.

버섯의 독소물질은 사람들이 일반적으로 생각하는 독소물질과 다르기 때문에 독버섯에 대한 잘못된 상식을 믿고 야생버섯을 무조건 식용하는 것은 매우 위험하다. 맹독성 버섯은 극히 소량으로도 인체에 치명적인 위해를 줄 수 있다.

버섯중독은 일반적으로 급성중독 증상을 보이며 섭취량과 버섯종류에 따라 다양한 증상을 유발한다. 버섯중독은 그 증상에 따라 일반적으로 소화기계를 통해 복통이나 설사를 일으키는 소화장애독소와 뇌신경을 침범해서 환각을 일으키거나 신경을 마비시키는 신경독소로 분류한다. 그 외에도 체세포 및 장기손상을 유발하는 독소(예, amatoxin, hydrazines, orellanine 등)와 디스설팜과 유사한 독소 등으로 나누어진다.

소화기장애중독은 무당버섯(russula emetica), 큰붉은젖버섯(lactarius foriminosus), 야광버섯(pleutopia japonica) 등에 의한다. 주요 증상은 섭취한 후 수시간 내에 구토, 복통, 설사를 일으키며 중증일 경우 허탈상태가 된다. 원형질 독성을 유발하는 알광대버섯의 경우 잠복기가 길며 초기증상은 소화기장애, 경련이나 헛소리를 하고 점진적인 장기 및 근육 손상의 증상을 보이다 혼수상태에서 사망에 이르기도 한다.

신경장애 버섯독은 뇌신경 증상에 따라 무스카린중독(muscarine), Ibotenic acid/muscimol 중독, 실로시빈중독(psilocybin)으로 분류된다. 땀버섯(inocybe rimosa),

광대버섯, 마귀광대버섯(amanit pantherina) 등에 함유되는 무스카린독소는 심한 발한증상이 특징이며, 섭취량에 따라 복통, 설사, 호흡곤란 등의 증상을 보인다. 무스카린중독은 일반적으로 2시간 내에 회복되고 치사율은 낮다. Muscaritine에 의한 아트로핀 중독과 유사한 산동, 근육강직 등이 있다. Ibetenic acid/muscimol 중독은 어지러움과 졸림, 흥분상태, 환각 증상을 보이고 치사율은 낮다. Collinelus shiitake의 실로시빈중독은 이상흥분, 환각을 동반한 알코올중독과 유사한 증상을 보이고 웃음버섯은 독특한 정신혼란상태를 초래한다.

디스설팜계 독소의 경우 섭취한 후 72시간 내 알코올을 마실 경우 중독 증세를 보이는 특성이 있다. 버섯독성은 알광대버섯(Amanita phalloides, 50~90% 치사율)의 Phallotoxin이나 Amanitine을 제외하면 일반적으로 증상은 일과성이며 치사율이 낮은 편이다.

(3) 원추리

원추리는 식용가능한 산나물이지만, 자연독 식중독 원인 식품 1위로 콜히친이란 독성물질이 들어있다. 성장할수록 콜히친 함량이 높아져 독성이 더 강하게 나타난다. 콜히친은 수용성 알칼로이드 독성분으로 끓는 물에 데쳐 독성분을 제거할 수 있다.

(4) 여로

여로는 식용가능한 산나물이지만, 원추리와 같이 콜히친이란 독성물질이 들어있다. 콜히친은 수용성 알칼로이드 독성분으로 끓는 물에 데쳐 독성분을 제거할 수 있다.

(5) 식물성 식중독 관련 보도자료

관련 보도자료

식품의약품안전처 / 배포일 : 2016.4.6(수)

즐거운 봄나들이, 식중독에 양보하지 마세요

- 식약처, 나들이철 대비 김밥·도시락 제조업체 등 점검 실시(4.4~4.15) -

■ 식품의약품안전처는 벚꽃놀이, 현장학습 등으로 야외 활동이 많아지는 봄철은 도시락, 봄나물 등에 의한 식중독이 발생할 우려가 높아 개인위생, 식품 보관·섭취에 각별히 주의해야 한다고 밝혔다.

• 최근 5년('11~'15년)간 식중독 발생 현황을 분석한 결과, 봄철(4~6월) 식중독 발생은 연간 평균 69건(전체 286건)이며 전체 식중독 환자의 평균 32%가 이 기간에 발생하였다.

※ 최근 5년간('11~'15년) 분기별 평균 식중독 환자수(연평균 6,307명) : 1~3월(981명, 16%), 4~6월(2,035명, 32%), 7~9월(2,324명, 37%), 10~11월(967명, 15%)

• 봄철 식중독 환자가 많이 발생하는 이유는 아침·저녁 기온이 여전히 쌀쌀하여 음식물 취급에 대한 경각심이 떨어지고, 야외활동으로 장시간 음식물이 방치되는 등 식품보관, 섭취, 개인위생에 대한 관리 부주의로 분석된다.

• 또한 야산이나 등산로 주변에서 자생하는 자리공, 여로 등 독성식물을 식용나물로 오인하여 섭취하거나 원추리와 같이 미량의 독성이 있는 나물을 잘못 조리·섭취하여 식중독이 발생하고 있다.

※ 최근 5년간('11~'15년) 봄나물 섭취에 의한 환자수(누적) : 원추리나물 5명, 자리공 4명

■ 봄나물을 안전하게 섭취하는 요령은 다음과 같다.

• 주로 생채로 먹는 달래, 돌나물, 씀바귀, 참나물 등은 식중독균이나 잔류농약을 제거하기 위해서 물에 담갔다가 흐르는 수돗물에 3회 이상 깨끗이 씻은 후 조리해야 한다.

• 식용가능한 봄나물 중에서도 두릅, 다래순, 고사리 등의 경우 미량의 독성분을 함유하고 있으므로 반드시 끓는 물에 데쳐 독성분을 제거한 후 섭취해야 한다.

- 특히, 원추리는 성장할수록 콜히친이란 독성분이 강해지므로 반드시 어린 순만을 섭취해야 하며, 끓는 물에 충분히 데친 다음 차가운 물에 2시간 이상 담근 후 조리해야 한다.

※ 콜히친(Colchicine) : 원추리에 있는 수용성 독성물질로 끓는 물에 데치고 차가운 물에 충분히 담그는 것만으로도 쉽게 제거 가능

• 또한 박새, 여로 등 독초의 어린 순은 봄나물로 오인되기 쉬우므로 특히 주의해야 한다.

3) 곰팡이독(mycotoxin)에 의한 식중독

곰팡이독은 Aspergillus, Penicillium, Fusarium속 등의 유해곰팡이에 의해 생성되는 독으로서 2차 대사산물로 포유동물인 사람과 동물에 위해를 입히는 유독물질을 총칭한다. 이때, 곰팡이의 대사산물로 사람이나 동물에게 질병이나 이상생리작용을 유발하는 물질을 곰팡이독(mycotoxin, 진균독)이라고 하는데, 곰팡이독을 경구 섭취하여 일어나는 급만성의 건강장애를 곰팡이 중독증(mycotoxicosis, 진균중독증)이라 한다. 진균중독증의 특징은 다음과 같다.

- 동물 또는 사람 사이에서는 전파되지 않는다.
- 원인식물에서 곰팡이독이 검출될 수 있다.
- 병 발생은 계절적 요인과 관계가 깊다.
- 곡류, 목초나 사료가 발병의 원인이 된다.
- 항생제나 기타 약제로 치료가 어렵거나 거의 치료되지 않는다.

곰팡이독은 농산물의 생육기간 및 저장, 유통 중에 곰팡이에 의해 생성되는 독으로서 열에 안정하여 조리 · 가공 후에도 분해되지 않고, 곰팡이독에 오염된 식품이나 사료를 섭취한 사람이나 동물에게 여러 가지 장애를 일으킨다. 발암물질이기도 하며 간암과 식도암에 관련한 독성이 있기 때문에 전 세계적으로 곰팡이독을 위험한 독성물질로 보고 있다.

고온다습하거나 건기가 심한 경우에 곡류(보리, 옥수수, 귀리, 밀), 견과류(땅콩 등) 및 그 가공품을 오염시켜 생성되는데 현재까지 약 300~400종류의 곰팡이독소가 알려져 있다. 식품이나 사료 등에 존재하면서 잠재적으로 사람의 건강에 유해한 영향을 줄 수 있는 곰팡이독소는 약 10~20종류이며, 곰팡이에 의해 생성된 독소 중 주로 문제가 되고 있는 것은 Aflatoxin, Ochratoxin A, Patulin, Zeralenone, Deoxynivalenol, Fumonisin, T-2 toxin 등을 들 수 있으며, 특히 Afatoxin은 지금까지 알려진 발암물질 중 가장 발암성이 강한 독성을 가지고 있다.

표 3-6 동물성·식물성 식중독의 종류

구분			독소	
동물성	어류	복어	테트로도톡신(tetrodotoxin)	
		시가테리아	시가톡신(ciguatoxin)	
	조개류	마비성 중독	삭시톡신(saxitoxin)	홍합, 모시조개, 대합조개
		베네루핀 중독	베네루핀(venerupin)	바지락, 굴, 고둥
식물성	감자		솔라닌(solanine)	
	독미나리		시쿠톡신(cicutoxin)	
	청매실		아미그달린(amygdaline)	
	매화		아미그달린(amygdaline)	
	수수		도우린(dhurrin)	
	목화씨(면실유)		고시폴(gossypol)	
	독맥		테무린(temuline)	
	버섯		무스카린(muscarine), 무스카리딘(muscaridine), 콜린(choline), 팔린(phaline)	

표 3-7 곰팡이독의 종류

속 구분	종류
Aspergillus속	아플라톡신, 오크라톡신(열대지역)
Penicillium속	오크라톡신(캐나다, 유럽, 남아메리카 일부), 파튤린, 시트리닌 등
Fusarium속	푸모니신, 데옥시니발레놀, 제랄레논 등

표 3-8 곰팡이독의 일반적 특성

독소	곰팡이명	발생지역	민감한 동물	영향 및 증상	주요 오염식품
아플라톡신	Asp. flavus Asp. paraciticus	고온 건조한 지역	젖소, 돼지, 가금류, 물고기	식욕감퇴, 산유량감소, 면역저하, 간암	옥수수, 쌀, 땅콩, 수수, 면실

오크라톡신	Asp. ochraceus Pen. verrucosum	따뜻한 지역	돼지, 가금류	성장저하, 식욕감퇴, 식사거부, 신장병, 신장장애	곡류, 커피
푸모니신	Fusarium moniliforme, F. prolifertum	따뜻하고 더운 지역	말, 돼지	폐부종, 간췌장장애, 식도암	옥수수
데옥시니 발레놀	Fusarium graminearum	낮에 덥고 다습하고 밤에 추운 지역	소, 돼지, 물고기, 양, 고양이, 개	구토, 설사, 체중감소, 젖소의 산유량 감소	옥수수, 밀, 겨, 쌀, 맥아, 보리
제랄레논	Fusarium graminearum	낮에 덥고 다습하고 밤에 추운 지역	돼지, 가금류	질염, 미숙아 출산, 유산, 항문팽창	옥수수, 밀, 겨, 쌀, 맥아, 보리

(1) 황변미독(Citrinin)

곰팡이의 기생으로 변질되어 누렇게 된 쌀을 황변미(yellow rice)라 하는데 곰팡이의 종류에 따라 간 장애, 신장 장애, 신경 장애, 빈혈 등을 일으킨다. Penicillium 속(푸른곰팡이) 중 일부가 쌀에 기생하여 황변미를 만든다. 황변미독을 생성하는 곰팡이는 수분 14~15% 이상에서 생육이 가능하여 아플라톡신생성 곰팡이보다 수분활성도가 낮아도 자랄 수 있다.

황변미독은 크게 Penicillium citrioviride가 생산하는 독소(cireoviridine), Penicillium islandicum(islanditoxin과 luteoskyrin 및 cyclochlorotine 등)이 생산하는 독소, Penillium citrinum(citrinin)이 생산하는 독소의 세 가지로 구분할 수 있다.

① Penicillium citrioviride가 생산하는 독소

저장된 쌀에 쌀의 배유가 이 곰팡이에 오염되면 황색반점이 생기고 점차 황색으로 변하여 황변미를 만든다. 1937년 Miyake는 대만산 황변미에서 Penicillium toxicarium Miyake를 분리 동정하였고, 이후에 분류상 문제가 있어 Penicillin citreoviride로 정정하였다. 1949년 이 균주가 생산하는 진균독의 구조를 Cireoviridine

이라 하였다. 주요 증상은 구토, 경련, 마비 및 호흡기 장애이며, 저체온증과 미각 감소 등도 보고된다.

② Penicillium islandicum이 생산하는 독소

우리나라를 포함한 동남아시아에서는 저장 곡류의 수분을 조절하기 어려워 특히 황변미의 발생이 많은데, 특히 황변미의 원인이 되는 Penicillium islandicum의 기생으로 Islanditoxin과 Luteoskyrin 및 Cyclochlorotine 등의 진균독이 생성된다. 이외에도 Erythroskyrin, Rubroskyrin, Iridoskyrin, Skyrin, Islandicin, Carenarin 등이 Penicillium islandicum의 대사산물로 검출되었다.

③ Penillium citrinum이 생산하는 독소

태국에서 수입된 쌀에서 발견되었으며 그 Mycotoxin은 Citrinin이다. 이 곰팡이는 도정한 곡류, 밀가루, 시리얼 곡류, 쌀, 옥수수 등에서 일반적으로 검출된다. 이 진균독은 페놀성 화합물 카르복시산 구조(−COOH)를 갖고 있다. 성상은 유성으로 융점이 112~119℃이며 270℃에도 내열성이 있는 활성물질이다. Citrinin은 신장독으로서 사구체에 장해가 생기고 뇨세관에서의 물의 재흡수를 저하시킴으로써 요량을 증가시키며 Neprosis(신장증)를 일으킨다. 그 외 주요 증상으로 설사, 식품섭취 증가, 신장기능 저하에 의한 체중감소 등이 보고된다.

(2) 맥각독(Ergotoxin)

중세기 초 유럽에서 자주 발생했던 맥각독(ergotism, St. Anthony's fire)의 증상은 사망 시 혈관을 수축시키고 근육통 및 사지 말단이 차고 뜨거운 느낌을 주는 것 등이었는데, 17세기에 호밀과 맥각독과의 관계가 밝혀지면서 이 질병의 의문점이 해결되었다.

Claviceps purpurea라는 곰팡이는 보리에서 아주 잘 번식하며, 곰팡이에 오염된 보리는 흑청색으로 변색되고, 조직이 잘 부스러진다. 이런 보리에는 곰팡이 균핵이 존재하며, 이것을 맥각(ergot)이라고 한다. 맥각은 인체 근육 수축을 가져오기 때문에 의약품으로 사용되기도 하나 과량의 맥각은 독성을 나타낸다.

곡물 중에 맥각이 0.5% 혼입되면 독성을 나타내고, 7% 정도면 치사량이 된다. 맥각독 중독 증상으로는 구토, 설사, 복통, 두통, 이명, 무기력 등이 나타나며, 심한 경우 지각이상 등이 일어나 사망에 이를 수도 있다. 임산부에게는 조산 및 유산을 일으킬 수도 있으며, 만성중독의 경우 말초혈관의 순환장애를 일으켜 사지나 코, 귀에 괴저를 일으키는 경우도 있다.

(3) 아플라톡신(Aflatoxin)

아플라톡신은 Aspergillus속 일부 곰팡이의 2차 대사산물로 사람이나 가축, 어류 등에 위해를 준다. 특히 아플라톡신 B^1은 간암을 유발하는 강력한 발암물질로 알려져 있다. 아플라톡신은 1960년 영국에서 수개월에 걸쳐 10만 마리 이상의 칠면조가 떼죽음을 당한 사고가 발생하여 그 원인을 조사한 결과 사료에 혼합된 브라질산 땅콩박에 오염된 Aspergillus flavus 때문임이 밝혀졌다.

발병 초기에는 원인규명을 하지 못해서 칠면조에서 발생한 원인불명의 질병이라는 의미로 "Turkey X disease"라고 불렸으나, 그 후 1962년 땅콩에서 곰팡이 A. flavus로부터 원인물질을 분리하여 아플라톡신이라 명명하였고, 이를 계기로 공중보건학적으로 중요한 곰팡이 독소에 대한 연구가 본격적으로 진행되었다. 그 후 연구에서 Aspergillus parasiticus도 아플라톡신을 생성하는 것이 밝혀졌다.

Asp. flavus는 열대나 아열대 지방에 널리 분포하며 수분 16% 이상, 상대습도 80~85% 이상, 온도 25~30℃에서 특히 아플라톡신을 많이 생성한다. 따라서 아플라톡신 생성을 막기 위해서는 곡류 저장 시 상대습도를 70% 이하로 유지하고 수분을 13% 이하(땅콩은 7% 이하)로 하여야 한다.

아플라톡신 B^1이 가장 강력한 간암을 발생시키는 물질이며, 유전독성 물질로서 발암물질인 Dimethyl-nitrosoamine보다 발암성이 약 3,760배나 더 높다. 아플라톡신에 의한 주요 손상 장기는 간이며, 역학조사 결과 사람에서 B형 간염환자가 그렇지 않은 개체보다 아플라톡신에 더 민감함이 밝혀짐에 따라 간 독성과의 밀접한 관련성을 알 수 있다.

(4) 오크라톡신(Ochratoxin)

오크라톡신 A는 1965년 남아프리카에서 실시한 곰팡이 대사산물을 검색하던 중 Aspergillus ochraceous가 생성하는 물질로 처음 발견되었고, 그 후 Asp. sulphureus, Asp. melleus, Penicillium viridicatum, Pen. palitans 등의 곰팡이도 오크라톡신을 생성하는 것이 확인되었다. 현재 미국, 캐나다, 덴마크, 유고슬라비아, 불가리아, 프랑스 등 전 세계적으로 널리 오염되어 있는 맹독성 신장독소이며, 간에도 독성을 나타낸다.

주로 온도가 4℃ 정도로 낮고 습도가 18.5~40.4%인 상태에서도 잘 생성되는데 곡류 중 보리, 호밀, 쌀, 밀, 귀리, 건어물, 육류, 커피, 빵, 사료 등에 널리 오염되어 있으며 유럽에서는 돼지와 사람의 혈액 및 모유에서도 검출된다. 특히 보리의 경우 오크라톡신의 오염가능성이 가장 높기 때문에 철저한 관리가 필요하다.

오크라톡신은 다른 곰팡이독소와 같이 열에 비교적 안정하여 조리 및 가공 시에도 잘 파괴되지 않기 때문에 농산물뿐만 아니라 그 가공식품에도 오염될 수 있다. 에탄올에 용해하여 4℃에서 1년간, 28℃에서 1주일간 보관한 경우에도 독소가 전혀 없어지지 않고, 고압증기 멸균을 하여도 잘 파괴되지 않는다. 곡류 중에 함유된 오크라톡신 A를 30분~3시간 동안 열처리하여도 12.7~17%가 잔존하였으며, 통조림을 만들기 위해 오크라톡신 A를 함유한 콩을 삶고 염처리 및 조리 후에도 53%가 잔존하였다는 보고가 있다.

주요 독성은 신장독성, 간장독성, 유전독성, 면역억제 작용, 기형 및 암 유발 등으로 특히, 신장 및 간장에 치명적인 손상을 주는 것으로 알려지고 있으며, 사람의 경우 만성신장염, 급성지방변성, 간의 면역작용 저해, 기형 등을 유발하고, 가축의 경우 이에 오염된 식품 섭취 시 신장손상, 쇠약, 피로, 식욕 결핍, 복통, 빈혈 등의 증상이 나타난다. 오크라톡신의 주요 독성은 필수아미노산인 Phenylalanine 대사 관련 효소의 생성을 저해하고 미토콘드리아의 ATP 생성 저해 및 지방변성 등을 통해 발현된다.

(5) 제랄레논(Zearalenone)

제랄레논은 1962년 북아메리카의 중서부 지방에서 외음질염, 정소의 위축 및 돼지 불임증 등의 발생으로 처음 보고된 곰팡이독소로서, 온대지방에서 잘 발생하는 Fusarium graminearum, Fusarium culmorum 등에 의해 생성되는 2차 대사산물로 20여 종의 유사체가 발견되었다. 제랄레논은 사람의 자궁에서 생성되는 주요 호르몬인 17B-estradiol과 유사하며 비스테로이드계 에스트로겐으로 분류되기도 한다.

제랄레논 생성 곰팡이들은 전 세계적으로 시리얼 곡류에 흔하게 오염되는 균주로 알려지고 있으며, 건조가 불충분하여 수분함량이 많은 곡물에서 잘 생성되는데 주로 옥수수, 맥류 등에서 검출된다. 제랄레논도 다른 곰팡이독소와 마찬가지로 열에 비교적 안정하여 가열 및 가공 시에도 잘 제거되지 않는 특성이 있다. 우리나라에서는 1980년대 중반 보리, 밀, 호밀 등에서 제랄레논의 검출이 처음 보고되었으며, WHO/FAO는 동물사료의 경우 1,000㎍/kg을 초과하지 않도록 권고하고 있다.

제랄레논은 에스트로겐(estrogen; 여성호르몬의 일종)과 비슷한 성질을 가지고 있어 발정효과를 유발하며, 과에스트로겐증이 유발되어 그 결과 자궁 확대, 불임증 등이 나타나기도 한다. 특히, 돼지에 대해 민감하게 작용하여 발정증후군, 성장발육 저해, 생식기능 저해, 불임증 및 난소 위축 등을 유발한다.

(6) 파툴린(Patulin)

파툴린은 1940년경에 Penicillium patulum 곰팡이가 생산하는 대사산물로 그람양성 및 음성 세균과 효모, 곰팡이에 대한 강한 항균제로서 처음 분리되었다. 그 외 다양한 Penicillium, Aspergillus, Byssochlamys 균주에서 분리된 동일물질이 Clavacin, Expansin, Mycoin, Penicidin 등으로 불리기도 했다. 파툴린은 과일, 곡류 및 치즈 등 다양한 식품에 오염되어 생성되지만 식품의 특성, 가공공정 및 소비행태 등을 고려할 때 사과즙, 사과주스의 경우를 제외하고 일반적으로 크게 안전성 문제를 야기하지는 않는다. 파툴린은 사과주스 등의 보존제인 이산화황, 또는 비타민 B_1에 의해 불활성화되기도 한다.

P. expansum은 보통 사과 저장 시에나 다른 과일, 특히 사과 과실 주스에서 일반적으로 발생한다. 영국과 스페인에서 Cloudy juice와 Clear juice에서 Patulin이 검출되어 과실 주스에 대한 파툴린이 관심을 끌게 되었다.

Citreoviridin은 Penicillium종에 의해 생성되며 Open-chain Noaketide 유도체로 이탈리아, 스페인, 태국 등에서 곡류에 오염된 것이 확인되었다.

파툴린에 주로 Neurotoxin으로 감염 시 증상은 출혈성 폐부종, 간, 비장, 신장 모세혈관 손상, 뇌수종, 뇌와 중추신경 출혈반응을 일으킨다. Citreoviridin 역시 Neurotoxin으로 주로 경련, 호흡장애, 상행성 마비, 급성 심장성 각기를 발생시킨다.

6 알레르기 식중독

식이형태로 생체에 들어온 특정 단백질에 면역계가 과잉 반응하여 여러 가지 증상을 일으키는 것을 알레르기 식중독이라고 한다. 세균에 의한 Histidin이 Histamin으로 탈탄산되거나 유독아민의 생성으로 발생한다. 식품을 비위생적으로 처리하였을 때 발생하며 원인식품으로는 꽁치, 정어리, 고등어, 붉은살 어류와 그 가공품으로 증상은 구토, 설사, 복통, 두드러기, 졸음 등이 나타난다. 식품 알레르기에 비해 집단적으로 발생하며, 치료방법은 원인식품을 섭취하지 않거나 제한하며 약제는 항히스타민제, 교감신경 흥분제, 스테로이드제 등을 사용한다. 알레르기 식중독과 식품 알레르기에 대한 비교는 다음의 〈표 3-9〉와 같다.

표 3-9 알레르기 식중독과 식품 알레르기의 비교

	알레르기 식중독	식품 알레르기
원인	세균에 의한 histidin이 histamime으로 탈탄산되거나 유독아민 생성	알레르기를 일으키는 원인물질에 면역계 과민 반응
발생	다수(집단적)	소수(개인적)
식품처리	비위생적	위생적
원인식품	꽁치, 정어리, 고등어, 참치 등 붉은살 어류와 그 가공품	복숭아, 돼지고기, 달걀, 닭고기, 우유, 생우, 땅콩, 치즈, 육류, 대두, 밀, 생선
증상	구토, 설사, 복통, 청색증, 졸음, 작열통, 조홍, 두드러기	두드러기, 구토, 설사, 복통, 천식, 비염, 두통

7 화학적 식중독

1) 유해성 식품첨가물

화학적 식중독 중 고의 또는 오용으로 첨가되는 유해물질로 유해성 식품첨가물이 있다. 식품의 변질억제, 품질 개량, 기호도 또는 영양 강화를 위해 식품위생법에서 허용하지 않는 유독물질을 식품의 제조 및 가공과정에서 사용함으로써 발생되는 식중독을 말한다.

(1) 유해보존료

① 붕산(H_3BO_3) 또는 붕사($Na_2B_4O_7$)

백색의 결정을 이루고 균 증식을 억제하는 정균작용으로 어육연제품, 마가린, 버터 등에 보존효과를 제공하였으나, 체내에 축적되면 독성(소화불량, 체중감소, 구토, 설사, 홍반 등)이 생겨 사용이 금지되었다. 결막염, 구내염, 비염치료용 세척액으로 사용하고 있다.

② 포름알데히드(formaldehyde, HCHO)

방부력과 살균력이 뛰어나서 Formalin이 주류, 간장, 시럽 및 육제품에 부정으로 사용되어 사용이 금지되었다. 포름알데히드에 의한 중독증상은 두통, 위경련, 소화장애, 순환장애 등이 있고 신장에 염증을 유발한다.

③ 유로트로핀(urotropin, hexamine)

백색의 비늘모양 결정으로 포름알데히드와 암모니아가 결합되어 생성된다. 백색의 비늘모양 결정이 물에 녹아 포름알데히드가 유리되어 방부효과를 나타내는데 주요 증상으로는 신장염, 방광염 등을 유발하기 때문에 식품 사용은 금지되어 있고 요도 살균제 등의 의약용으로 사용되고 있다.

(2) 유해착색료

① 아우라민(auramine)

선명한 색상 및 내광성으로 섬유에서 우수한 염색성을 나타내는 황색의 염기성 타르색소로 1950년 일본에서 과자, 국수, 카레가루, 단무지 등에 사용하였으나 독성으로 인해서 사용이 금지되었다. 다량 섭취 후 20~30분이 지나면 흑자색의 반점을 시작으로 두통, 구토, 맥박감소 및 심계항진, 심하면 의식불명을 야기한다.

② **로다민B(rhodamine B)**

핑크색의 염기성 타르색소로서 형광색을 띠며, 어묵, 과자, 케첩 및 빙과류에 사용되었다. 중독 증상으로는 색소뇨와 전신착색증을 보이며 심한 경우 메스꺼움, 구토, 설사, 복통 등의 증상을 나타낸다.

③ **파라니트로아닐린(p-nitroaniline)**

황색의 색소로 합성착색제로 사용되었으며 지용성이고 중독 시 혈액독과 신경독 증상을 나타낸다. 주요 증상으로는 두통, Cyanosis(청색증), 혼수, 맥박감소, 심계항진 및 색소뇨 등이 있다.

④ **실크스칼렛(silk scarlet)**

등적색의 수용성 타르색소로서 착색되기가 쉽고, 안정성이 좋아서 식품에 사용되었으나 중독을 일으켜 사용이 금지되었다. 중독증상으로는 구토, 복통, 두통, 오한, 마비 증상을 보인다.

(3) 유해감미료

① **둘신(dulcin)**

설탕의 250배에 달하는 감미도를 가지고 있고 열에 안정하며 찬물에 잘 녹지 않는 특성을 가진다. 중독 시 소화기장애, 중추신경계 이상을 초래하여 1966년 사용이 금지되었다.

② **사이클라메이트(cyclamate)**

백색 결정 물질로 설탕의 30~50배의 감미도를 가지고 있는데, 1969년에 발암물질이라 보고되어 1970년에 사용금지되었다.

③ 톨루이딘(toluidine)

공업용 화약, 염료 등의 원료로서 독성이 강한 황색결정 또는 분말이다. 설탕의 200배의 단맛을 가지고 있어서 2차 세계대전 전후 일본에서 많이 사용되었다.

④ 에틸렌글리콜(ethylene glycol)

자동차 부동액으로 사용되는 무색액체로 설탕이 부족할 경우 감미료로 사용한 적이 있다.

⑤ 페릴라틴(perillartine)

설탕의 2,000배의 감미를 갖는 것으로 옥심(oxime)기를 갖고 있어 불안정하기 때문에 침에 의해서도 쉽게 알데히드로 분해된다. 체내 흡수 시 신장에 자극을 주어 염증을 유발한다.

(4) 유해표백제

① 롱가리트(rongalite)

산성 아황산나트륨을 축합시킨 후 환원시켜 만든 것으로 수용상태에서 발생되는 아황산에 의해 표백작용을 나타내지만, 이때 발생되는 포름알데히드가 식품에 축적되어 중독을 일으킨다. 과거에 물엿의 표백제로 쓰였으나 1967년 사용이 금지되었다.

② 과산화수소(H_2O_2)

식품과 식품에 접촉되는 기구에 첨가하여 부패균이나 병원균을 살균하여 식품의 보존성을 높이는 식품첨가물로 사용되고 있다. 국수 · 어육연제품 등에 사용이 허가되어 있으나 잔류성분에 의한 독성이 우려되기 때문에 잔존량을 엄격히 규정하고 있다. 사용량은 국수 · 생선묵 등에서는 1kg당 0.1g 이하, 기타 식품에서는

0.03g 이하이다. 다량으로 존재하면 구토 등의 중독증상이 나타난다.

③ 아황산염(sulfite)

무색결정으로 아황산에 함유된 수소를 금속으로 치환하면 생기는 염이다. 나트륨염, 암모늄염, 칼륨염, 칼슘염, 바륨염 등이 있고, 강한 산을 가하면 분해하여 이산화황이 발생한다. 환원작용이 있어서, 수용액이나 습한 상태에서는 황산염이 되기 쉽다. 아연분말로는 환원되어 아디티온산염이 되고, 황과 함께 끓이면 티오황산염을 생성한다. 가장 중요한 것은 나트륨염이며, 이 밖에 암모늄염(1수화염) · 칼륨염 등이 환원제 · 표백제 · 사진 · 염색 등에 사용된다. 칼슘염 · 바륨염은 특히 제지공업에서 많이 사용된다.

(5) 유해증량제

과거에 설탕, 조미료, 고춧가루, 향신료, 곡분, 어분 등이 값이 비싸고 구하기가 어려워 그 대신에 양을 불리기 위해 산성백토, 규조토, 백도토, 석회 등을 사용하였는데 과량섭취 시 소화불량, 복통, 구토, 설사 등의 증상이 나타났다.

2) 잔류농약 및 유해성 금속화학물에 의한 식중독

화학적 식중독 중 본의 아니게 잔류, 혼입되는 유해물질로 잔류농약 및 유해성 금속화학물에 의한 식중독이 있다. 먼저, 잔류농약에 의한 식중독은 병충해로부터 농작물을 보호하기 위하여 사용한 농약이 식품 중에 잔류하여 중독을 일으킬 수 있다. 농약의 잔류는 농약의 종류 및 재제형태, 작물의 종류 · 품종 · 재배방법, 농약의 사용시기, 농약의 살포농도 · 살포량, 농약의 살포횟수, 농약을 살포한 후 수확 및 식용으로 할 때까지의 기간 등의 요인에 따라 달라진다.

(1) 잔류농약

① 유기염소제(DDT : dichloro-diphenyl-trichloroethane)

유기염소 계열의 살충제이자 농약으로서 화학식은$(ClC_6H_4)2CH(CCl_3)$으로 강력한 살충효과와 제초효과가 있다. 상온에서 색이 없는 결정 상태의 고체로 존재하며 극성이 없어서 물에 녹지 않는다. DDT는 클로로벤젠과 트리클로로에탄올을 반응시켜 제작하며 다양한 상품명을 가지고 있다. 곤충의 신경세포에 작용하여 나트륨이 세포막을 이동하는 것을 막아버림으로써 살충효과가 나타난다. 유기염소제 농약의 중독증상은 식욕부진, 구토, 두통, 발한, 복통, 운동마비, 경련 등의 신경마비 증상을 나타내며 혼수상태에 이를 수 있다.

② 카바메이트제

카바메이트제(CH_3NHCOO^-)의 등장은 잔류성이 큰 유기염소제의 사용금지로 인해 개발된 농약으로 유기인제와 같은 Cholinesterase의 저해작용으로 중독을 일으킨다. 중독증상은 급격한 발현을 하고 회복까지의 시간이 24시간 정도면 되기 때문에 다른 농약보다 잔류성이 낮은 편이다.

③ 중금속제 농약

수은제, 비소제, 구리제, 납제 등의 유기물이나 무기물이 중독을 일으킨다. 금속이 인체에 들어가서 단백질 변성을 일으키고 세포원형질을 침해하여 SH기와 결합해서 단백질 기능과 효소의 작용을 저해시킨다. 중독증상으로는 중추신경계 질환이 나타나는데 그 독성과 축적성이 강하다.

④ 유기불소제

불소제의 대표적인 농약으로 Fussol이 있는데, 주로 진드기, 깍지벌레 등의 구제에 이용되고, Flatol은 쥐약으로 인체에 독성이 강하다. 중독증상으로는 심장장해와 중추신경증상이 나타나며 30분~2시간이 지나면 구토, 복통, 경련 등을 일으키며 장, 방광의 점막을 침해하며 뼈의 성장을 저해한다. 심하면 보행 및 언어장애 등의 마비성 경련과 심장장애로 사망에 이를 수 있다.

표 3-10 농약의 분류

농약	목적	종류
살충제 (Insecticide)	식독제	곤충이 식품을 섭취함으로써 효과를 나타냄 비산납, 비산석회, 불소제, cryolite 등
	접촉제	곤충의 표면, 피부 등으로부터 체내에 흡수되어 효력을 나타냄 DDT, BHC, Drin제, Derris제, parathion 등
	훈증제	가스화시켜 곤충의 호흡기에 침입시킴 methyl bromide, chloropicrine, 청산 등
	침투성 살충제	식물의 뿌리, 잎, 줄기 등에서 침투한 약제가 식물 전체에 이행분포하여 살충력을 나타냄 schradan, pestox-, metasystox 등
	유인제	곤충이 좋아하는 먹이나 흥분제로 유인함 metaldehyde, 곤충 phermon 등
살균제 (Fungicide)	보호살균제	병충해 발생 전에 사용하여 균의 생육 억제 bordeaux(구리제), 유황제 등
	직접살균제	발육 중 균을 죽임 유기수은제, 석유유황합제, blastricidin 등
제초제 (herbicide)	선택성	제거하고자 하는 식물만 사멸 2.4.D, M.C.P.
	비선택성	모든 식물 사멸 염산나트륨, T.C.A, 아비산나트륨
살서제	쥐 죽이는 약	황인제, 인화아연, 무수아비산, ANTU, warfarin, flatol 등
식물생장조절제 (plant growth regulator)	발아·발근억제, 성장촉진	hydrazine malate, indole acetate, gibellerin, NAA 등
살비제 (acaridices)	진드기류(응애류) 살충제	켈탄(dicotol), 테디온(tedion : tetraditon), 살비(chlorofenson), 에이카롤(bromopropylate), 모레스탄(chinomethionat), 페로팔(azocyclotin)

(2) 유해성 금속화학물

① 수은(Hg)

상온에서 유일한 액체금속으로 무기수은(Hg^0, Hg^+, Hg^{2+})과 유기수은(CH^3Hg^+, $C^6H^5Hg^+$) 등의 형태로 존재한다.

– 무기수은 중독(Mercury poisoning)

무기수은 중 염화 제2수은($HgCl_2$, 승홍)은 강력한 살균작용으로 과거에는 방부제로 주류 등의 부정식품에 사용된 적이 있다. 수은광산, 화학공장, 아말감, 체온계, 수은전지 등에서 수은 증기를 호흡기나 피부에 흡입해서 그 중독이 문제가 되고 있다. 사람의 경구치사량은 0.5g 정도이고, 소변 중의 수은량은 300㎍/l를 초과하면 중독증상이 나타난다. 주요 증상은 구내염, 눈물, 복통, 구토, 설사 등을 동반한 안면창백, 혈압강하, 무뇨증상을 수반한 신부전(대개 2일 이내에서 나타남) 등이 있다. 수은 증기를 대량으로 흡입하면 기침, 가래, 호흡곤란으로 폐수종까지 올 수 있다. 수은을 다루는 직업을 가진 사람의 경우 만성중독이 될 수 있다.

– 유기수은 중독

유기수은 중독은 1953년 일본 최남단 규슈지방의 구마모토현의 미나마타만 근처 어촌에서 어패류를 먹은 주민들에게 온몸이 저리고 마비되는 증상이 시작되면서 중추신경증상이 나타난 것이 유래가 되어 1968년 일본 정부에서 공장폐수에 함유된 수은 중독에 의한 미나마타병을 공식 인정하게 되었다. 미나마타병은 유기수은에 의한 중독으로 감염경로는 Acetaldehyde 제조공장에서 촉매로 사용한 무기수은화합물로부터 생긴 미량의 알칼리 수은이 무기수은과 함께 공장폐수로 배출되어 해수와 바다생태를 오염시키고, 토양과 하천, 바다 밑에 존재하는 세균(methanobacterium MOH주; Clostridium cochlearium)과 진균(Neurosphora crassa)에 의해서 메틸수은(CH^3Hg^+)을 생성하게 되는데, 이것을 먹은 어패류를 사람들이 섭취함으로써 미나마타(minamata) 중독이 생긴 것이다. 또한 메틸수은은 장내 세균에 의해서도 발생하는 것으로 알려져 있다. 중독증상으로는 사지신경마비, 난청, 언어장애, 정신장애 등이 나타나고, 만성중독 중 소뇌성 운동실조, 언어장애, 시야협착 등은 헌터러셀증후군(Hunter Russel)과 같이 유명하다.

② 카드뮴(Cd)

카드뮴은 식품용 기구나 용기, 여러 기구나 기계의 도금, 콘덴서, 건전지 제조, 도료 제조 등에 이용되며 그 용도가 다양하다. 카드뮴은 이러한 것들에서 용출되어 토양, 폐수 등을 거쳐 식품에 이환되어 사람에게 중독을 일으킨다. 카드뮴중독이란 카드뮴과 그 화합물이 인체에 접촉 · 흡수됨으로써 일어나는 장애를 총칭한다. 예전에는 직업성인 중독으로서, 금속 카드뮴이 용해될 때 발생하는 산화카드뮴 증기나 비닐 제조공정에서 생기는 카드뮴 화합물에 의한 중독으로 알려져 왔다. 그러나 최근에는 공장폐수 등에 함유되어 있는 카드뮴에 의한 식품의 오염, 특히 쌀의 오염이 밝혀져서 공해문제로 대두되었다. 제2차 세계대전 말기부터 전후에 일본에서 발생했던 '이타이이타이병(itai itai)'도 광산의 폐수에 함유되어 있던 카드뮴에 의한 중독으로 일어난 것이다. 카드뮴의 증기를 흡입하면 주로 코 · 목구멍 · 폐 · 위장 · 신장 등에서 장애가 나타나며, 호흡기능이 저하되고 단백뇨의 증상을 보이고 소변 중 카드뮴 배출량도 증가한다.

이타이이타이병은 카드뮴이 장기간에 걸쳐 섭취된 것으로 짐작되며, 경산부에 많이 발생하는 것 등이 특징적이다. 뼈가 연화하여 변형 · 골절 등을 볼 수 있고, 단백뇨 등의 신장에 대한 위해가 주된 증세이다.

③ 주석(Sn)

공기 중에서도 잘 변하지 않으므로 철 · 강철 · 구리 등의 표면을 노금하는 데 이용되고 세계 주석 소비량의 40%가 도금에 사용되며, 특히 철판의 표면에 도금한 것을 함석이라 한다. 감마합금 · 청동 · 땜납 · 이융합금으로서의 용도가 그 다음이고, 또 무해하므로 식료품공업 장치에도 널리 사용된다. 또 유기주석화합물은 살생제와 진균제의 주성분으로 사용된다.

④ 크롬(Cr)

크롬중독은 6가 크롬으로 인해서 발생하며, 증상으로 자극성 피부염, 비중격 천공 등을 일으키며 폐암의 원인이 되기도 한다. 크롬의 정련 공정에서 주로 생긴다.

⑤ 아연(Zn)

아연은 주로 아연도금 철판(함석)으로 가장 많이 사용된다. 아연중독은 아연 및 그 산화물인 미립자에 의하여 일어나는 중독으로 아연열이라고도 한다. 가끔 식품의 기구 및 용기에 있던 아연이 원인이 되어 발생한다. 이러한 미립자를 들이마시면, 몇 시간 후 오한에 이어 열이 나지만 다음 날이 되면 거의 회복된다. 중금속 중에서는 아연의 녹는점(419℃)이 낮은 편이므로 증기가 되기 쉽기 때문이다.

3) 제조 · 가공 · 저장 중에 생성되는 유해물질

(1) 지질의 산화생성물

지질이 산화되어 생성되는 Malondialdehyde(MDA), 4-hydroxy-2-alkenal 등의 알데히드류 물질은 반응성이 높아 체내물질과 결합하기 쉬우므로 체내단백질이나 다른 고분자물질과 결합하여 세포 독성을 나타낼 수 있다. 특히 고도 불포화지방산의 경우 빛이나 산소, 온도에 매우 민감하여 쉽게 산화되므로 이를 다량 함유한 식품은 산소나 빛으로부터 보호될 수 있는 용기를 사용하고 저온에서 보관하는 등 품질보존에 많은 노력을 기울여야 한다.

(2) 니트로사민(Nitrosamine)

아질산과 2급 아민(secondary amine)이 산성조건에서 반응하면 생성되는 발암물질로, 이들 물질을 포함하는 식품이 있으면 가열조리 때나 위장 내에서 생성될 수 있다. 1962년 아질산염을 첨가하여 가열한 청어사료를 먹은 양들이 떼죽음을 당하는 사건이 일어나 널리 연구되었다. 아질산은 햄, 베이컨, 소시지 등 가공육의 발색 및 보존을 목적으로 첨가하는 화합물이며, 질산염으로부터 인체 내에서 환원되기도 한다. 2급 아민은 동물성 식품에 흔히 존재하기 때문에 아질산염을 처리한 육류제품의 섭취나 질산비료를 이용한 채소의 섭취에 대한 우려가 한때 소비자들 사이에 널리 퍼지기도 했다. 아질산염은 육가공 식품에 발색제로 혹은 보툴리누스균의 발육억제제로 첨가되지만, 육류에 존재하는 아민(amine)이나 아미드(amide)와 반응하여 N-니트로소아민(N-nitrosoamine)이나 N-니트로소아미드(N-nitrosoamide) 같은 N-니트로소 화합물을 형성한다. N-니트로소 화합물은 동물실험에서 70% 이상이 발암성 물질로 증명되었고, 특히 니트로소디메틸아민(nitrosodimethylamine)은 사람에게 간암을 일으킨다는 증거가 발견되었다.

(3) 에틸카바메이트(Ethyl carbamate, 우레탄)

우레탄은 발효과정에서 생성된 에탄올과 카바밀기가 식품 내에서 화학반응을 일으켜 생성되는 화합물로 실험동물에게 암을 유발한다. 양에서는 주로 브랜디, 위스키 등의 주류에서 많은 양이 검출되었는데, 이는 이들 주류를 발효시킬 때 효모의 식량으로 첨가한 요소에서 유래한 것으로 알려져 현재는 요소를 주류첨가제로 사용하지 않고 있다. 국내에서는 한국인의 상용 식품인 간장, 김치 등에서 검출되었다.

(4) MCPD

발효간장인 재래간장과 양조간장 모두 에틸카바메이트가 검출되는 반면, 산분해 간장에서는 또 다른 발암 의심물질인 MCPD(3-monochloro-1,2-propandio)가 검출되어 논란의 대상이 되었던 일이 있다. 대두를 염산으로 처리하여 단백질을 아미노산으로 가수분해하는 과정에서 함께 있던 지방이 지방산과 글리세롤로 가수분해되고 글리세롤이 염산과 반응하여 생성된다. 남성의 성기능장애 유발물질로도 의심되었던 이 물질은 현재는 공정에 변화를 주어 그 생성량을 최소화하고 있다.

(5) 다환방향족 탄화수소(Polycyclic Aromatic Hydrocarbons; PAH)

다환방향족 탄화수소(PAH)는 석유나 석탄 등의 화석연료나 목재, 연료가스, 가솔린, 중유, 종이 등의 불완전연소 또는 식품에 있어서도 숯불구이와 훈제육 등의 열분해물에서도 생성된다. 더욱이 대기 중의 공기나 배기가스, 최근 가속되는 해양오염에 의해 굴과 해조류에도 검출되어 오염의 지표가 되고 있다. 심지어 담배 피울 때에도 생기고 미생물, 플랑크톤, 식물 등에 의해서도 합성된다.

(6) 이환방향족 아민(Heterocyclic Aromatic Amines; HAA)

탄 생선과 육류 및 육류 제조 · 가공품에서 다환방향족 탄화수소인 Benzo(α) pyrene 등이 생성되는 이외에 새로운 물질인 Heterocyclic amine류가 계속해서 발견되고 있는데, 이들은 강한 돌연변이 활성을 나타내는 물질이 검출되어 그 발암성의 확인이 진행되고 있다.

4) 기구 및 용기, 포장에서 식품에 오염되는 유해물질 및 기타 물질에 의한 중독

조리기구를 적절하게 사용하고 유해물질이 검출되지 않는 안정성 있는 용기를 선택해야 하며, 합성수지 포장재를 사용할 경우 식품에 독성물질이 녹아 나올 수 있다. 따라서 포장지 또한 제조기준에 맞게 사용해야 한다.

기구 및 용기, 포장에서 식품에 오염되는 유해물질은 단량체(monomer), 첨가제(additives), 용제(solvents) 등이 있다. 단량체는 미반응 물질이나 유리된 물질로 쉽게 식품에 옮겨져 발암물질, 자극성 물질이나 식품에 이취를 발생시킨다. 첨가제는 용기포장에 사용되는 물질로 고무제나 합성수지제의 경우 노화방지제, 가소제, 산화방지제, 대전방지제, 립제, 자외선흡수제, 접착제, 가교제, 충진제 등이 있는데 주로 페놀 계통이거나 프탈릭에스테르계, 아민계로 일부 화학물질은 발암물질로 알려진 것도 있다. 용제는 인쇄잉크나 접착제에 사용하는 Toluene, Hexane, Ethylacetate, Isoprophyl Alchol, Methylethyl Ketone 등을 말하는데 인쇄물이 식품과 접촉하면 용제성분이나 잉크물질이 식품으로 용출되어 이취, 이미를 주게 된다.

표 3-11 기구 및 용기, 포장에서 식품에 오염되는 유해 물질

기구	도자기	산성식품과 반응하여 납, 구리, 안티몬, 아연, 코발트, 망간, 카드뮴 등의 안료성분이 용출 도기류의 표면을 단단하게 하기 위해 사용하는 유약은 잘 구운 경우, 산, 알칼리에도 불용성이나 불량품인 경우 음식물에 납이 이행 옹기의 경우, 절임식품을 장기간 저장하면 식품과 반응하여 옹기성분 일부가 용출 옹기를 구울 때 무연유약 대신 광명단(Pb_3O_4)을 사용하여 저온에서 구우면 절임식품과 반응하여 납, 붕사 용출
	법랑	법랑의 표면을 매끄럽게 하기 위해 사용한 붕사(Na_2B4O_7), 산화납(PbO), 산화아연(ZnO), 산화비소(As_2O_5) 등이 낮은 온도에서 구운 경우 유해금속 용출
	유리	유리의 투명색(Flint, F), 진한 갈색(Amber, A), 연한 녹색(Georgia Green, GG), 진한 녹색(Emerald Green, EG) 유리 등에 함유된 바륨, 비소, 납, 붕산 등이 위생상 문제 **유리제품 규격** : 납(7ppm), 비소(0.05ppm), 알칼리(4.0ppm) 이하로 규정
포장	종이 및 셀로판	**종이** : 목재펄프가 주원료인 종이는 표백제, 착색제, 점성물질 조절제 등의 첨가물을 가하고, 방수, 방습 등의 목적으로 왁스, 합성수지를 도장하여 가공하기 때문에 착색료의 용출, 형광염료의 이행, 파라핀, PCB의 이행 등이 위생상 문제 **셀로판** : 라면 등의 인스턴트 면류나 과자, 사탕 등의 포장지로 많이 사용되나 착색된 셀로판의 유해 착색료 함유 여부가 위생상 문제
	고무제품	납, 카드뮴, 2-mercaptoimidazole 등의 용출

<table>
<tr><td rowspan="6">합성 수지 제품</td><td rowspan="3">열가소성 플라스틱</td><td>아크릴계 : 빗, 탁상시계 케이스 등의 원료로 무취, 무미의 비중독성 물질로 잘 깨지지 않는데 아주 뜨거운 물이 닿으면 문제가 됨
셀룰로오스계 : 장난감, 만년필, 전화기, 도구나 집기의 손잡이, 진공청소기 부품에 사용되는데 전기 부도체이며 던지거나 떨어뜨려도 잘 깨지지 않으나 고열에는 녹아서 모양이 변함
테플론 : 열에 상당히 안전하며 화학약품에도 반응하지 않고 물을 흡수하지 않아 내열성, 내수성, 내유성이 뛰어남. 프라이팬 등의 수지가공에 이용하는데 300℃ 이상 가열시 맹독성 가스(hexafluorethane, octafluoroisobutylene) 발생
나일론 : 텀블러, 깔때기, 세탁기의 가스켓 등에 사용되는데 내열성이 높아 끓는 물에 넣어 살균소독이 가능</td></tr>
<tr><td>폴리에틸렌 : 유연성 있는 믹싱볼, 우의 등을 만드는 데 사용되며 무미, 무취의 비중독성 물질이나 내열성이 낮아 끓는 물에 넣거나 불에 닿으면 안 됨
폴리프로필렌 : 살균소독병, 냉장고 부품
폴리스티렌 : 냉장고용 접시, 쟁반, 조미료통, 벽타일 등 주요 생활기구의 부품과 절연체로 사용되며 특히 일회용 식기로 많이 사용되나 끓는 물에 넣거나 불에 닿으면 타버림</td></tr>
<tr><td>비닐 : 바닥깔개, 우의, 샤워커튼, 전기 플러그, 호스 등의 실내용품에 주로 사용</td></tr>
<tr><td>열경화성 플라스틱</td><td>페놀수지 : 포르말린과 페놀을 가열 축합하여 제조한 수지로 베크라이트라고 부르는데 내열성, 내산성이 뛰어난 무미, 무취의 물질이나 불량제조인 경우에는 암모니아, hexamine, 페놀, 포르말린 등 용출
멜라민수지류 : 멜라닌과 포르말린을 축합한 것으로 변색되지 않고 깨지지 않는 무미, 무취의 물질로 식사용기, 칼손잡이 등에 사용되나 포름알데히드나 중금속이 용출
요소수지 : 요소와 포르말린을 축합한 것으로 고온처리 및 산성식품과 닿으면 포르말린 용출. 무색이어서 착색이 용이</td></tr>
<tr><td>재생플라스틱과 프탈산에스테르</td><td>재생플라스틱 : 빨래통, 고무대야, 쓰레기통, 김치통 등에 사용되는데 불량 플라스틱 제조 시 사용되는 기소제, 안정제, 산화방지제, 안료 등의 물질이 용출되고 가끔 납이나 카드뮴이 용출되어 식품에 이행되기도 하므로 재생플라스틱제는 식품용기로 적합하지 않음
프탈레이트 : 플라스틱 가소제로 사용되고 유아용 조제유, 치즈, 마가린, 소시지, 쿠키, 식물성 지방, 비닐바닥제, 유화페인트 등에서 발견되고 지표수, 강물, 식수 등에서도 검출</td></tr>
<tr><td>자외선 차단제의 오염</td><td>식품의 변질, 변색을 방지하기 위해 용기에 자외선 차단 처리를 하는데 여러 경로를 통해 이 물질이 식품에 오염</td></tr>
</table>

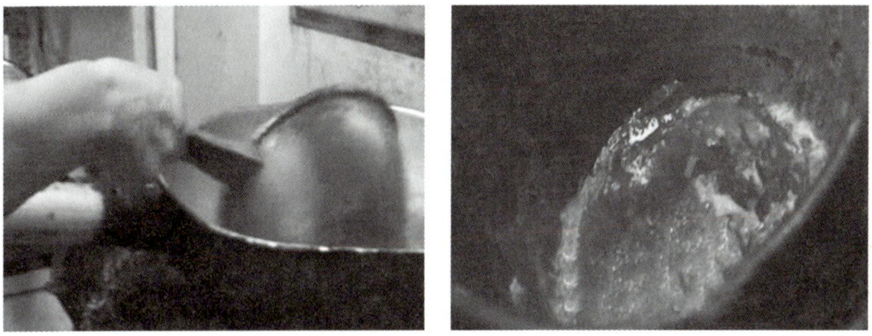

그림 3-1 조리기구의 잘못된 사례

5) 환경오염에 기인하는 유독성분

(1) 구리(Cu)

기구, 식기 등에 생긴 녹청에 의한 식중독이 주로 발생하고, 중독되면 구토, 설사, 위통, 신장 및 간의 장애를 유발한다.

(2) 납(Pb)

납은 금속재료로서는 녹는점이 낮고 연하기 때문에 가공하기가 쉽다. 또한 마찰계수가 작고 내식성도 뛰어나기 때문에, 그러한 특성으로 연판 · 연관 등으로 널리 사용된다. 이 밖에 합금재료로서 활자합금 · 이융합금 · 베어링합금 · 땜납 등으로 사용되며, 또 축전지의 전극으로도 중요하게 이용된다. 납은 또한 방사선을 차폐하는 작용이 크므로 방사선 방호재로서 사용된다. 그러나 납과 가용성 납 등 체내에서 녹아 납이온을 생성하는 것은 모두 인체에 유독하기 때문에 납을 취급하는 직업군을 가진 사람들이 납을 흡입 또는 삼킴으로써 일어나는 중독이 발생할 가능성이 크다.

납중독은 연독이라고도 하며 급성과 만성이 있는데, 실제로 문제가 되는 것은 만성인 경우이다. 대량으로 흡수하여 급성위장염의 증세를 나타내는 급성중독은 오히려 드물며, 만성은 극소량(1일 1mg 이하)의 납을 장기간 지속적으로 섭취함으로써 생긴다. 납제련업 · 활판인쇄업 · 도장업 · 납유리제조업 · 축전지제조업 등 납 또는 납을 함유한 물질을 다루는 사람에게서 발생하기 쉽다. 과거에는 연백을 사용한 화장품인 파우더에 의한 납중독이 배우들에게 나타나서 화제가 되기도 하였으나, 오늘날에는 가솔린에 혼합되는 앤티노크제(antiknock agent)인 사에틸납에 의한 중독이 주목되고 있다. 사에틸납 중독의 증세는 여러 가지인데, 초기증상은 빈혈이나 떨리는 증상이 나타나고, 이 밖에 연연(鉛緣 : 잇몸에 납이 침착하여 청회백색으로 착색되는 현상)이나 발작적 복통이 나타난다. 또 적혈구의 염기성 반점이 나타나거나 포르피린 증세가 나타난다. 또한 신근의 마비나 신장장애 · 소화기 증세도 보이며, 환각이나 흥분 등의 뇌증세를 나타내기도 한다. 일반적으로 납의 증기나 가루가 기도를 통해서 체내로 들어가는 경우가 도료 · 안료에 들어있는 납이 피부나 소화관을 통해 침투하는 경우보다 증세가 더 심각하다.

예방법으로는 납 증기나 가루가 발생하지 않도록 작업방식을 개선하는 것이 바람직하며, 피부 · 손가락 · 작업복을 통해 납이 체내에 들어가는 것을 막기 위해서 손을 잘 씻거나 양치질을 자주 하고 작업복과 통근복을 구별하여 착용하는 방법 이외에, 마스크나 장갑 착용을 철저히 하고 정기적인 건강진단을 받도록 한다. 치료로는 납과의 접촉을 피하고, 칼슘이 풍부한 음식을 섭취하는 것이 예방에 효과적이다.

(3) 비소(As)

비소는 오래전부터 의약품, 안료, 방부제, 살서제, 농약으로 널리 사용되어 왔으며, 자연계에서는 주로 As^{3+}, As^{5+}의 화합물로 존재하는데, 비소중독은 비소화합물을 마시거나 비소화 가스를 흡입하여 일어나는 중독으로서 일반적으로 비소를 다루는 화학공업에 종사하는 사람이나 비소를 함유한 살충제나 화장품 사용자, 비소제 의약품을 사용한 사람이 중독될 수 있다. 비소 자체는 독성이 없으나, 이산화물에 맹독이 있으며 아비산에 의한 중독이 가장 많다. 흡수된 비소의 80%는 주로 간, 신장, 뼈, 피부, 손 · 발톱, 모발 등에 축적된다. 급성중독에서는 발열, 식욕부진, 구토, 설사, 탈수증상 뒤에 복통, 체온저하, 혈압저하, 경련, 혼수상태가 되어 사망한다. 만성중독의 경우에는 오심, 구토, 복통, 설사 등의 위장장해 외에 피부의 흑색 색소침착, 손 · 발 · 피부의 각화, 정신신경장해, 간 · 신장장해 등을 일으킨다.

Food Hygienics

식 품 위 생 학

CHAPTER IV

감염병

CHAPTER 4

감염병

1 감염병의 정의

감염병이란 제1급감염병, 제2급감염병, 제3급감염병, 제4급감염병, 기생충감염병, 세계보건기구 감시 대상 감염병, 생물테러감염병, 성매개감염병, 인수(人獸)공통감염병 및 의료관련 감염병을 말하며, 간단히 요약하면 질병 중 전염이 가능한 질병을 말한다. 감염병의 발생에 관여하는 요인으로는 감염원(병원소), 감염경로(병원체의 전파수단), 숙주의 감수성이 있는데, 이들을 감염병 발생의 3대 요인이라고 하며, 특정 병원체나 병원체의 독성물질로 인하여 발생하는 질병으로 감염된 사람으로부터 감수성이 있는 숙주(사람)에게 감염되는 질환을 의미한다. 감염병 병원체의 종류로는 세균, 바이러스, 기생충, 곰팡이, 원생동물 등이 있으며, 임상특성으로는 호흡기계 질환, 위장관 질환, 간질환, 급성 열성 질환 등이 있다. 전파 방법은 사람 간 접촉, 식품이나 식수, 곤충매개, 동물에서 사람으로 전파, 성적 접촉 등에 의한다.

이에 반하여 식중독이란 '식품의 섭취로 인하여 인체에 유해한 미생물 또는 유독물질에 의하여 발생하였거나 발생한 것으로 판단되는 감염성 질환 또는 독소형 질환'을 의미하며, 사람 간 감염성이 없는 경우가 일반적이나 노로바이러스와 같이 사람 간 감염성이 있는 경우도 있으며, 주로 법정감염병 제4급으로 분류된다.

※ 우리나라의 경우 질병관리청에서는 '감염병의 예방 및 관리에 관한 법률'에 따라 수인성, 식품매개질환에 대하여 관리하고 있으며, 식중독의 경우에는 식품의약품안전처에서 '식품위생법'에 따라 식품 섭취로 인한 질병을 관리하고 있다.

표 4-1 병원체에 따른 감염병

구분		감염병명	
세균 (18)	2급 감염병 (5)	콜레라	Cholera
		장티푸스	Typhoid fever
		파라티푸스	Paratyphoid fever
		세균성이질	Shigellosis(Bacillary dysentery)
		장출혈성대장균 감염증	Enterohemorrhagic *E. Coli*(EHEC) gastroenteritis
	3급 감염병 (1)	비브리오 패혈증	*Vibrio* vulnificus sepsis
	4급 장관감염증 (11)	살모넬라균 감염증	Salmonellosis
		장염비브리오균 감염증	*Vibrio parahaemolyticus* gastroenteritis
		장독소성대장균 감염증	Enterotoxigeinc *E. Coli*(EHEC)
		장침습성대장균 감염증	Enteroinvasive *E. Coli*(EIEC)
		장병원성대장균 감염증	Enteropathogenic *E. Coli*(EPEC)
		캄필로박터균 감염증	Campylobacteriosis
		클로스트리듐 퍼프린젠스 감염증	*Clostridium perfringens* gastroenteritis
		황색포도알균 감염증	*Staphylococcus aureus* gastroenteritis
		바실루스 세레우스균 감염증	*Bacillus cereus* gastroenteritis
		예르시니아 엔테로콜리티카 감염증	Yersiniosis
		리스테리아 모노사이토제네스 감염증	Listeriosis
	기타(1)	장흡착성대장균 감염증	Enteroaggregative E. Coli(EAEC) gastroenteritis

바이러스(7)	2급 감염병(2)	A형간염 E형간염	Viral hepatitis A Viral hepatitis E
	장관 감염증(5)	그룹 A형 로타바이러스 감염증 아스트로바이러스 감염증 장내아데노바이러스 감염증 노로바이러스 감염증 사포바이러스 감염증	Rotaviral gastroenteritis Astroviral gastroenteritis Adenoviral gastroenteritis Noroviral gastroenteritis Sapoviral gastroenteritis
원충(5)	장관 감염증(4)	이질아메바 감염증 람블편모충 감염증 작은오포자충 감염증 원포자충 감염증	Amoebiasis(Amoebic dysentery) Giardiasis Cryptosporidiosis Cyclosporiasis
	기타(1)	쿠도아충증	*Kudoa septempunctata* illness

자료 : 질병관리청, 알림·자료, 지침, 2021년도 수인성 식품매개 감염병 지침

2 감염병의 분류

감염병은 총 86종이 있고 제1급감염병, 제2급감염병, 제3급감염병, 제4급감염병, 기생충감염병, 세계보건기구 감시대상 감염병, 생물테러감염병, 성매개감염병, 인수(人獸)공통감염병 및 의료관련 감염병으로 분류할 수 있다. 제1급~제4급 감염병의 지정은 예방 · 관리가 필요하여 질병관리청장이 보건복지부장관과 협의하여 지정하고, 그 외 기생충감염병, 세계보건기구 감시대상 감염병, 성매개감염병, 인수공통감염병, 의료관련 감염병은 질병관리청장이 고시한다.

표 4-2 법정감염병 분류 및 종류

구분	제1급감염병	제2급감염병	제3급감염병	제4급감염병
특성	생물테러감염병 또는 치명률이 높거나 집단 발생의 우려가 커서 발생 또는 유행 즉시 신고. 음압격리와 같은 높은 수준의 격리가 필요한 감염병 (17종)	전파가능성을 고려하여 발생 또는 유행 시 24시간 이내에 신고. 격리가 필요한 감염병 (21)종	발생을 계속 감시할 필요가 있어 발생 또는 유행 시 24시간 이내 신고하여야 하는 감염병 (26종)	유행 여부를 조사하기 위하여 표본감시 활동이 필요한 감염병 (23종)
종류	가. 에볼라바이러스병 나. 마버그열 다. 라싸열 라. 크리미안콩고출혈열 마. 남아메리카출혈열 바. 리프트밸리열 사. 두창 아. 페스트 자. 탄저 차. 보툴리눔독소증 카. 야토병 타. 신종감염병증후군 파. 중증급성호흡기증후군(SARS) 하. 중동호흡기증후군(MERS) 거. 동물인플루엔자 인체감염증 너. 신종인플루엔자 더. 디프테리아	가. 결핵 나. 수두 다. 홍역 라. 콜레라 마. 장티푸스 바. 파라티푸스 사. 세균성이질 아. 장출혈성대장균 감염증 자. A형간염 차. 백일해 카. 유행성이하선염 타. 풍진 파. 폴리오 하. 수막구균 감염증 거. b형헤모필루스인플루엔자 너. 폐렴구균 감염증 더. 한센병 러. 성홍열 머. 반코마이신내성황색포도알균(VRSA) 감염증 버. 카바페넴내성장내세균속균종(CRE) 감염증 서. E형감염	가. 파상풍 나. B형간염 다. 일본뇌염 라. C형간염 마. 말라리아 바. 레지오넬라증 사. 비브리오패혈증 아. 발진티푸스 자. 발진열 차. 쯔쯔가무시증 카. 렙토스피라증 타. 브루셀라증 파. 공수병 하. 신증후군출혈열 거. 후천성면역결핍증(AIDS) 너. 크로이츠펠트-야콥병(CJD) 및 변종크로이츠펠트-야콥병(vCJD) 더. 황열 러. 뎅기열 머. 큐열 버. 웨스트나일열 서. 라임병 어. 진드기매개뇌염 저. 유비저 처. 치쿤구니야열 커. 중증열성혈소판감소증후군(SFTS) 터. 지카바이러스 감염증	가. 인플루엔자 나. 매독(梅毒) 다. 회충증 라. 편충증 마. 요충증 바. 간흡충증 사. 폐흡충증 아. 장흡충증 자. 수족구병 차. 임질 카. 클라미디아감염증 타. 연성하감 파. 성기단순포진 하. 첨규콘딜롬 거. 반코마이신내성장알균(VRE) 감염증 너. 메티실린내성황색포도알균(MRSA) 감염증 더. 다제내성녹농균(MRPA) 감염증 러. 다제내성아시네토박터바우마니균(MRAB) 감염증 머. 장관감염증 버. 급성호흡기감염증 서. 해외유입기생충감염증 어. 엔테로바이러스감염증 저. 사람유두종바이러스 감염증

감시 방법	전수감시	전수감시	전수감시	표본감시
신고	즉시	24시간 이내	24시간 이내	7일 이내
보고	즉시	24시간 이내	24시간 이내	7일 이내

자료 : 질병관리청, 정책정보, 감염병 감시체계

3 감염병 관리

1) 감염병 관리 체계 및 역할

(1) 중앙 정부

① 질병관리청

– 감염병에 관한 정책 및 계획의 수립 및 조정

–「감염병 예방 및 관리에 관한 법률」 등 법률 개정에 관한 사항

– 감염병 신고 · 보고 관리, 정보 수집 · 분석 및 환류

– 감염병 역학조사 실시, 역학적 특성 분석 및 지자체 역학조사 지원

– 감염병 실험실 검사 계획 수립 및 실험실 검사 표준에 관한 업무

– 감염병병원체에 대한 국가표준실험 수행 및 표준검사법 확립

– 감염병병원체의 분자역학적 특성 규명

– 검역관리지역 입국자 검역 계획 수립 및 총괄관리

– 감염병 관계 법인 및 단체 지원

② 보건복지부 질병정책과

– 감염병 위기관리 대책 및 감염질환 정책관련 협의 및 지원

– 감염질환 관련 법령

③ 권역질병대응센터

– 지자체와 상시 감염병 대응 협업체계 구축 및 대비 · 대응 역량강화 지원
– 권역 내 감염병에 대한 감시 및 역학조사 수행 · 지원
– 권역 내 결핵 및 의료관련 감염병의 감시조사 및 유관기관 지원
– 권역 내 검역감염병에 대한 감시 및 역학조사 수행 · 지원
– 권역 내 매개체 감시 및 감염병 병원체 확인검사 수행 · 지원

④ 국립검역소

– 검역관리지역 입국자 검역 수행
– 검역단계 유증상자 검역조사(역학조사) 수행 및 의심환자 이송
– 검역단계 검역감염병 의심환자, 접촉자 등 입국자 추적감시 대상 시 · 도 통보

(2) 지방자치단체

① 시 · 도

– 시 · 도 감염병 관리에 관한 계획의 수립 및 조정
– 시 · 도 단위 감염병 예방 및 관리사업/홍보 및 교육
– 시 · 도 단위 법정감염병 발생 및 유행여부 파악
– 시 · 도 단위 감염병 자료 분석 및 정보 환류
– 시 · 도 역학조사반 편성 · 운영 및 시 · 군 · 구 역학조사 지휘

② 보건환경연구원

– 시 · 도 단위 감염병병원체 실험실 검사 및 감시
– 시 · 군 · 구 보건소 대상 감염병병원체 검사에 대한 교육 · 훈련 · 점검
– 지역사회 감염병병원체 감시자료 분석 및 환류

③ **감염병 관리지원단**

– 시 · 도 감염병 감시, 역학조사, 자료분석 지원 등 기술자문

– 시 · 도 단위 지역별 맞춤형 감염병 관리 지원 및 기술자문

④ **시 · 군 · 구**

– 감염병 환자 발생 신고 접수 및 발생 보고

– 감염병 발생 역학조사 실시 및 환자 관리

– 지역사회 민관 협조체계 구축

– 지역사회 법정감염병 발생수준 및 유행 감시

– 지역사회 감염병 자료 분석 및 정보 환류

– 지역사회 감염병 예방 홍보 및 교육

(3) 의료기관

– 감염병 (의심)환자 진단 및 신고 · 보고

– 감염병 (의심)환자 발생 시 역학조사 및 감염병 관리 협조

2) 감염병 신고 및 보고체계

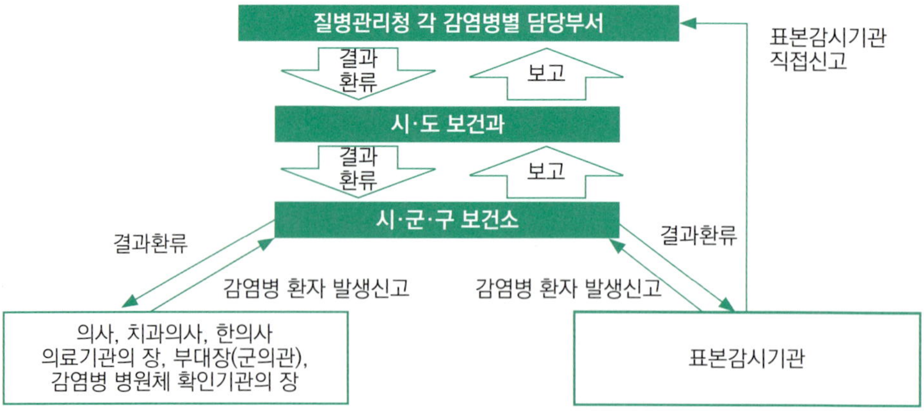

3) 감염병 감시

"감시"란 감염병 발생과 관련된 자료, 감염병 병원체 · 매개체에 대한 자료를 체계적이고 지속적으로 수집, 분석 및 해석하고 그 결과를 제때에 필요한 사람에게 배포하여 감염병 예방 및 관리에 사용하도록 하는 일체의 과정을 말한다. 대상 질병에 의해 발생되는 문제의 크기를 예측하고, 질병 발생의 추이를 관찰하며, 질병의 집단 발생 및 유행을 확인하고, 새로운 문제를 찾아내어 예방 · 관리 활동 등에 적용해야 하기 때문에 감시를 진행한다.

(1) 감시체계 종류

① 감염병 전수감시

– '전수감시(Infectious disease Surveillance)'는 「감염병의 예방 및 관리에 관한 법률」 제11조에 의하여 모든 의사, 치과의사, 한의사, 의료기관의 장, 부대장(군의관), 감염병 병원체 확인기관의 장이 신고 의무를 갖는 감시체계

② 감염병 표본감시

– '표본감시(Sentinel Surveillance)'는 「감염병의 예방 및 관리에 관한 법률」 제11조에 의하여 표본감시기관을 지정하고 지정된 기관에 한하여 신고를 받아 운영하는 감시체계

③ 감염병 보완감시

– '보완감시(Supplementary Surveillance)'는 감염병 감시체계를 보완하고, 법정감염병에 속하지 않으나 발생상황과 추이에 대한 모니터링이 필요한 감염병을 포함하여 능동적으로 신속하게 대처하기 위한 감시체계

4 수인성 · 식품매개감염병

1) 수인성 · 식품매개감염병의 특성과 분류

식품을 매개로 한 전염병은 그 원인에 따라서 수인성 · 식품매개감염병과 인수공통감염병으로 분류된다. 수인성 · 식품매개감염병이란 병원체가 식품 또는 음료수, 완구, 식기, 곤충, 손가락 등을 통해 경구로 감염되는 감염병으로 주로 소화기계 장애와 동시에 병원체가 분변으로 배설되기 때문에 소화기계 감염병이라고도 한다. 인수공통 감염병은 척추동물과 사람 간에 자연적으로 전파되는 질병이다.

수인성 · 식품매개감염병 중 경구감염병으로 불리는 감염병은 감염병 분류기준 제2급으로 전파가능성이 있어 격리가 필요한 감염병으로 콜레라, 장티푸스, 파라티푸스, 세균성이질, 장출혈성대장균 감염증, A형간염, E형간염이 경구감염병으로 불린다. 경구감염병은 병원체가 사람에 대해 강한 병원성을 갖고 있어 미량의 균으로도 발병할 수 있고 병원체와 사람과의 사이에 감염환이 성립되지만, 세균성 식중독은 발병에 다량의 균이 필요하고 원칙적으로 사람으로부터 사람으로의 2차 감염이 일어나지 않는 종말감염이라는 점이 중요한 차이점이다.

병원체는 대부분 환자나 보균자의 분뇨나 분비액에 들어 있고 이들이 오염원으로서 식품이나 기타 물건들을 오염시킨다. 이들 병원체가 식기, 손가락, 쥐, 곤충 등에 의해서 오염되고 이들을 거쳐 식품이 간접적으로 병원체에 오염되는 것이 있다. 전자를 1차 오염, 후자를 2차 오염이라고 하는데 대개 1차 오염이 2차 오염보다 발생규모가 더 큰 것이 특징이다.

(1) 경구감염병의 종류

콜레라, 장티푸스, 파라티푸스, 세균성이질, 장출혈성 대장균 감염증, A형간염, E형간염이 경구감염병으로 불리며, 식중독에서 다루지 않은 장티푸스와 파라티푸스에 대한 내용은 아래와 같다.

세균	콜레라
	장티푸스
	파라티푸스
	세균성이질
	장출혈성대장균
바이러스	A형간염
	E형간염

① 장티푸스(Typhoid fever)

– 요약

정의	• 장티푸스균(Salmonella Typhi) 감염에 의한 급성 전신성 발열성 질환
질병분류	• 법정감염병 : 제2급 • 질병코드 : ICD – 10 A01.0
병원체	• Salmonella Typhi – 장내세균과에 속하는 그람음성 혐기성 막대균 – 소장의 장상피세포층을 통과하여 림프절을 통해 전신으로 퍼짐
병원소	• 사람
전파경로	• 주로 환자나 보균자의 대변이나 소변에 오염된 음식이나 물에 의해 전파됨
잠복기	• 3~60일(평균 8~14일)
증상	• 고열이 지속되면서 오한, 두통, 복통, 설사나 변비, 상대적 서맥, 피부발진(장미진), 간·비장종대 등 나타남 • 치료하지 않을 경우 4주 내지 8주 동안 발열이 지속될 수 있음 • 3~4주 후 위·장출혈 및 천공과 같은 합병증 발생 가능 • 2~5%는 대·소변으로 균을 배출하는 만성보균자가 됨
진단	• 검체(혈액, 대변, 직장도말, 소변, 담즙, 골수 등)에서 Salmonella Typhi 분리 동정
치료	• 대증치료 : 경구 또는 정맥으로 수분, 전해질 보충 • 항생제 치료 : 시프로프록사신, 오프록사신 등
전염기간	• 수일에서 수주까지 대·소변으로 균이 배출될 수 있으나, 보통 회복 후 1주일가량 배출 • 치료하지 않는 경우 약 10%의 환자는 발병 후 3개월까지 균을 배출하며, 2~5%는 만성보균자가 됨
치사율	• 적절한 치료 시 1% 내외 • 치료 받지 않으면 10~20% 정도

관리	**〈환자 관리〉** • 환자 격리 - 증상이 소실되고, 항생제 치료 완료 48시간이 지난 이후에 24시간 이상의 간격을 두고 시행한 배양검사(대변검체)에서 3회 연속 음성임을 확인한 경우 격리해제 - 전파위험이 높은 군(보육종사자, 요양시설 종사자, 조리종사자, 의료종사자 등) 격리해제까지 음식 조리, 간호, 간병, 보육 등 종사 제한 • 무증상 감염인(병원체 보유자) 관리 : 병원체 보유를 확인 후 48시간 경과 후(만일 항생제를 투여한 경우에는 항생제를 중단하고 48시간 경과 후) 24시간 이상의 간격을 두고 시행한 배양검사(대변검체)에서 3회 연속 음성임을 확인한 경우 격리해제 **〈접촉자 관리〉** • 발병여부 관찰(마지막 노출 가능시점부터 60일까지 발병여부를 감시) • 전파위험이 높은 군(보육종사자, 요양시설 종사자, 조리종사자, 의료종사자 등)은 24시간 간격으로 배양검사(대변검체) 2회 연속 음성일 때까지 음식취급, 보육, 환자 간호 등 업무 제한
예방	• 일반적 예방 - 올바른 손 씻기의 생활화 : 흐르는 물에 비누로 30초 이상 손 씻기 - 안전한 음식 섭취 : 음식 익혀 먹기, 물 끓여 마시기 - 위생적인 조리하기

– 개요

살모넬라균은 크게 두 군으로 분류

- 티푸스(typhoidal)군 : 장티푸스, 파라티푸스를 일으키는 S. Typhi, S. Paratyphi 등
- 비-티푸스(non-typhoidal)군 : 급성위장관염의 식중독을 일으키는 S. Enteritidis, S. Typhimurium, S. Newport, S. Panama, S. Muenchen, S. Anatum, S. Heidelberg, S. London등 – 염증성 설사가 주 증상으로 나타난다.

길이가 2~3㎛, 직경이 0.6㎛ 정도의 그람음성 혐기성 간균이다. 협막이 없고 아포를 생성하지 않으면서 운동성은 있다. S. typhi는 O항원과 H항원이 있어서 분류나 진단에 이용된다. 인체 외에서 S. typhi가 생존할 수 있는 시간은 대변에서는 60시간 내외, 물에서는 5~15일, 얼음에서는 3개월 내외이며, 아이스크림에서는 2년, 고여 있는 물에서는 6개월, 우유에서는 2~3일, 육류에서

는 8주, 과일에서는 6일 등이며, 생존기간이 비교적 길고 추위에도 강하여서 위생상태가 나쁜 지역에서 유행이 계속되는 원인이 되고 있다.

숙주인자, 균의 병독성 등에 따라 10~15% 환자는 중증질환(위장관 출혈, 장천공, 길랑바레 증후군, 뇌수막염, 신경염, 섬망, 가성혼수, 파종성 혈관 내 응고, 췌장염, 간농양, 비장농양, 심내막염, 심낭염, 심근염, 골수염)이 발생할 수 있다.

개인위생 및 철저한 환경위생이 가장 중요하다. 장기 보균자에 대한 관리가 중요하며, 2년간 보균검사를 실시한다. 예방접종은 고위험군(가족, 유행지역 여행자 및 체류자, 연구소 실험실 요원)에만 접종한다.

– 발생현황

• 국외

연간 약 2,200만 명이 발생하여 이 중 약 20만 명이 사망하는 것으로 추정되며, 전 세계 대부분의 국가에서 발생하나 남부 중앙아시아, 동남아시아에서 발생률이 높다.

• 국내

1970년대 이전에는 연간 3,000~5,000명의 환자가 발생하였으나 최근에는 매년 200명 내외의 환자가 지속적으로 발생하고 있으며, 성별 및 연령별 발생 차이는 뚜렷하지 않고 전국적으로 연중 발생한다.

② 파라티푸스(Paratyphoid fever)

– 요약

정의	• 파라티푸스균(Salmonella Parathphi A, B, C) 감염에 의한 급성 전신성 발열성 질환
질병분류	• 법정감염병 : 제2급 • 질병코드 : ICD – 10 A01.1 – A01.4
병원체	• 장내세균과에 속하는 그람음성 혐기성 막대균 • 소장의 장상피세포층을 통과하여 림프절을 통해 전신으로 퍼짐

병원소	• 사람
전파경로	• 주로 환자나 보균자의 대변이나 소변에 오염된 음식이나 물에 의해 전파됨
잠복기	• 1～10일
증상	• 발열이 지속되면서 오한, 두통, 복통, 설사나 변비, 상대적 서맥 등 장티푸스와 증상이 비슷하나 경미함 • 2~5%는 대·소변으로 균을 배출하는 만성보균자가 됨
진단	• 검체(혈액, 대변, 직장도말, 소변, 담즙, 골수 등)에서 Salmonella Paratyphi A, B, C 분리 동정
치료	• 대증치료 : 경구 또는 정맥으로 수분, 전해질 보충 • 항생제 치료 : 시프로프록사신, 오프록사신 등
전염기간	• 수일에서 수주까지 대·소변으로 균이 배출될 수 있으나, 보통 회복 후 일주일가량 배출 • 치료하지 않는 경우 약 10%의 환자는 발병 후 3개월까지 균을 배출하며, 2～5%는 만성보균자가 됨
치사율	• 적절한 치료 시 1% 내외 • 치료 받지 않으면 10～20% 정도
관리	**〈환자 관리〉** • 환자 격리 - 증상이 소실되고, 항생제 치료 완료 48시간이 지난 이후에 24시간 이상의 간격을 두고 시행한 배양검사(대변검체)에서 3회 연속 음성임을 확인한 경우 격리해제 - 전파위험이 높은 군(보육종사자, 요양시설 종사자, 조리종사자, 의료종사자 등) 격리해제까지 음식 조리, 간호, 간병, 보육 등 금지 • 무증상 감염인(병원체 보유자) 관리 : 병원체 보유를 확인 후 48시간 경과 후(만일 항생제를 투여한 경우에는 항생제를 중단하고 48시간 경과 후) 24시간 이상의 간격을 두고 시행한 배양검사(대변검체)에서 3회 연속 음성임을 확인한 경우 격리해제 **〈접촉자 관리〉** • 발병여부 관찰(마지막 노출 가능시점부터 10일까지 발병여부를 감시) • 전파위험이 높은 군(보육종사자, 요양시설 종사자, 조리종사자, 의료종사자 등)은 24시간 간격으로 배양검사(대변검체) 2회 연속 음성일 때까지 음식취급, 보육, 환자간호 등 업무 제한
예방	• 일반적 예방 - 올바른 손 씻기의 생활화 : 흐르는 물에 비누로 30초 이상 손 씻기 - 안전한 음식 섭취 : 음식 익혀 먹기, 물 끓여 마시기 - 위생적인 조리하기

– 개요

살모넬라균은 크게 두 군으로 분류

- 티푸스(typhoidal)군 : 장티푸스, 파라티푸스를 일으키는 S. Typhi, S. Paratyphi 등
- 비-티푸스(non-typhoidal)군 : 급성위장관염의 식중독을 일으키는 S. Enteritidis, S. Typhimurium, S. Newport, S. Panama, S. Muenchen, S. Anatum, S. Heidelberg, S. London등 : 염증성 설사가 주 증상으로 나타난다.

전염기는 병원체가 배설되는 기간인데, 보통 초기 증상의 발현시기부터 회복기까지로 대개 1~2주 정도로 영구보균자가 되는 빈도는 장티푸스보다 훨씬 적다. 지속적인 고열, 두통, 비장증대, 발진, 설사 등 장티푸스와 유사하다. 그러나 치사율은 낮은 편이다.

– 발생현황

- 국외

파라티푸스는 미국에서 2013년 24개주에서 73명 발생했다.

2004년 연구 논문에 따르면, 매년 550만 명이 발생하는 것으로 추정된다.

S. Paratyphi A가 가장 흔하고, B형, C형 순으로 발생되며, 대부분의 나라에서 S. Typhi와 S. Paratyphi의 환자 발생비율은 대략 4:1이다.

- 국내

보통 장티푸스에 비해 발생 수준이 낮아 매년 100명 미만의 환자가 신고되었으나 2002년 부산 금정구를 중심으로 한 유행으로 413명이 신고되었다.

(2) 경구감염병의 예방

경구감염병을 예방하기 위한 3원칙으로 감염원대책, 감염경로 대책, 감수성사대책이 필요하며, 감염원대책은 사람과 동물 또는 환경으로부터 병원체를 없애는 대책으로 환자의 격리와 소독에 의한 병원체의 살균 등이 있다. 감염경로 대책은

각각의 병원체 감염양식(비말감염, 접촉감염, 경구감염)에 따른 전파경로를 차단하는 것이다. 경구감염병에서 감염경로 대책은 식품위생적인 측면에서 매우 중요하다고 볼 수 있다. 경구감염증은 대부분 분변이 감염원이기 때문에 분변으로부터 식품, 음료수, 기구, 위생동물 및 곤충 등을 매개로 감수성자들에게 감염된다. 따라서 경구감염병이 발병할 수 있는 대부분의 전파경로를 차단함으로써 감염병의 유행을 방지할 수 있기 때문에 감염경로 대책을 잘 수립하면 전염병 발병률을 확실히 감소시킬 수 있다. 감수성자대책은 감염을 일으키는 사람에 대한 대책으로 백신 등의 예방접종을 하는 것이다.

식품위생적인 측면에서 경구감염병을 예방하기 위해 다음 사항에 주의해야 한다.

① 환자와 보균자를 조사하고 경증환자와 보균자를 구별해서 식품을 취급하게 하지 않아야 한다.

② 식품원료는 허용된 살균료 등을 사용해서 위생적으로 처리한 신선한 것을 사용해야 한다.

③ 식품 보존에 주의해야 하고, 특히 조리가열하지 않은 생식은 가급적 피해야 한다.

④ 식품에 사용하는 물과 식수는 반드시 위생적인 것을 사용해야 한다.

⑤ 식품을 취급하는 사람은 개인위생을 철저히 하고, 특히 깨끗이 손을 씻는 것에 주의한다.

⑥ 식품의 제조, 취급, 조리 등에 사용되는 기구, 식기는 깨끗이 소독한 것이어야 한다.

⑦ 쥐, 파리, 바퀴 등의 침입을 방지하고 방제에 신경 쓰도록 한다.

⑧ 작업장 위생을 철저히 해야 한다.

⑨ 종사자의 예방접종을 실시한다.

⑩ 수입감염증을 예방하기 위해서 검역을 철저히 해야 한다.

5 인수공통감염병(인축공통감염병)

인수공통감염병이란 동물과 사람 간 전파가 가능한 질병을 말하며, 같은 병원체에 의해 발생하는 질병을 말한다. 현재 질병관리청 고시로 11종이 지정되어 있으며, 새롭게 나타나는 감염병질환(emerging infections)의 약 75%가 인수공통감염병으로 발견되고 있어 주의가 필요하다.

표 4-3 법정전염병 분류기준에 따른 인수공통감염병 분류

구분	감염병
제1급	탄저
	중증급성호흡기증후군
	동물인플루엔자인체감염증
제2급	결핵 * M.bovis만 해당
	장출혈성대장균 감염증
제3급	일본뇌염
	브루셀라증
	공수병
	변종 크로이츠펠트-야콥병 * 크로이츠펠트-야콥병은 미해당
	큐열
	중증열성혈소판감소증후군(SFTS)

자료 : 질병관리청, 정책정보, 인수공통감염병 관리

1) 인수공통감염병의 원인

인수공통감염병의 원인으로는 병원체 자체(높은 돌연변이 비율), 숙주인 인간의 행동 및 생활양식의 변화(해외 이동 활성화, 항공이동의 발달 등), 생태학적 및 환경변화(야생동물 서식지 침범, 환경파괴 등), 기후변화, 글로벌 차원의 농산물 유통 등으로 알려졌다.

2) 주요 인수공통감염병

(1) 브루셀라증

① 요약

정의	• 브루셀라균(B. melitensis, B. abortus, B. suis, B. canis 등) 감염에 의한 인수공통 질환 • 사람의 경우 브루셀라증, 동물의 경우 브루셀라병으로 지칭
질병분류	• 제3급 법정감염병 • ICD-10 A23
병원체	• 브루셀라균(B. melitensis, B. abortus, B. suis, B. canis 등)
병원소	• 염소, 양, 낙타, 소, 돼지, 개 등
감염경로	• 주요 감염 경로는 식품 섭취 - 살균처리 되지 않은 원유 및 유제품 섭취로 감염되고, 익힌 감염된 육류 섭취를 통해서 감염되기도 함 • 감염된 가축 출산 시 배설물(양수 및 태반) 또는 출생한 가축 등과 밀접 접촉에 의하여 피부 상처나 결막을 통해 감염됨 • 브루셀라균으로 오염된 먼지 흡입 또는 감염된 가축의 유산 및 출산 배출물(양수 및 태반)이나 조직에서 배출된 분무 흡입으로 감염될 수 있음 • 드물게 성접촉, 수혈, 조직 이식 등을 통해 전파된 사례가 보고됨
잠복기	• 2주~4주(5일~6개월의 범위를 가짐)
주요증상 및 임상경과	• 급성기 증상으로 발열, 오한, 발한, 두통, 근육통, 관절통, 식욕저하, 피로감, 체중저하 등이 있음 • 침범된 장기에 따른 징후 보이며, 비장비대(20~30%), 임파선염(10~20%), 관절염, 재귀열의 형태로 나타남 • 무증상이 흔하며, 급성(3개월 이하), 아급성(3개월~1년 이하) 및 만성(1년 이상) 형태의 임상상을 보임

진단	• 확인진단 - 검체(혈액, 골수, 관절액, 조직 등)에서 균 분리 동정 - 혈청학적 진단: 급성기보다 회복기 항체가 변화가 4배 이상 상승 • 추정진단 - 검체(혈액, 골수, 관절액, 조직 등)에서 특이 유전자검출 - 급성기 혈청에서 미세응집법으로 항체가 1:160 이상
치료	• 독시사이클린과 겐타마이신 또는 독시사이클린과 리팜핀 병용 투여 권고
치사율	• 1% 이하
환자 관리	**〈환자 관리〉** • 격리 필요 없음 • 환자 상처의 배액물 감염성 폐기물 처리, 오염된 물품 재사용 시 소독 또는 멸균 처리 • 브루셀라증 환자 치료 종료 후 2년간 헌혈 금지 **〈접촉자 관리〉** • 환자의 혈액 및 체액에 대한 일반적 수준의 접촉 주의 • 수유, 성접촉 등을 통해 전파된 사례가 드물게 있음
예방	• 동물 예방 접종 실시 • 생우유 등 유제품은 반드시 살균처리 후 섭취 • 소 태아회 등 불법 식품 섭취 금지

② 개요

감염된 동물과 접하는 기회가 있는 직업에 종사하는 사람이나 수의사 등의 직업병으로 유행 지역의 수의사는 거의 100%가 항체를 가지고 있으며, 증상은 수주부터 수개월까지 계속되며 치료하지 않으면 몇 년씩 계속되거나 재발한다. 치료하지 않을 경우 사망률은 2% 이하이고, 대개는 Brucella melitensis에 의한 심내막염으로 사망한다.

③ 발생현황

– 국외

지중해 지역(포르투갈, 스페인, 프랑스 남부, 이탈리아, 그리스, 터키, 북아프리카), 멕시코, 중남미, 동유럽, 아시아, 아프리카, 카리브해, 중동에서 많이 발생한다.

– 국내

브루셀라증은 2000년 법정감염병으로 지정되었으며 현재는 연간 10건 이내로 발생한다.

(2) 공수병

① 요약

구분	내용
정의	• 공수병 바이러스 감염에 의해 뇌염, 신경 증상 등 중추신경계 이상을 일으켜 발병 시 대부분 사망하는 대표적인 인수공통감염병 • 사람의 경우 공수병, 동물의 경우 광견병으로 지칭
질병분류	• 제3급 법정감염병 • ICD-10 A82
병원체	• 공수병 바이러스(Rabies virus)
병원소	• 1차적 병원소는 공수병 바이러스에 노출된 야생동물로 너구리, 오소리, 여우, 스컹크, 코요테, 박쥐 등이 대표적이다. 직접 사람과 접촉하여 감염을 시키거나 이들이 개, 고양이, 소 등 가축을 감염시키고 감염된 가축이 다시 인간을 물어 감염시킨다.
감염경로	• 대부분은 광견병에 감염된 동물이 사람을 물거나 할퀸 교상 부위에 바이러스가 함유된 타액이 침투하여 감염 • 광견병에 감염된 박쥐가 집단 서식하는 동굴 내에서 연무질(에어로졸)을 통해서도 전파 가능 • 감염된 동물의 타액 또는 조직을 다룰 때 타액이 묻어 점막(눈, 코, 입) 또는 상처를 통해 전파 가능 • 사람 간 전파는 각막, 간, 신장, 폐 이식 등을 통한 사례가 보고됨
잠복기	• 평균 2~3개월(5일~수년의 범위를 가짐) • 물린 곳이 중추신경과 가까울수록 잠복기는 더 짧음
주요증상 및 임상경과	• 발병초기(전구기): 2~10일 정도 지속, 발열, 두통, 전신쇠약감 등의 비특이 증상을 보임 • 발병후기(급성신경질환, 혼수, 사망기): 불면증, 불안, 혼돈, 부분적인 마비, 환청, 흥분, 타액, 땀, 눈물 등 과다분비, 연하곤란, 물을 두려워하고, 수일(평균 7~10일) 이내에 사망 • 합병증: 항이뇨호르몬부적절분비증후군(SIADH), 요붕증, 급성호흡곤란 증후군, 부정맥, 위장관 출혈, 장 마비, 혈소판 감소 등

진단	• 검체(타액)에서 Rabies virus 분리 • 검체(목 피부조직, 뇌조직)에서 특이 항원 검출 • 검체(혈청, 뇌척수액)에서 특이 항체 검출 • 검체(타액, 목 피부조직, 뇌조직)에서 특이 유전자 검출
치료	• 수분, 전해질 보충 등 보존적 치료
치사율	• 적절한 치료를 받지 못한 경우 100%
환자 관리	**〈환자 관리〉** • 격리 필요 없음 • 환자 상처 및 화농성 분비물과 감염성 조직 및 그 분비물(눈물, 타액 등)과 접촉을 피하고, 오염된 물품은 소독 • 공수병 백신 접종 후 24시간 이내 헌혈 금지, 치료 종료 후 1개월간 헌혈 금지 **〈접촉자 관리〉** • 환자의 혈액 및 체액에 대한 일반적 수준의 접촉 주의 • 각막, 간, 신장, 폐 이식, 성관계, 환자 치료 과정에서의 감염 사례가 드물게 있음
예방	1) 동물교상 후 치료 • 상처 세척: 교상 후 즉시, 적어도 15분 동안 비눗물로 씻고 포비돈-요오드 용액으로 세척 • 면역글로불린과 백신 투여: 교상 동물의 상태에 따라 결정 2) 동물교상 전 예방 접종 • 공수병 감염 위험군은 공수병백신(PVRV) 0.5ml를 0일, 7일, 21일 또는 28일 총 3회 삼각근에 근육주사(중화항체가 0.5IU/ml 이상이어야 함) 고위험군 : 수의사, 도축업자 및 동물 취급자, Rabies 바이러스를 다루는 실험실 연구원, 야생동물 구호단체 회원, 광견병 방역사업 관련 종사자, 광견병 발생이 높은 지역 여행자

② 개요

직경은 60~80nm 길이는 60~400nm로 감염동물의 신경 조직에 매우 높은 친화성이 있어 치명적인 뇌척수염을 일으키는 바이러스로 알려져 있으며, 모든 온혈동물에 감수성이 있다. 포르말린, 강산, 강알칼리에 약하기 때문에 검체 운반 시 50% 글리세롤 식염수에 넣어 보존하여야 한다.

③ 발생현황

– 국외

남극 대륙을 제외한 전 세계에서 발생하며, 전 세계적으로 해마다 약 5만 5천명의 사망자가 발생하는 것으로 추정되고, 이 중 95%가 아시아와 아프리카에서 농촌 지역을 중심으로 발생하며 연령별로는 어린이의 비중이 높은 것으로 보고된다.

WHO에 따르면 아프리카와 아시아 지역의 15세 미만 어린이가 사망자의 50%를 차지한다.

– 국내

2004년 이후 현재까지 공수병 환자 발생 없음

2013년 이후 현재까지 광견병 발생 없음

(3) Q열(Q-fever)

① 요약

구분	내용
정의	• 큐열균(Coxiella burnetii) 감염에 의한 인수공통질환으로 사람에서 급성 및 만성감염의 형태로 발생
질병분류	• 제3급 법정감염병 • ICD-10 A78
병원체	• 큐열균(Coxiella burnetii)
병원소	• 포유류, 새, 절지동물, 진드기 등
감염경로	• 주요 감염 경로는 호흡기 전파 - 큐열균이 포함된 가축의 유즙, 대·소변, 출산 배출물(양수 및 태반 등)에 의해 오염된 먼지 및 분무흡입으로 감염될 수 있음 - 감염된 가축 및 부산물을 가공하는 시설이나 사체 부검실 등에서도 감염 가능 • 이 외에 살균하지 않은 오염된 유제품 또는 오염된 음식의 섭취로 감염될 수 있음 • 드물게 성접촉, 수혈, 골수 이식 등을 통해 전파된 사례가 보고됨 • 진드기에 물려서 감염되는 경우나 사람 간의 전파는 드묾
잠복기	• 2~3주(3일~1개월의 범위)

구분	내용
주요증상 및 임상경과	• 임상증상 : 감염된 사람들의 50% 정도에서만 증상이 있음 ① **급성큐열** - 갑작스러운 고열, 심한 두통, 전신 불쾌감(general malaise), 근육통, 혼미, 인후통, 오한, 발한, 가래없는 기침(non-productive cough), 오심, 구토, 설사, 복통, 흉통 - 발열은 1주 내지 2주 지속되며 체중감소가 상당기간 지속될 수 있음 - 환자의 30% 내지 50%는 폐렴으로 진행하며 상당수의 환자에서 간염이 발생함 ② **만성큐열** - 6개월 이상 지속되는 경우로서 흔한 경우는 아니나, 보다 중증의 임상양상을 보임 - 급성감염자의 경우 최초 감염 1년에서 20년 후 만성 큐열에 이환될 수 있음 - 심각한 합병증인 심내막염은 주로 기존 심장판막질환 환자나 혈관이식술을 받은 환자에서 발생 - 장기 이식환자, 암환자, 만성신장질환 환자는 만성 큐열 발생 가능성이 높음
진단	• 확인 진단 - 검체(혈액 등)에서 C. bumetii 분리 동정 또는 유전자 검출 - 혈청학적 검사 ① **급성큐열**: 회복기의 항체가가 급성기에 비하여 4배 이상 증가(큐열균phase II 항원에 대한 특이항체) ② **만성큐열**: 간접면역형광항체법으로 측정한 phase I 항원에 대한 특이 IgG 단일항체가 1:800 이상이면서 phase I 항원에 대한 항체가가 phase II 항원에 대한 항체가보다 높을 때)
치사율	• 치명률: 보통 1~2% 미만, 만성 큐열로 인한 심내막염의 경우 37%까지 보고되고 있음 ① **급성큐열**: 대부분의 경우는 치료를 받지 않은 사람도 수개월 내에 회복되나 1% 내지 2%의 경우에서는 사망할 수 있음 ② **만성큐열**: 만성큐열 환자의 65% 정도가 해당 질병으로 사망함
치료	• 독시사이클린 등 항생제 치료
환자 관리	**〈환자 관리〉** • 격리 필요 없음 • 큐열 증상을 동반한 의심환자나 이전에 감염된 사람 등 환자, 의사환자, 병원체 보유자는 영구 헌혈 금지 **〈접촉자 관리〉** • 환자의 혈액 및 체액에 대한 일반적 수준의 접촉 주의
예방	• 양, 염소 등의 태반 등 출산 적출물의 적절한 처리 • 유제품의 멸균 소독

② 개요

1935년 호주 퀸즐랜드에서 처음으로 발견되었는데 초기에는 원인 병원균이 확인 되지 않아 '의문의 열병'이라는 뜻의 '쿼리 열(Query fever)'이라고 불렸다. 1937년 Derick, E. H에 의해 원인 병원체가 확인되었고 지금은 앞 철자를 그대로 따서 큐열(Q열)로 부른다.

③ 발생현황

– 국외

남극을 제외한 전 세계에서 보고되고 있으며, 동물 숙주들의 차이 때문에 국가와 지역에 따라 유병률이 다르다. 무증상(50% 이상) 및 비특이적인 증상으로 인해 진단과 보고가 제대로 이루어지지 않는 곳이 많아 실제 발생률은 더 많을 것으로 추정된다.

– 국내

큐열은 2006년 법정감염병으로 지정되어 연간 20명 이내로 발생하였으나 2015년부터 지속적으로 증가하다가 2020년 전년 대비 약 57% 감소했다. 감소 원인은 2020년 4월 큐열 진단 신고기준 변경에 따라 병원체 보유자가 신고대상에서 제외된 결과로 추정된다.

(4) 유비저

① 요약

정의	• 유비저(Melioidosis)는 유비저균(Burkholderia pseudomallei)에 의한 감염증
질병분류	• 제3급 법정감염병 • ICD-10 A24.1-A24.4
병원체	• 유비저균(Burkholderia pseudomallei)
감염경로	• 오염된 흙이나 물에 노출, 흡입, 흡인, 경구 섭취 등을 통해 감염 • 드물지만 감염된 사람의 혈액이나 체액에 의한 감염도 가능

잠복기	• 1~21일(9일)
주요증상 및 임상경과	• 무증상 감염, 급성국소성 감염(농양), 폐감염, 급성혈행성 감염, 파종성 감염 등 여러 감염양상이 가능하며, 만성감염도 가능함
진단	• 검체(혈액, 소변, 가래, 농양, 피부병변 등)에서 균 분리 동정 • 실시간 중합효소연쇄반응법(reaHime PCR) 등으로 특이 유전자 검출
치사율	• 14~49% 정도이며 적절한 항생제 치료가 이루어지지 않을 경우 80% 이상으로 증가할 수 있음
치료	• 항생제 치료를 하면서, 보존적 치료 병행. 필요한 경우 농양의 수술적 배액 – 항생제 정맥주사: 10~14일 주사
환자 관리	**〈환자 관리〉** • 격리 필요 없음 • 사람 간 전파는 매우 드물지만 감염된 환자 혈액이나 체액접촉 주의 **〈접촉자 관리〉** • 환자의 호흡기 분비물 접촉 주의 • 환자의 혈액 및 체액에 대한 일반적 수준의 접촉 주의 • 면역저하상태의 의료진 및 환자의 경우, 유비저 감염자와 접촉 주의
예방	• 유비저에 대한 백신 없음 • 고위험군은 풍토병 유행지 등에서 흙을 만지거나 괴어있는 물을 마시는 것을 금지 – 고위험군: 당뇨병, 간질환자, 신장질환자, 지중해빈혈, 암, 면역저하자

② 개요

인체에 대한 위해도, 생물학적 무기로서의 제조 가능성, 무기화되었을 경우의 위험도 등을 고려하여 미국 질병통제예방센터에서 Category B로 지정하였고, 국내에서도 2005년 『전염병예방법』 개정을 통해 고위험병원체 32종으로 지정 및 고시하여 보존 · 관리를 강화하고 있다.

③ 발생현황

– 국외

유비저의 고위험 국가는 태국, 말레이시아, 싱가포르, 호주 북부이며, 남아시아와 기타 지역에서 산발적으로 발생하고 있다. 특히 동서아시아와 호주 북부에서는 풍토병화 되었으며, 태국 북동부에서는 지역사회획득 패혈증의 20%, 치명적인 지역사회획득 폐렴의 36%가 유비저에 의해 발생한다.

– 국내

연간 10건 이하로 발생하나, 모두 동남아 여행력 또는 거주력이 있는 해외 유입 사례로 현재까지 국내 발생은 없다.

3) 인수공통감염병의 예방

- 가축의 건강관리와 예방접종을 철저히 하여 가축끼리의 감염병 유행을 예방하고 병에 걸린 동물을 조기 발견하여 격리 또는 도살한 후 소독을 철저히 한다.
- 도축장이나 우유처리장의 검사를 엄격히 하여 병에 걸린 동물이 식용으로 제공되거나 판매되지 않도록 한다.
- 수입되는 가축이나 육류, 유제품 등에 대한 검역과 감시를 철저히 한다. 식품의 생산, 가공, 저장, 유통단계 등의 전 단계를 위생적으로 처리한다.

CHAPTER V

식품과 위생동물

CHAPTER 5

식품과 위생동물

1 기생충의 분류

기생충에는 주로 단세포성의 기생원충(기생성 원생동물)과 기생연충(편형동물의 촌충류 · 선형동물의 선충), 기생곤충 등의 다세포성 후생동물이 있다. 대개가 내부 기생이지만, 곤충을 주로 한 절지동물에는 외부기생이 주가 된다. 일생 동안 한 곳에 기생하는 정류기생과 일시적으로 기생하는 일시적 기생이 있으며, 일시적 기생은 기생시기에 따라 유생기생과 성충기생으로 분류된다. 일생 중 몇 번이나 중간숙주를 바꿀 수도 있고, 변태나 유생생식 등의 복잡한 생활환(life cycle)을 가질 수도 있다. 현재 약 12,700종 정도가 알려져 있고 이들은 각각 와충강, 흡충강, 촌충강으로 분류된다. 선형동물은 동물 중 가장 널리 퍼져 있는데 담수나 해수, 흙 속, 남극과 해구까지에도 분포하고 있다. 사람을 포함해서 동물과 식물에 기생하는 종도 있다. 모두 20,000여 종이 밝혀져 있으며, 이는 절지동물 다음으로 많은 수이다.

기생충의 몸은 좌우대칭으로 등과 배의 구별이 있는 편형동물과 선충이라고 하며 가시모양의 위체강을 가진 선형동물로 구분된다. 편형동물은 좌우대칭의 가장 첫 단계의 동물로 바다 · 민물 · 육상에서 자유 생활을 하는 것도 있고 기생 생활을 하는 것도 있다.

표 5-1 식품관련 기생충의 분류

구분		종류
편형동물 (Plathelminthes)	흡충류(trematoda)	간흡충, 폐흡충, 요코가와흡충 등
	조충류(cestoda)	무구조충, 유구조충, 광절열두조충, 만손열두촌충 등
선형동물 (Nemathelminthes)	선충류(nematoda)	회충, 구충, 요충, 편충, 십이지장충, 선모충, 아니사키스 등

1) 어패류의 기생충

(1) 간디스토마(간흡충 : Clonorchis sinensis)

간흡충이라고도 하며 중국, 베트남, 대만, 한국 등에서 감염률이 높은 간디스토마의 성충은 사람 · 고양이 · 개 등 포유류의 간에 기생하며, 때로는 쓸개관이나 쓸개 내에서도 볼 수 있다. 성충의 길이는 10~25mm이고, 너비는 3~4mm이다.

그림 5-1 간흡충

성충은 얇은 주걱 모양으로 투명한 황갈색이나 담홍색을 띤다.

충란은 달걀 모양으로 황갈색의 두꺼운 난각이 있고, 충란 안에는 미라시디움(miracium) 유생이 있다. 분변에 섞인 충란이 물 속에 들어가 제1중간 숙주인 왜우렁이가 충란을 먹어서 왜우렁이의 몸 속에서 세르카리아(cercaria)가 된다. 세르카리아가 헤엄쳐 나와 제2중간 숙주인 잉어 · 참붕어 · 붕어 등에 침입하여 주머니를 형성하면서 메타세르카리아(metacercaria)가 된다. 메타세르카리아가 물고기와 함께 인체 내에 들어오면 약 3주 만에 성충이 되어 담관에 기생한다.

간디스토마는 개나 고양이도 감염될 수 있는데, 그 증상이 서서히 만성으로 진행되어 야맹증, 황달, 소화불량, 복부팽만, 간비대, 비장종대 등이 나타난다. 중증이 되면 간경변증에서 보는 여러 증상이 나타나는데, 이에 대한 예방책으로 민물고기를 생식하면 안 되고 제1중간숙주가 되는 왜우렁이를 없애야 한다. 우리나라는 낙동강 · 영산강 · 섬진강 유역에 사는 사람들이 주로 감염된다.

(2) 폐디스토마(폐흡충 : Paragonimus westermani)

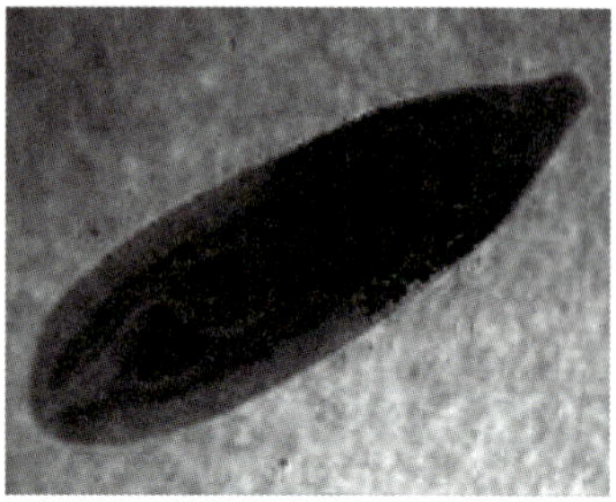

그림 5-2 폐흡충

폐흡충이라고도 하며, 주로 한국, 일본, 중국, 동남아에서의 감염률이 높은 폐디스토마는 폐, 기관지에 주로 감염되나 흉강, 복강, 피하조직에도 기생하며 폐에 기생할 경우 폐결핵과의 구별이 어렵다. 성충은 폐 안에 존재한다. 충란이 다슬기를 거쳐 가재나 게를 통해서 인체에 감염되는데, 십이지장을 뚫고 횡격막과 흉강을 지나 폐에 도착한다. 폐 안에서 피를 빨아 먹고 그 분비물로 염증을 일으켜 기관지와 폐에 손상을 입힌다. 증상은 흉부통증, 가래, 혈담, 흉막염, 각혈을 하며 미열이 나고 복벽, 장간막의 임파절, 장벽에 낭포를 형성한다.

(3) 요코가와흡충(장흡충 : Metagonimus yokogawai)

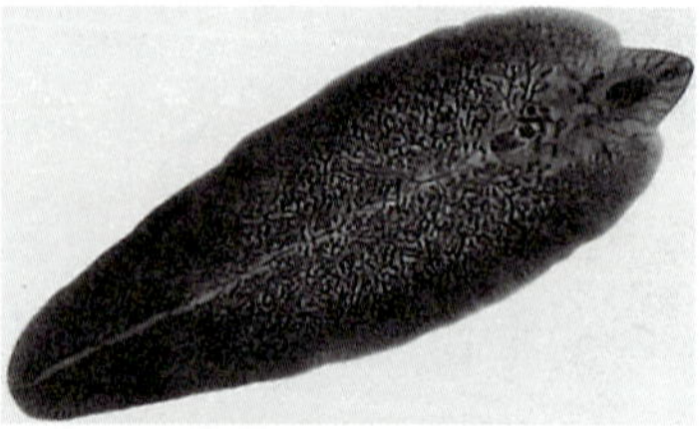

그림 5-3 장흡충

장흡충이라고도 하며, 중국, 일본, 대만, 시베리아, 인도네시아, 스페인, 한국에서 주로 발견되는 요코가와흡충의 충란은 간흡충과 비슷한 형태로서 크기는 28μ～30μ×16μ～17μ이며 이형흡충란과의 구별이 어렵다. 성충은 난원형이고 담갈색의 충란을 가진다. 충란이 외부로 배출되어 물 속에서 미라시디움(miracidium)으로 부화한 후 제1중간숙주인 다슬기(Semisulcospira sp.)에 침입하여 다슬기가 세르카리아를 배출한 후 제2중간숙주인 담수어(특히 은어)에 침입하여 근육 등에서 피포 피낭유충(metacercaria)과 종숙주에 섭취 후 소장에서 탈낭하여 점막 내에서 7~10일 내 성숙 기생한다. 우리나라는 강원도, 경남 하동, 대구, 제주도, 밀양 지역에서 높은 감염률을 보인다. 소장의 점막에 침입해서 기계적 장애나 염증 등을 유발한다.

주요 증상으로는 설사, 복통, 혈변, 탈력감 등이고 호산구의 증가도 볼 수 있다고 하며, 충란이 장간막정맥이나 림프관을 통하여 심장, 뇌, 척수 등으로 운반되어 조직변화를 일으킬 수도 있다고 한다.

예방책으로는 은어나 황어를 생식하지 않는 것만이 확실한 대책이 될 수 있어 이에 대한 보건교육이 필요하다. 제1중간숙주인 다슬기를 없애는 방법도 있으나

실효를 거두기 어렵고 환자에 대해 집단 투약하거나 분변으로 인한 강물의 오염을 방지하는 것으로 관리할 수 있다.

(4) 아니사키스(고래회충 : Anisakis)

아니사키스는 근해에서 낚시로 잡히는 물고기에서 자주 발견되는 흰 실 모양의 기생충으로 고래회충이라고도 한다. 고래, 돌고래, 물개 등의 위에 기생하는 선충류의 유충을 총칭하여 아니사키스유충이라고 한다. 주로 바다 생선을 날 것 또는 잘 익히지 않은 상태로 먹었을 때 감염된다.

그림 5-4 고래회충

최종숙주는 해양 포유류로 돌고래나 물개 등 포유류 위에 기생하는 아니사키스의 유충이 바다 새우류에서 성장하다가 이를 물고기가 먹게 되고 그 물고기를 사

람이 다시 날것으로 섭취했을 때 감염된다. 포유류인 사람의 입안 벽, 위장 벽, 십이지장 벽 등에도 서식할 수 있으며 주로 5~8월경에 20~50대 남성에게서 많이 나타난다. 대부분 위장에 생기지만 가끔씩 식도나 십이지장 등에도 발생하며 소장에 나타나면 장중첩증을 일으키기도 한다. 증상은 감염 후 3~5시간이 지나면서 속이 메스껍고 거북하기 시작하고, 식은땀이 나면서 복통이 시작되는데 위궤양, 위암과 비슷한 증상을 보인다. 유충이 위나 소장벽을 파고 들어가면서 염증반응이나 알레르기 반응을 일으키기 때문이다. 소장에 일어난 고래회충증은 급성충수염, 크론씨병, 장염 등과 증세가 비슷하고, 대장에 나타난 경우에는 맹장에 병변을 만든다. 장을 관통하여 복강 내로 들어가서 장간막, 췌장 등에서 관찰되기도 한다.

일반적인 구충제는 효과가 없기 때문에 치료를 위해서는 외과적인 수술을 통해 유충을 제거해야 한다. 외과적인 수술 이외의 방법은 내시경을 이용하여 직접 유충을 위 밖으로 적출하는 것이다. 예방을 위해서는 해산어류를 섭씨 −20℃ 이하에서 24시간 냉동 또는 섭씨 70℃ 이상에서 가열 후 섭취하고, 생선회를 먹을 때 생선의 내장은 피하고 반드시 싱싱한 것으로 먹어야 한다.

(5) 광절열두조충(긴촌충 : Diphyllobothrium latum)

넓은마디촌충이라고도 하는 광절열두조충은 각종 척추동물에 기생하는 촌충류 중 중요한 인체기생충을 포함하는데, 몸의 길이는 2~10m이고 너비는 1.5~2cm이다. 편절수는 3,000~4,000마디이고 길이보다 폭이 넓어 '넓은마디'라고 불리게 되었다. 머리마디가 크고 곤봉 또는 숟가락 모양으로 생겼다. 배쪽과 등쪽에 2개의 흡구가 있어 위흡반의 역할을 한다. 사람의 소장 장벽에 붙어 기생하고 하루 산란량이 100만 개 이상이다.

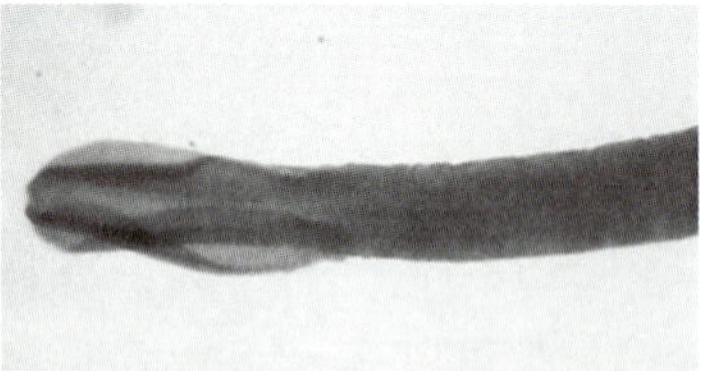

그림 5-5 긴촌충

알은 달걀 모양으로 난각이 두꺼운 황갈색이며 흔히 작은 돌기를 볼 수 있다. 대변으로 배출된 충란이 물 속에서 성숙하여 온코스페라로 발육하며 흔히 섬모의 외피를 뒤집어쓴 채로 유영하여 약 2～3주 정도 발육하여 육구촌충인 코라시디움(coracidium)이 된다. 이 유충이 부화한 뒤 헤엄쳐 나와 제1중간숙주인 물벼룩 등의 갑각류에 잡아먹힌 후 섬모 외피를 벗고 갈고리를 이용하여 복강으로 옮겨 2～3주에 전의미충인 프로세르코이드(procercoid)가 되고, 이것이 제2중간숙주인 연어류(송어 · 곱사연어 · 석조송어 · 연어 등)에게 먹히면 물고기의 피하조직이나 근육에서 의충미충인 플레로세르코이드(plerocercoid)로 성장한다.

우리나라의 제2중간숙주는 송어가 일반적인데, 사람이 송어를 생식했을 때 감염된다. 유충이 인체에 들어간 지 약 30일이면 성숙한다. 주요 증상으로는 설사나 복통, 빈혈, 영양실조 등을 일으키지만 특별한 증상이 없을 수도 있다. 유충은 저항력이 강해 건조법 · 염장법 · 훈연법 · 냉동법 등의 가공법으로는 죽지 않으나 50℃ 이상의 고온으로 가열하면 죽는다. 따라서 연어류를 날것으로 먹지 말아야 하며 반드시 가열 조리한 것을 먹는다.

2) 육류의 기생충

(1) 무구조충(민촌충 : Taenia saginata)

소고기를 먹는 전 세계에 널리 분포되어 있으며, 무구조충의 낭충은 소고기를 통하여 인체에 감염되므로 소고기촌충이라고도 부르며, 길이가 3～8m, 체절은 1,000개 이상이다. 낭충은 허리살, 콩팥, 혀, 심장 등 주로 근육에 기생한다. 이 낭충에 감염된 소고기를 덜 익혀 먹으면 감염되고 유충이 소장상부로 나와 2～3개월 만에 성충이 된다. 감염률이 그리 높지 않은 편이다. 주요 증상은 복통, 소화장애, 오심, 설사, 구토, 식욕증진, 불안, 체

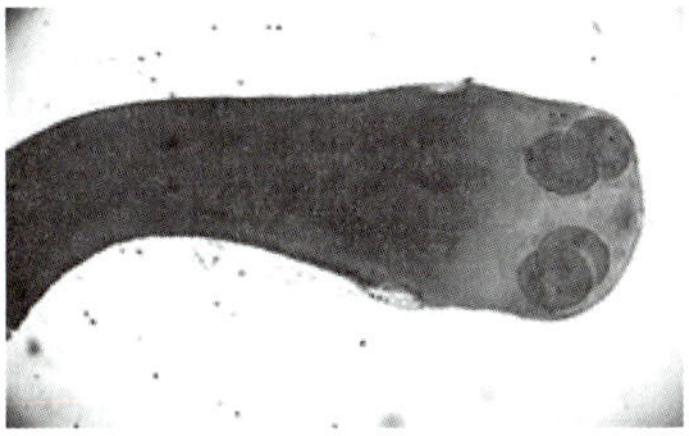

그림 5-6 무구조충

중감소 등이 있으며 항문을 통해 빠져 나올 때 이물감, 항문소양증이 있으며 간혹 장폐색, 충수돌기염을 유발하고 낭충증은 거의 일어나지 않는다. 예방은 소고기를 충분히 익혀 먹고 소고기의 위생검사를 철저히 하도록 한다.

(2) 유구조충(갈고리촌충 : Taenia solium)

그림 5-7 유구조충

주로 돼지고기를 익혀 먹지 않아서 감염되므로 돼지고기 촌충이라고도 하고, 머리가 구형으로 22~32개의 갈고리를 가지고 있어서 갈고리촌충이라고도 한다. 길이 2~3m, 폭 6mm, 체절은 800~900개로 이루어져 있다. 충란은 엷은 알껍질 속에 유구유충이 들어있는데, 이 낭충을 중간숙주인 돼지가 섭취하면 근육 속에 침입하여 유구낭충이 된다. 사람은 돼지고기를 먹고 감염되며 소장에서 8~10주 만에 성충이 된다. 때로는 충란을 사람이 직접 먹었을 때 그 낭충이 혀, 가슴, 안구, 뇌, 심장, 피하조직, 근육 등에 기생하는데, 이를 인체 유구낭미충증이라고 한다. 증상은 소화장애, 설사, 구토, 공복통, 체중감소 등이며 예방은 돼지고기를 반드시 익혀 먹는 것이다.

(3) 선모충(Trichinella spiralis)

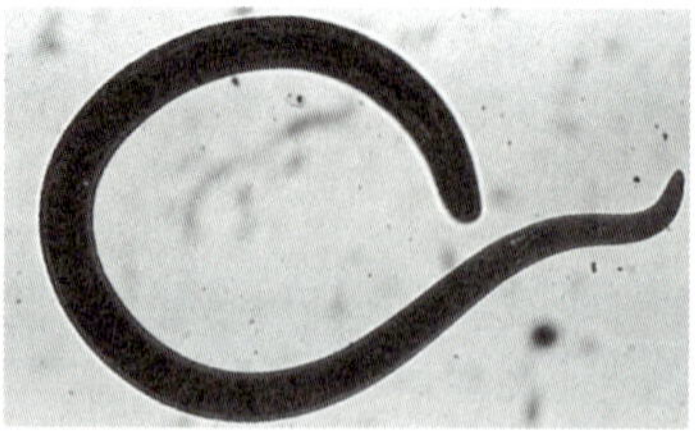

그림 5-8 선모충

돼지고기에 흔히 존재하지만 곰, 해마, 야생 산돼지 같은 야생 사냥육에서도 발견된다. 이 기생충은 썩은 고기를 먹은 동물에 의해 감염된다. 초기 증상은 메스꺼움, 구토, 설사, 복부 통증이다. 그 후 열, 눈 주위 조직의 팽창과 근육경직이 나타난다. 잠복기는 오염된 고기 섭취 후 2~8일이며, 심한 경우 사망을 초래할 수 있다. 우리나라의 감염률은 높은 편이 아니지만, 돼지고기의 육가공 및 육조리식품의 섭취 증가로 확산될 수 있다.

따라서 예방책은 돼지고기와 야생 사냥육의 생식을 금하고 충분히 익혀서 섭취하는 것이다.

(4) 만손열두촌충(Diphyllobothrium mansoni)

촌충류에 속하는 내부기생충으로 성충은 고양이 · 개 · 호랑이 · 너구리 등에 기생하며 전 세계에 널리 분포되어 있다. 인체에는 유충만이 기생한다.

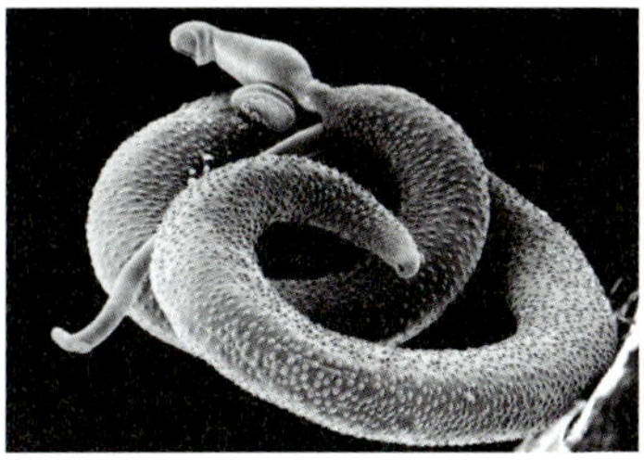

그림 5-9 만손열두촌충

제1중간숙주는 물벼룩, 제2중간숙주는 양서류 · 파충류 · 조류 및 사람을 포함하는 포유류이다. 감염경로는 물벼룩, 뱀, 개구리, 개, 고양이, 인간을 통해 감염되며 증상은 통증이 없는 이물감과 가려움증을 수반한 피하종물로 시작해서 심한 염증을 동반한 육아종을 형성한다.

복벽, 음낭, 하지, 흉벽, 유방에 피하침입하거나 뇌, 복강, 흉강, 척수, 안구 주위의 조직에 침입한다. 뇌 침입 시 간질발작을 일으키고 척수감염 시 하반신마비를 초래한다. 예방책으로 개구리나 뱀 등을 생식하지 말고, 충분히 가열해서 섭취하는 것이 바람직하다.

3) 채소류의 기생충

(1) 회충(Ascaris Lumbricoides, Roundworm)

회충은 인체에 기생하는 가장 보편적인 기생충으로 세계적으로 널리 분포하는데, 특히 온난다습한 지역에 많다. 전 세계 인구의 약 30%가 감염되어 있는 것으로 추정되는데, 우리나라에서는 농촌지역의 감염률이 높다. 수컷의 몸길이는 15~25㎝이고, 암컷의 몸길이는 20~35㎝로 보통 소장에 기생하며 감염 후 산란까지 약 60~75일이 걸리며 암컷 한 마리가 하루에 10만~20만 개의 알을 낳는다. 분변과 함께 배출된 충란은 늦봄에서 초가을에 발육하여 난자 안에 자충을 형성하여 감염성 성숙란이 된다. 음식물과 함께 섭취된 후 십이지장에서 부화하여 장간막, 정맥, 간, 폐동맥, 폐를 거쳐 기관, 식도, 위를 경과하여 소장에서 성충이 된다. 토양이 매개이며 오염된 손으로 음식물을 섭취하거나 오염된 채소를 날로 먹을 때 감염된다.

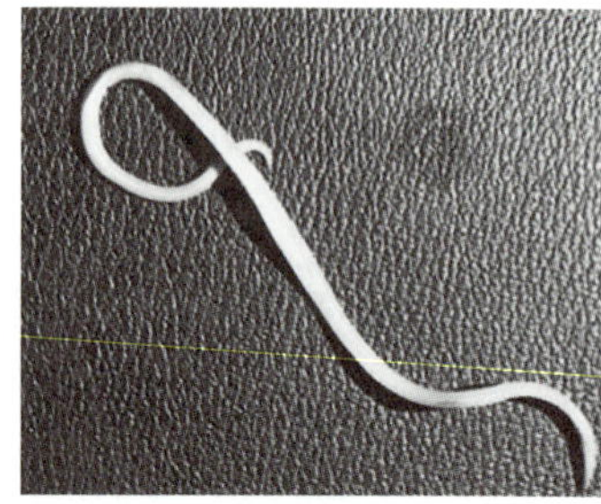

그림 5-10 회충

회충은 다수의 충체에 의한 장폐색과 두통, 오심, 현기증, 복통, 설사 등을 보이며, 흙을 먹는 이식증의 어린이들에게 증상이 나타나지 않는 경우도 있다. 열에 대한 저항성은 76℃ 이상의 열탕에서 1초 이상, 65℃에서 10분 이상 가열하면 사멸되는데 60℃ 이하에서는 10시간 이상 처리하여도 사멸되지 않는다.

(2) 구충(십이지장충 : Ancylostoma duodenale, Hookworm)

구충은 이탈리아의 밀라노에서 처음 발견되었으며 십이지장에 기생하고 있어 십이지장충이라 불리다가 현재는 구충이라고 한다. 입 부분에 이빨과 같은 흡착기를 가지고 있다. 숙주의 장점막에 붙어 흡혈한다.

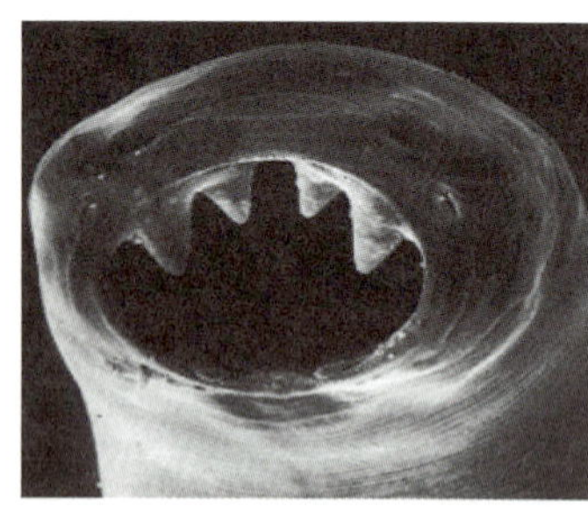

그림 5-11 구충

사람에게 기생하는 아메리카구충(Necator americanus), 십이지장충(Ancylostoma duodenale)과 개, 소, 양 등에 기생하는 구충으로 구분한다. 우리나라에는 개십이지장충(A. caninum)과 소구충(Bunostomum phlebotomus), 양구충(B. trigonocephalum) 등이 있다.

인체에 기생하는 구충은 몸길이가 대개 1cm 정도이지만 십이지장충이 더 길고 굵다. 또 십이지장충의 입에는 2쌍의 이빨이 있고, 아메리카구충은 얇은 널빤지 모양의 치판이 있다. 분변으로 배출된 알이 적당한 온도, 습도, 산소에서 부화하고 두 번 탈피하여 필라리아형의 감염형 유충이 된다. 십이지장충은 입으로 감염되고 아메리카구충은 피부로 감염된다. 감염된 지 4~7주가 지나면 소장 상부에서 성충이 되어 산란을 시작하고 알이 분변으로 나온다.

주요 증상으로 침입 부위에 소양감과 작열감을 일으키고 홍반과 구진, 수포 등이 일어난다. 십이지장충에 감염되면 채독증을 일으키며 발작성 기침 등의 특이 증세를 보이는데 또한 빈혈이 생길 수도 있다. 예방책으로는 인분의 위생적인 처리와 채소를 깨끗이 세척하여 섭취하여야 한다.

(3) 편충(Trichuris trichiura)

사람의 맹장에 기생하는 채찍 모양의 선충으로 편충의 몸길이는 수컷이 3~4.5cm, 암컷이 3.5~5cm이고 말채찍 모양을 하고 있다. 몸은 길고 가는 실 모양이며, 몸의 앞부분을 숙주의 창자에 깊이 박고 흡혈한다. 개에 기생하는 개편충, 반추동물에 기생하는 양편충 등도 있다. 충란은 갈색으로 앞뒤에 뚜껑이 있으며 분변으로 배출되어 흙 속에서 발생한다. 전 세계적으로 분포되어 있는데, 특히 열대와 아열대에 많고 우리나라에서도 감염률이 높은 편이다. 흙 속에서의 충란은 수주에서 18개월까지 생존하며 감염형으로 변한다. 경구감염되면 소장상부에서 부화하여 대장, 특히 맹장부위에 정착한다. 일반적으로 증상이 없으나 빈혈, 신경증상, 맹장염 등을 일으킬 때가 있다. 최근에는 감염률이 크게 감소되었다. 예방책으로는 분변을 위생적으로 처리하고 손을 자주 씻도록 하며 채소를 깨끗이 씻어 먹도록 해야 한다.

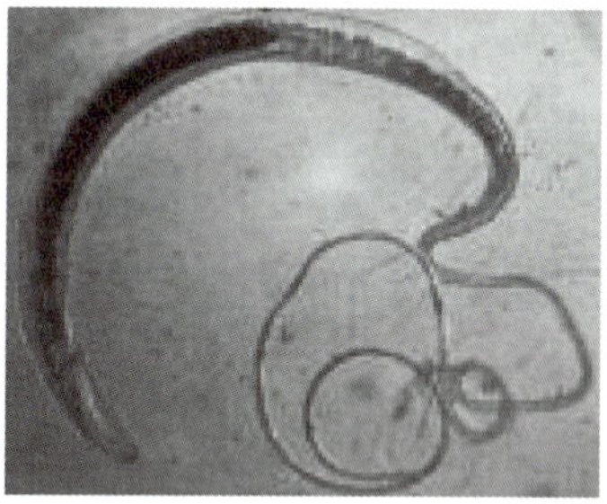

그림 5-12 편충

(4) 요충(Enterobius vermicularis, oxyuriasis, Pinworm)

전 세계적으로 분포하는 요충의 몸길이는 암컷이 10~13mm, 수컷이 3~5mm로 쌍선충류에 속하며 사람의 맹장 부위에 기생하는데, 우리나라의 감염률 또한 높은 편이다. 몸은 희고 가는 실 모양을 하고 있다.

어린이의 감염률이 높으며, 특히 인구밀집지역에서의 감염률이 높다. 주로 밤에 장에서 나온 성충은 항문주위의 피부나 점막에 산란하는데, 산란한 곳은 몹시 가려우며 가려워서 긁게 되면 손가락에 묻은 충란이 다시 입으로 들어가 자가 감염을 일으킨다. 때로는 충란으로 오염된 음식물이나 식기를 통하여 경구감염된다. 충란은 맹장부위에 기생하는데 성충이 되기까지는 약 2개월이 걸린다. 주요 증상은 항문주위의 심한 가려움, 긁힘, 습진, 피부염, 불면증, 신경증 등이다. 예방책으로는 손을 깨끗이 자주 씻어야 하며, 특히 음식을 먹기 전에 항상 손을 씻고 손을 입 주위에 가져가지 않는 것이 좋다. 이와 함께 항문 주위에 산란된 알은 속옷이나 침구에 묻어 전파되므로 속옷 · 잠옷 · 침구시트를 깨끗이 세탁하고 소독해서 깨끗이 사용하도록 한다. 이불은 햇볕에 잘 말리고 집단구충을 실시한다. 학교나 유치원에서의 집단구충은 그 집단으로부터 배출되는 알의 수를 적게 하므로 감염기회를 감소시킬 수 있다. 특히 지역사회의 집단구충은 예방효과가 뛰어나다.

〈표 5-2〉는 식품에 따른 기생충의 발병과 증상에 대한 내용으로 다음과 같다.

표 5-2 식품에 따른 기생충의 발병과 증상

식품의 종류	기생충	숙 주	주요 증상	예방대책
어패류	간디스토마	왜우렁이 → 담수어 → 사람	소화불량, 복부팽만, 황달, 만성설사, 위장출혈, 야맹증, 간염, 간경변, 간암, 담석증, 복수	날것으로 섭취하지 말 것
	폐디스토마	다슬기 → 가재, 게 → 사람	흉부통증, 흉막염, 각혈, 복벽, 복강, 장간막의 임파절, 복막, 심근, 장벽에 낭포형성	
	요코가와흡충(장흡충)	다슬기 → 잉어, 붕어 → 사람	복통, 설사, 두통, 신경증세	
	아니사키스(고래회충)	해마, 바다사자 → 생선 → 사람	급성복통, 위와 장궤양 또는 종괴형성	
	광절열두조충(긴촌충)	연어, 농어 → 사람	비특이적 소화기증세, 두드러기, 소장의 기계적 폐쇄, 악성빈혈	
육류	무구조충	소고기	보통의 경우 무증상이나 간혹 복통, 소화불량, 오심, 구토 증상	소고기를 충분히 가열하여 섭취할 것
	유구조충	돼지고기	소화장애, 설사, 구토, 공복통, 체중감소	돼지고기를 충분히 가열하여 섭취할 것
	선모충	돼지고기	메스꺼움, 구토, 설사, 복부통증, 열, 눈주위 조직의 팽창과 근육경직	돼지고기를 충분히 가열하여 섭취할 것
	만손열두촌충(만손스파르가눔증)	물벼룩, 뱀, 개구리, 개, 고양이, 사람	뇌 침입 시 간질발작, 척수감염 시 하반신마비	완전히 익혀서 먹을 것
채소류	회충	사람	장폐색과 두통, 오심, 현기증, 복통, 설사	채소 깨끗이 세척할 것 날것으로 섭취 말고 가열조리
	편충	사람	빈혈, 신경증상, 맹장염	
	요충	사람	항문주위 가려움, 습진, 피부염, 불면증, 신경증	손 깨끗이 세척하고 속옷 열탕소독할 것
	십이지장충(구충)	사람	피부염, 소양감, 작열감, 발적, 종창, 경구감염 시 오심, 구토, 인후소양감, 경련성 기침	채소 깨끗이 세척할 것 날것으로 섭취 말고 가열조리

표 5-3 식품을 통해서 감염되는 기생충의 종류

감염경로	원충류	윤충류
충란 등이 부착된 식품에서의 감염	이질, 아메바 등의 장관기생 원충류	회충, 편충, 구충, 동양모양선충
중간숙주인 식용동물에서의 감염	없음	폐흡충, 간흡충, 요코가와흡충, 조충류, 유극악구충, 아니사키스 등
이환식용동물에서의 감염	독소플라즈마	선모충

기생충병 예방원칙

- 분변을 완전히 처리하여 기생충란을 사멸 또는 배제시킨다.
- 정기적으로 검진하여 조기에 구충한다. 집단적으로 실시하는 것이 효과적이다.
- 감염성 충란 또는 유충으로 오염된 조리 기구를 통한 다른 식품의 오염에 유의한다.
- 수육, 어육은 충분히 가열 조리한 것을 섭식한다.
- 채소류는 흐르는 물에 충분히 세척하고 화학비료로 재배하여 섭취한다.
- 손은 항상 깨끗이 씻는다.

2 위생동물

위생동물과 위생곤충은 식품에 침입하거나 번식해서 식품 외관을 손상시키거나 식품을 오염시키고 병원체를 확산시켜 인체에 위해를 주므로 식품위생에 있어서 그들의 생활사를 알아볼 필요가 있다. 식품위생상 위해한 동물은 쥐와 곤충 및 진드기류 등이 있는데 바퀴, 파리 등은 병원성 미생물을 음식물로 옮겨 인체에 위해를 가하고, 쥐는 병원성 미생물을 보유하여 음식물에 배설하여 식중독을 일으킨다. 이러한 위해 동물을 잘 파악하여 식품위생을 철저히 해야 한다.

1) 위생동물

(1) 쥐류(Rats)

전 세계적으로 약 2천여 종이 보고되고 있고, 우리나라에는 약 20여 종이 서식하는 것으로 알려져 있다. 20여 종 중에서 국내에서 식품위생상 문제가 되는 쥐를 시궁쥐라고도 하는데, 300~400g 무게의 집쥐(rattus norvegicus, norwar rat), 2~50g 정도의 생쥐(mus musculus, mouse), 지붕쥐라고도 하며 150~250g 정도의 곰쥐(rattus rattus, roof rat) 등이 주로 우리 주변에 살면서 직접적인 피해를 주고 있다. 이러한 쥐들은 경제적으로 막대한 손실을 초래하는데, 특히 집쥐는 음식물을 훔쳐 먹을 뿐만 아니라 음식물을 오염시키며, 가스관을 갉아서 가스중독의 원인이 되기도 하고, 전기코드를 갉아서 누전으로 인한 화재발생의 원인이 되기도 한다.

그리고 우리나라 전체 쥐의 74%를 차지하고 있지만, 식품위생면에서는 간접적인 피해를 주는 등줄쥐(apodemus agarius)는 땅속에 동굴을 만들어 살고 논이나 밭, 산에서 주로 서식하는 들쥐의 일종이다.

이들은 출산횟수나 한 번에 낳는 새끼의 수가 많으며, 특히 임신기간이 짧다. 실제로 임신기간은 집쥐 20~21일, 곰쥐 20~21일, 생쥐 17~20일이고, 또 집쥐나 밭쥐는 출산 후 몇 시간만 지나면 발정하여 교미하고 임신한다. 집쥐는 1회에 6~9마리를 1년에 6~7회 출산한다.

집쥐를 길들여 만든 흰쥐와 축용종인 마우스 등은 실험용으로 널리 이용되며, 중국산 낭킹쥐도 실험용 · 애완용으로 이용된다. 또한 모피로 이용되는 사향쥐도 있다. 쥐는 페스트 · 발진티푸스 등의 전염병을 전파시키기도 한다. 밭쥐나 대륙밭쥐는 산림이나 농작물에 큰 피해를 주고 있다.

(2) 쥐의 위해와 방제법

쥐는 세균성식중독과 부패의 원인이 되는 Salmonella균, 포도상구균 등을 옮기고 장티푸스, 발진티푸스, 렙토스피라증, 페스트, 서교증, 리케치아병, 쓰쓰가무시병 등의 전염병을 발생시키며 선모충, 왜소조충, 일본 주혈흡충 등의 기생충증을 발생시키기도 한다. 또한 농작물과 식품을 손상시키기도 하는 등의 위해를 일으킨다. 쥐의 방제로는 우선 쥐가 침입하거나 서식할 수 없는 청결한 환경을 만들어 주거나 쥐가 침입했을 때는 쥐덫이나 끈끈이 등을 설치하거나 독극물이나 살서제, 훈증제(독가스)를 살포하는 방법 등을 사용해야 한다.

2) 위생곤충

(1) 파리류(Flies)

파리는 전 세계적으로 수만여 종이 존재하지만 주변에서 흔히 볼 수 있는 종은 집파리(Musca domestica)류, 쉬파리(Sarcophaga sp.)류, 금파리(Lucilia caesar)류, 큰검정파리(Musina stabulans fallen)류 등이 있다. 파리는 병원체의 매개와 운반, 흡혈, 승저증의 원인, 불쾌감 등의 정신적인 위해를 일으키기 때문에 주요 위생곤충이 된다.

파리성충의 주둥이는 주걱모양으로 생겼고, 날개는 앞날개만 크고 막상으로 되어 있으며 알 → 유충 → 번데기(2회 탈피) → 성충으로의 변태 과정을 거친다. 파리의 종류나 온도에 따라 차이가 있지만 주로 변소, 퇴비, 쓰레기더미, 쓰레기처리장, 인분이나 가축의 분변, 동물 사체, 하수구, 축사 등의 비위생적인 곳에 산란한다. 대개 5~10월에 산란해서 성충이 되기까지는 2~3주 걸린다.

CHAPTER VI

식품첨가물

1. 식품첨가물의 개요

2. 식품첨가물의 종류와 용도

CHAPTER 6

식품첨가물

1 식품첨가물의 개요

현대식탁의 변화는 첨가물(보존식품, 가공식품, 인스턴트 식품) 등의 발달로 인하여 식생활문화에 많은 변화가 일어나고 있다.

식품첨가물의 사용이 다양화되면서 FAO/WHO는 1954년에 식품첨가물 전문위원회(JECFA)를 발족하여 식품첨가물의 사용규칙에 관하여 논의하여 왔다. 우리나라에서도 1962년에 제정된 식품위생법에서 처음으로 '식품첨가물'이라고 하는 명칭이 사용된 이래 수차례의 개정을 거치면서 식품첨가물 사용에 관한 규정을 정하고 있다. 식품첨가물은 식품의 영양성, 보존성, 기호적 가치를 향상시킬 수 있지만, 과도한 사용은 인체에 유해한 경우가 있으니 정확한 양과 사용법을 지켜야 한다.

1) 식품첨가물의 정의

식품첨가물이라 함은 인위적으로 식품첨가물을 사용하여 식품의 품질을 개량할 뿐만 아니라 보존성과 기호성을 향상시켜 주는 것을 말한다. 또한 영양적인 가치의 질을 높여 주는 것을 식품첨가물의 목적이라 할 수 있다. 식품첨가물에 대하여 FAO와 WHO의 합동식품첨가물위원회(The Joint FAO/WHO Expet Committee on Food Additives)에서는 "식품의 외관, 향미, 조직 또는 저장성을 향상시킬 목적으로 식품에 보통 미량으로 첨가되는 물질"이라고 정의하였다.

우리나라 식품위생법 제2조 제2항에 "식품첨가물이란 식품을 제조 · 가공 · 조리 또는 보존하는 과정에서 감미(甘味), 착색(着色), 표백(漂白) 또는 산화방지 등을 목적으로 식품에 사용되는 물질을 말한다. 이 경우 기구(器具) · 용기 · 포장을 살균 · 소독하는 데에 사용되어 간접적으로 식품으로 옮아갈 수 있는 물질을 포함한다"라고 정의하였다.

위에서 정의된 내용을 다시 정리하면 식품에 인위적으로 사용하는 모든 물질을 식품첨가물이라 정의하고 있다.

2) 식품첨가물 기준 및 규격

우리나라의 식품위생법은 식품첨가물의 안전한 품질을 확보하고, 식품에 안전하게 사용하도록 하여 국민 보건에 이바지함을 목적으로 식품첨가물의 기준 및 규격을 아래와 같이 고시하였다.

제7조(식품 또는 식품첨가물에 관한 기준 및 규격) 제1항에서는 "식품의약품안전처장은 국민보건을 위하여 필요하면 판매를 목적으로 하는 식품 또는 식품첨가물에 관한 다음 각호의 사항을 정하여 고시한다"라고 규정하였고 제1호는 제조 · 가공 · 사용 · 조리 · 보존 방법에 관한 기준, 제2호는 성분에 관한 규격으로 고시

되어 있다.

제7조 제2항은 "식품의약품안전처장은 제1항에 따라 기준과 규격이 고시되지 아니한 식품 또는 식품첨가물의 기준과 규격을 인정받으려는 자에게 제1항 각 호의 사항을 제출하게 하여 「식품 · 의약품분야 시험 · 검사 등에 관한 법률」 제6조 제3항 제1호에 따라 식품의약품안전처장이 지정한 식품전문 시험 · 검사기관 또는 같은 조 제4항 단서에 따라 총리령으로 정하는 시험 · 검사기관의 검토를 거쳐 제1항에 따른 기준과 규격이 고시될 때까지 그 식품 또는 식품첨가물의 기준과 규격으로 인정할 수 있다"라고 규정되어 있다.

제7호 제3항은 "수출할 식품 또는 식품첨가물의 기준과 규격은 제1항 및 제2항에도 불구하고 수입자가 요구하는 기준과 규격을 따를 수 있다", 제7조 제4항은 "제1항 및 제2항에 따라 기준과 규격이 정하여진 식품 또는 식품첨가물은 그 기준에 따라 제조 · 수입 · 가공 · 사용 · 조리 · 보존하여야 하며, 그 기준과 규격에 맞지 아니하는 식품 또는 식품첨가물은 판매하거나 판매할 목적으로 제조 · 수입 · 가공 · 사용 · 조리 · 저장 · 소분 · 운반 · 보존 또는 진열하여서는 아니 된다"라고 규정되어 있다.

다음은 식품첨가물의 기준 및 규격 고시를 바탕으로 식품첨가물에 대해 알아보고자 한다.

(1) 식품첨가물 일반사용 기준

① 식품 중에 첨가되는 식품첨가물의 양은 물리적, 영양학적 또는 기타 기술적 효과를 달성하는 데 필요한 최소량으로 사용하여야 한다.

② 식품첨가물은 식품 제조 · 가공 과정 중 결함있는 원재료나 비위생적인 제조방법을 은폐하기 위하여 사용되어서는 아니 된다.

③ 식품 중에 첨가되는 영양강화제는 식품의 영양학적 품질을 유지하거나 개선

시키는 데 사용되어야 하며, 영양소의 과잉 섭취 또는 불균형한 섭취를 유발해서는 안 된다.

④ 식품첨가물은 식품을 제조 · 가공 · 조리 또는 보존하는 과정에 사용하여야 하며, 그 자체로 직접 섭취하거나 흡입하는 목적으로 사용하여서는 안 된다.

⑤ 식용을 목적으로 하는 미생물 등의 배양에 사용하는 식품첨가물은 고시에서 정하고 있는 품목 또는 국제식품규격위원회(Codex Alimentarius Commission)에서 미생물 영양원으로 등재된 것으로 최종식품에 잔류하여서는 안 된다. 다만, 불가피하게 잔류할 경우에는 품목별 사용기준에 적합하여야 한다.

3) 식품첨가물의 지정 및 허가

식품위생법 제7조 제2항에 따라 기준과 규격이 고시되지 아니한 식품 또는 식품첨가물의 기준과 규격을 인정 받으려는 자는 제1항 제1호 제조 · 가공 · 사용 · 조리 · 보존 방법에 관한 기준, 제1항 제2호 성분에 관한 규격을 제출하여야 하는데, 식품위생심의위원회의 심의를 거쳐 식품의약품안전처장이 승인하여야 식품첨가물로 지정 및 허가를 받을 수 있다. 식품위생심의위원회는 식품첨가물의 지정에 있어서 다음과 같은 점을 바탕으로 검토한다.

① 식품첨가물은 인체에 대한 안정성이 확인되어야 한다.

② 식품에 사용했을 경우 충분한 효과와 이익이 있어야 한다.

③ 식품첨가물에 사용하는 화학명과 제조방법을 소비자가 알 수 있도록 해야 한다.

④ 화학적 실험을 해서 안전성이 확보된 것이어야 한다.

다음은 식품첨가물의 기준 및 규격 설정과 사용기준 개정 신청 시 제출해야 하는 제출자료이다.

표 6-1 식품첨가물의 기준 및 규격 설정과 사용기준 개정 신청 시 제출자료

자료의 종류	설정신청	사용기준 개정신청	성분규격 개정신청
1. 자료개요	○	○	○
2. 기원 또는 발견의 경위 및 외국에서의 사용현황			
가. 기원 또는 발견의 경위	○	△	△
나. 외국에서의 (사용)현황	○	○	○
3. 제조방법	○	△	△
4. 성분규격(안)에 관한 자료			○ (아래 항목 중 해당 항목 자료 제출)
가. 명칭	○	△	
나. 구조식 또는 시성식	○	△	
다. 분자식 또는 분자량	○	△	
라. 정의	○	△	
마. 함량	○	△	
바. 성상	○	△	
사. 확인시험	○	△	
아. 순도시험	○	△	
자. 건조감량, 강열감량 또는 수분	○	△	
차. 강열잔류물	○	△	
카. 정량법	○	△	
타. 식품첨가물의 안정성	○	△	
파. 식품 중의 식품첨가물 분석법	○	△	
하. 성분규격(안)의 설정근거	○	△	○
5. 사용의 기술적 필요성 및 정당성	○	○	△
6. 안전성에 관한 자료			
가. 독성에 관한 자료			
1) 반복투여독성시험	○	△	△

2) 유전독성시험	○	△	△
3) 생식·발생독성시험	○*	△	△
4) 면역독성시험	○*	△	△
5) 만성·발암성시험	○*	△	△
나. 체내동태에 관한 자료	○	△	△
다. 1일섭취량에 관한 자료	○	○	△
라. 식품첨가물 제조에 이용된 미생물에 관한 자료	△		△
7. 사용기준(안)에 관한 자료	○	○	△

※ ○: 제출, △: 필요시 제출, ○*: 가공보조제, 효소제, 향료의 경우 필요시 제출

(1) 자료개요

자료는 항목별로 간결하게 정리하여 각 자료와의 관련성이 명백하도록 기재된 순서에 따라 목록과 자료별 색인번호 및 쪽 등을 표시한다.

(2) 기원 또는 발견 경위 및 외국의 사용현황

신청된 품목이 언제, 어느 나라에서 개발되어 그 후 어느 나라에서 식품첨가물로 사용되고 있는지 등 신청에 이르기까지의 경위를 기재하고, 신청된 품목의 제외국의 허가상황, 구체적인 사용식품, 사용기준, 성분규격 등과 국제기관의 안전성 평가, 사용기준, 성분규격 등을 기재한다.

(3) 제조방법

제조공정을 간단 · 명료하게 기재한다.

(4) 성분규격(안)에 관한 자료

고시의 총칙 및 일반시험법 등을 참고로 하여 시험한 결과를 근거로 하여 작성한다.

명칭(일반명, 화학명, INS No., CAS No. 등), 구조식 또는 시성식, 분자식 및 분자량, 정의(기원물질, 제조방법, 주성분 등), 함량, 성상(맛, 냄새, 색, 형상 등), 확인시험에 대한 내용(해당 식품첨가물의 진위 여부를 그 특성에 근거하여 확인하는 시험), 순도시험, 건조감량, 강열감량 또는 수분 및 수분함량, 강열잔류물에 대한 내용(일반적으로 유기물 중에 불순물로서 함유되어 있는 무기물의 함량을 측정하기 위한 것이나, 경우에 따라서는 유기물 중의 구성성분으로서 함유되어 있는 무기물 또는 강열 시 휘발하는 무기물 중에 함유되어 있는 불순물의 양을 측정하기 위한 것), 정량법(유효성분의 함량을 물리적, 화학적 또는 생물학적 방법에 의해 측정하는 시험), 식품첨가물의 안정성, 식품 중 식품첨가물 분석법(식품첨가물을 사용할 가능성이 높은 식품에 대해 해당 식품첨가물의 첨가여부를 확인할 수 있는 정성적 및 정량적 분석방법을 설정하여 실험한 내용), 성분규격(안)의 설정근거(국제기관에서 설정한 성분규격, 제외국의 성분규격과 성분규격(안)의 대비표)

(5) 사용의 기술적 필요성 및 정당성에 관한 자료

이미 식품첨가물의 기준 및 규격이 설정된 동일한 용도의 식품첨가물이 있는 경우에는 그 식품첨가물과 효과를 비교한 자료를 제출

(6) 안전성에 관한 자료

식품첨가물 지정 및 허가를 위해 안전성에 관한 자료를 제출하려면 독성에 관한 자료, 체내 동태에 관한자료, 1일 섭취허용량에 관한 자료 등을 제출해야 하는데 이는 사용기준을 정립하기 위함이다.

① 독성시험

독성시험은 경제협력개발기구(OECD) 지침 등 표준방법 등에 준하되, 시험할 필요가 없다고 판단될 경우 생략할 수 있으나 그 사유를 기재하고 근거자료를 제출한다. FAO/WHO합동 식품첨가물전문가위원회(JECFA)에서 안전성 평가가 이

루어진 식품첨가물에 대하여는 가장 최근의 평가자료를 제출하도록 한다.

시험을 진행할 시 기본적으로 반복투여독성시험, 생식 · 발생독성시험, 유전독성시험, 면역독성시험, 만성 · 발암성시험을 진행한다.

② 체내 동태에 관한 실험

식품첨가물을 섭취하였을 때 생체 내에서 흡수, 분포, 대사, 배설을 추정하기 위해 시험을 실시하는 것으로 동물시험뿐만 아니라 사람에 대하여 체내동태 및 유해한 작용 추정에 대한 시험자료도 필요할 수 있다.

③ 1일 섭취허용량(Acceptable Daily Intake; ADI)

ADI는 사람이 일생 동안 섭취했을 때 아무런 장애 없이 섭취할 수 있는 화학물질의 1일섭취량(mg)을 말한다. ADI는 영구불변한 것이 아니고, 현시점에서 얻어진 과학정보에 의해 평가된 것이다. 1일섭취량과 독성시험으로부터 1일 섭취허용량(ADI)을 구하고, 식품첨가물의 1일섭취량은 사용대상식품의 1일섭취량에 식품첨가물의 사용량을 곱하여 구한다. 이때, 식품의 1일섭취량은 국민건강영양조사의 식품군별 섭취량 등의 자료를 참고하여 적절히 추정한다.

④ 최대무작용량(No Observed Efect Level)

NOEL은 투여군을 대조군과 비교 시 생물학적으로 어떠한 영향도 없다고 할 수 있을 때의 최대투여용량이다. 동물에 미치는 영향이 바람직하지 않은 독성인지, 아니면 문제가 되지 않은 영향인지에 따라 최대무독성용량(NOAEL)과 최대무작용량(NOEL)으로 구분한다.

(7) 사용기준(안)에 관한 자료

식품첨가물의 안전성, 사용의 기술적 필요성 등을 종합적으로 검토하여 사용대상식품 및 사용량 등을 한정하기 위해 사용기준(안)을 설정할 필요가 있다고 판단한 경우에는 이미 식품첨가물의 기준 및 규격이 설정되어 있는 다른 식품첨가물의 사용기준을 참고로 하여 작성한다.

2 식품첨가물의 종류와 용도

현재 식품첨가물로 지정되어 있는 식품첨가물은 619종이 있는데, 용도에 따라 32가지로 나눌 수 있다. 용도에 대한 뜻은 다음과 같다.

① 감미료란 식품에 단맛을 부여하는 식품첨가물을 말한다.

② 고결방지제란 식품의 입자 등이 서로 부착되어 고형화되는 것을 감소시키는 식품첨가물을 말한다.

③ 거품제거제란 식품의 거품 생성을 방지하거나 감소시키는 식품첨가물을 말한다.

④ 껌기초제란 적당한 점성과 탄력성을 갖는 비영양성의 씹는 물질로서 껌 제조의 기초 원료가 되는 식품첨가물을 말한다.

⑤ 밀가루개량제란 밀가루나 반죽에 첨가되어 제빵 품질이나 색을 증진시키는 식품첨가물을 말한다.

⑥ 발색제란 식품의 색을 안정화하거나, 유지 또는 강화시키는 식품첨가물을 말한다.

⑦ 보존료란 미생물에 의한 품질 저하를 방지하여 식품의 보존기간을 연장시키는 식품첨가물을 말한다.

⑧ 분사제란 용기에서 식품을 방출시키는 가스 식품첨가물을 말한다.

⑨ 산도조절제란 식품의 산도 또는 알칼리도를 조절하는 식품첨가물을 말한다.

⑩ 산화방지제란 산화에 의한 식품의 품질 저하를 방지하는 식품첨가물을 말한다.

⑪ 살균제란 식품 표면의 미생물을 단시간 내에 사멸시키는 작용을 하는 식품첨가물을 말한다.

⑫ 습윤제란 식품이 건조되는 것을 방지하는 식품첨가물을 말한다.

⑬ 안정제란 두 가지 또는 그 이상의 성분을 일정한 분산 형태로 유지시키는 식품첨가물을 말한다.

⑭ 여과보조제란 불순물 또는 미세한 입자를 흡착하여 제거하기 위해 사용되는 식품첨가물을 말한다.

⑮ 영양강화제란 식품의 영양학적 품질을 유지하기 위해 제조공정 중 손실된 영양소를 복원하거나, 영양소를 강화시키는 식품첨가물을 말한다.

⑯ 유화제란 물과 기름 등 섞이지 않는 두 가지 또는 그 이상의 상(phases)을 균질하게 섞어주거나 유지시키는 식품첨가물을 말한다.

⑰ 이형제란 식품의 형태를 유지하기 위해 원료가 용기에 붙는 것을 방지하여 분리하기 쉽도록 하는 식품첨가물을 말한다.

⑱ 응고제란 식품 성분을 결착 또는 응고시키거나, 과일 및 채소류의 조직을 단단하거나 바삭하게 유지시키는 식품첨가물을 말한다.

⑲ 제조용제란 식품의 제조 · 가공 시 촉매, 침전, 분해, 청징 등의 역할을 하는 보조제 식품첨가물을 말한다.

⑳ 젤형성제란 젤을 형성하여 식품에 물성을 부여하는 식품첨가물을 말한다.

㉑ 증점제란 식품의 점도를 증가시키는 식품첨가물을 말한다.

㉒ 착색료란 식품에 색을 부여하거나 복원시키는 식품첨가물을 말한다.

㉓ 청관제란 식품에 직접 접촉하는 스팀을 생산하는 보일러 내부의 결석, 물때 형성, 부식 등을 방지하기 위하여 투입하는 식품첨가물을 말한다.

㉔ 추출용제란 유용한 성분 등을 추출하거나 용해시키는 식품첨가물을 말한다.

㉕ 충전제란 산화나 부패로부터 식품을 보호하기 위해 식품의 제조 시 포장 용기에 의도적으로 주입하는 가스 식품첨가물을 말한다.

㉖ 팽창제란 가스를 방출하여 반죽의 부피를 증가시키는 식품첨가물을 말한다.

㉗ 표백제란 식품의 색을 제거하기 위해 사용되는 식품첨가물을 말한다.

㉘ 표면처리제란 식품의 표면을 매끄럽게 하거나 정돈하기 위해 사용되는 식품첨가물을 말한다.

㉙ 피막제란 식품의 표면에 광택을 내거나 보호막을 형성하는 식품첨가물을 말한다.

㉚ 향미증진제란 식품의 맛 또는 향미를 증진시키는 식품첨가물을 말한다.

㉛ 향료란 식품에 특유한 향을 부여하거나 제조공정 중 손실된 식품 본래의 향을 보강시키는 식품첨가물을 말한다.

㉜ 효소제란 특정한 생화학 반응의 촉매 작용을 하는 식품첨가물을 말한다.

표 6-2 식품첨가물(화학적 합성품)의 사용목적별 분류

사용 목적	종류
식품보존에 사용되는 첨가물	보존료, 항진균제, 살균료, 산화방지제, 방충제, 피막제
식품의 가공에 사용되는 첨가물	감미료, 조미료, 산미료, 착향료, 착색료, 발색제, 표백제, 소맥분처리제, 탈염소제
식품의 제조에 사용되는 첨가물	결착제, 발효조정제, 이형제, 두부용 응고제, pH조정제, 이스트푸드, 응고방지제, 색조조정제, 품질개량제, 보습제간수, 팽창제, 껌 베이스, 양조제, 제조용제, 추잉껌 연화제, 소포제, 유화 안정제, 점착방지제, 품질유지제, 증점제, 유화제
식품영양가치를 강화하는 데 사용되는 첨가물	영양강화제

1) 식품첨가물의 기준 및 규격

(1) 보존료

미생물에 의한 품질 저하를 방지하여 식품의 보존기간을 연장시키는 식품첨가물을 말하며, 식품의 보존 중에 일어나는 세균이나 곰팡이 등 미생물의 발육을 억제하여 변패나 변질을 방지하고 식품의 신선도와 영양가 손실을 방지하기 위하여 식품에 첨가하는 화학적 합성품이다.

보존료로서 식품에 사용되기 위해서는 다음과 같은 원칙이 있어야 한다.

① 냉장, 냉동, 탈수, 염장, 당장 등의 식품의 부패를 억제하는 수단을 사용한 후 여의치 않을 경우 보조수단으로서 보존료의 사용을 생각해야 한다.

② 보존료의 정확한 양을 사용하면 인체에 무해하거나 독성이 미약할 것

③ 외부적인 환경적 요인(공기, 광선, 열)에 영향을 받지 않을 것

④ pH에 의해 영향을 받지 않을 것

⑤ 자극적인 맛이 없고 무미, 무취하여 식품 본연의 맛을 저해하지 않을 것

표 6-3 주요 보존료의 명칭과 사용기준

명칭	허용량 및 사용기준
소브산 소브산칼륨 소브산칼슘	1. 치즈류 : 3.0g/kg 이하
	2. 식육가공품 : 2.0g/kg 이하
	3. 콜라겐케이싱 : 0.1g/kg 이하
	4. 젓갈류 : 1.0g/kg 이하
	5. 알로에전잎(겔 포함) 건강기능식품 : 1.0g/kg 이하
	6. 농축과일즙, 과·채주스 : 1.0g/kg 이하
	7. 탄산음료 : 0.5g/kg 이하
	8. 잼류 : 1.0g/kg 이하
	9. 건조과일류, 토마토케첩, 당절임(건조당절임 제외) : 0.5g/kg 이하
	10. 절임식품, 마요네즈 : 1.0g/kg 이하
	11. 발효음료류(살균한 것은 제외) : 0.05g/kg 이하
	12. 과실주, 탁주, 약주 : 0.2g/kg 이하
	13. 마가린 : 2.0g/kg 이하
	14. 당류가공품 : 1.0g/kg 이하
	15. 향신료조제품(건조제품 제외) : 1.0g/kg 이하
	16. 건강기능식품(알로에전잎(겔 포함) 제품은 제외) : 2.0g/kg 이하

안식향산 안식향산나트륨 안식향산칼슘 안식향산칼륨	1. 과일·채소류음료(비가열제품 제외) : 0.6g/kg 이하
	2. 탄산음료 : 0.6g/kg 이하
	3. 기타음료(분말제품 제외), 인삼, 홍삼음료 : 0.6g/kg 이하
	4. 한식간장, 양조간장, 산분해간장, 효소분해간장, 혼합간장 : 0.6g/kg 이하
	5. 알로에전잎(겔 포함) 건강기능식품(단, 두 가지 이상의 건강기능식품 원료를 사용하는 경우에는 사용된 알로에전잎(겔 포함) 건강기능식품 성분의 배합비율을 적용) : 0.5g/kg 이하
	6. 잼류 : 1.0g/kg 이하
	7. 망고처트니 : 0.25g/kg 이하
	8. 마가린 : 1.0g/kg 이하
	9. 절임식품, 마요네즈 : 1.0g/kg 이하
파라옥시안식향산메틸 파라옥시안식향산에틸	1. 캡슐류 : 1.0g/kg 이하
	2. 잼류 : 1.0g/kg 이하
	3. 망고처트니 : 0.25g/kg 이하
	4. 한식간장, 양조간장, 산분해간장, 효소분해간장, 혼합간장 : 0.25g/kg 이하
	5. 식초 : 0.1g/L 이하
	6. 기타음료(분말제품 제외), 인삼, 홍삼음료 : 0.1g/kg 이하
	7. 소스 : 0.2g/kg 이하
	8. 과일류(표피부분에 한한다) : 0.012g/kg 이하
	9. 채소류(표피부분에 한한다) : 0.012g/kg 이하
프로피온산	1. 빵류 : 2.5g/kg 이하 2. 치즈류 : 3.0g/kg 이하 3. 잼류 : 1.0g/kg 이하 4. 착향의 목적
프로피온산나트륨 프로피온산칼슘	1. 빵류 : 2.5g/kg 이하 2. 치즈류 : 3.0g/kg 이하 3. 잼류 : 1.0g/kg 이하
데히드로초산나트륨	1. 치즈류, 버터류, 마가린 : 0.5g/kg 이하

* 위 표는 식품첨가물 사용기준을 축약한 것으로 세부내용은 고시전문을 확인하시기 바랍니다.

자세히 알아보기

보존료제제란 보존료를 2종 이상 혼합하거나, 그 1종 이상을 기타 식품첨가물 또는 희석제와 혼합하거나 희석한 것을 말한다. 다만, 2종 이상의 보존료를 혼합하여 제제를 만들 경우 개별 보존료의 사용기준에 적합하도록 혼합 또는 희석하여야 한다.

(2) 살균제

살균제는 식품 표면의 미생물을 단시간 내에 사멸시키는 작용을 하는 식품첨가물로 식품 부패의 원인이 되는 원인균이나 미생물 및 전염병균을 사멸시키기 위하여 첨가되는 것으로, 보존료와 같이 안전성이 낮기 때문에 사용기준도 엄격하여 주로 음용수, 식기류, 손 등의 소독에 사용되며, 특히 식품에 직접 첨가되는 것은 엄격한 사용기준이 규정되어 있다.

허용하는 살균제는 표백분, 고도표백분, 차아염소산나트륨, 이염화이소시아뉼산나트륨, 에틸렌옥사이드 등이 있는데, 차아염소산나트륨은 참깨에 사용해서는 안 된다.

표 6-4 허용 살균제의 명칭과 사용기준

명칭	허용량 및 사용기준
과산화수소	과산화수소는 최종식품의 완성 전에 분해하거나 또는 제거하여야 한다.
과산화초산	과산화초산은 아래의 식품에 한하여 살균의 목적에 한하여 사용하여야 하며, 최종식품의 완성 전에 식품 표면으로부터 침지액 또는 분무액을 털어내거나 흘러내리도록 하여야 한다. 과산화초산의 사용량(농도)은 과산화초산 및 1-하이드록시에틸리덴-1,1-디포스포닌산(HEDP)으로서 아래의 기준 이하로 사용하여야 한다. 1. 과산화초산 – 과일·채소류 : 0.080g/kg 2. 과산화초산 – 식육(포유류) : 1.8g/kg 3. HEDP – 과일·채소류 : 0.0048g/kg 4. HEDP – 식육(포유류) : 0.024g/kg
오존수	오존수는 과일류, 채소류 등 식품의 살균 목적에 한하여 사용하여야 하며, 최종식품의 완성 전에 제거하여야 한다.

이산화염소(수)	1. 이산화염소는 빵류 제조용 밀가루에 한하여 사용하여야 하며, 사용량은 빵류 제조용 밀가루에 있어서는 1kg에 대하여 30mg 이하여야 한다. 2. 이산화염소수는 과일류, 채소류 등 식품의 살균 목적에 한하여 사용하여야 하며, 최종식품의 완성 전에 제거하여야 한다.
차아염소산나트륨	차아염소산나트륨은 과일류, 채소류 등 식품의 살균 목적에 한하여 사용하여야 하며, 최종식품의 완성 전에 제거하여야 한다. 다만, 참깨에 사용하여서는 아니 된다.
차아염소산수	차아염소산수는 과일류, 채소류 등 식품의 살균 목적에 한하여 사용하여야 하며, 최종식품의 완성 전에 제거하여야 한다.
차아염소산칼슘	차아염소산칼슘은 과일류, 채소류 등 식품의 살균 목적에 한하여 사용하여야 하며, 최종식품의 완성 전에 제거하여야 한다.

* 위 표는 식품첨가물 사용기준을 축약한 것으로 세부내용은 고시전문을 확인하시기 바랍니다.

(3) 산화방지제

산화방지제란 산화에 의한 식품의 품질 저하를 방지하는 식품첨가물을 말하며, 식품을 보존할 때 미생물에 의한 부패 외에도 공기 중의 산소에 의해서 유지가 산패되어 자극적인 냄새를 발산하거나, 맛과 향이 변하고 영양가도 감소하는 등의 산화를 방지하기 위해서 사용하는 방지제이다.

유지의 산패는 일반적으로 불포화지방산의 자동산화(autoxi-dation)에 의해서 일어나고 유지의 산화속도가 일정하지 않으면 초기에는 극히 완만한데, 이 기간을 유도기(induction period)라고 하며 유도기가 지나면 Peroxy radical과 Hydroperoxide의 생산량이 급증한다. Hydroperoxide는 급속 등이 혼재하면 이에 의해 분해되어 새로운 Radical을 생산하고, Aldehyde, Ketone, 유리산, 염화수소 등을 생성하거나 중합반응을 일으킨다.

일반적으로 유지의 산화방지제는 이러한 연쇄반응을 정지시키기 위해 사용된다.

표 6-5 허용 산화방지제의 명칭과 사용기준

명칭	허용량 및 사용기준
디부틸히드록시톨루엔	1. 식용유지류 : 0.2g/kg 이하
	2. 어패냉동품의 침지액 : 1g/kg 이하
	3. 추잉껌 : 0.4g/kg 이하
	4. 체중조절용 조제식품, 시리얼류 : 0.05g/kg 이하
	5. 마요네즈 : 0.06g/kg 이하
루틴	루틴은 착색료로도 사용되며 천연식품, 다류, 커피, 고춧가루, 실고추, 김치류, 고추장, 조미고추장, 식초 등에 사용하여서는 아니 된다.
메타중아황산나트륨 메타중아황산칼륨 무수아황산 산성아황산나트륨 아황산나트륨 차아황산나트륨	메타중아황산나트륨, 메타중아황산칼륨, 무수아황산, 산성아황산나트륨, 아황산나트륨, 차아황산나트륨은 표백제, 보존료, 산화방지제로 사용되며, 사용량은 이산화황으로서 기준 이상 남지 아니하도록 사용하여야 한다.
	1. 박고지 : 5.0g/kg
	2. 당밀 : 0.30g/kg
	3. 물엿, 기타 엿 : 0.20g/kg
	4. 과실주 : 0.350g/kg
	5. 과일·채소류 음료 : 0.030g/kg
	6. 과·채가공품 : 0.030g/kg
	7. 건조과일류 : 1.0g/kg 단, 건조살구 2.0g/kg, 건조코코넛 0.20g/kg
	8. 건조채소류, 건조버섯류 : 0.50g/kg
	9. 표시되지 않은 건조농·임산물은 이산화황 기준에 따름
	10. 곤약분 : 0.90g/kg
	11. 새우 : 0.10g/kg
	12. 냉동생게 : 0.10g/kg
	13. 설탕류 : 0.020g/kg
	14. 식초 : 0.10g/kg
	15. 건조감자 : 0.50g/kg
	16. 소스 : 0.30g/kg
	17. 향신료조제품 : 0.20g/kg

	18. 기타수산물가공품 : 0.030g/kg
	19. 곡류가공품 : 0.20g/kg
몰식자산프로필	1. 식용유지류, 버터류 : 0.1g/kg 이하
부틸히드록시아니솔	1. 식용유지류, 버터류, 어패염장·건제품 : 0.2g/kg 이하
	2. 어패냉동품의 침지액 : 1g/kg 이하
	3. 추잉껌 : 0.4g/kg 이하
	4. 체중조절용 조제식품, 시리얼류 : 0.05g/kg 이하
	5. 마요네즈 : 0.14g/kg 이하
L-아스코빌스테아레이트	L-아스코빌팔미테이트는 산화방지제 및 영양강화제로 사용되며, 사용량은 다음과 같다.
	1. 식용유지류 : 0.5g/kg 이하
	2. 건강기능식품의 경우는 해당 기준 및 규격에 따른다.
L-아스코빌팔미테이트	L-아스코빌팔미테이트는 산화방지제 및 영양강화제로 사용되며, 사용량은 다음과 같다.
	1. 식용유지류 : 0.5g/kg 이하
	2. 마요네즈 : 0.5g/kg 이하
	3. 기타가공품 : 1.0g/kg 이하
	4. 캔디류, 코코아가공품류 : 0.5g/kg 이하
	5. 건강기능식품의 경우는 해당 기준 및 규격에 따른다.
에리토브산 에리토브산나트륨	에리토브산 및 에리토브산나트륨은 산화방지제 목적에 한하여 사용하여야 한다.
EDTA2나트륨 EDTA칼슘2나트륨	EDTA2나트륨과 EDTA칼슘2나트륨의 사용량은 무수EDTA2나트륨으로서 아래 식품에 한하여 사용하여야 한다.
	1. 소스, 마요네즈 : 0.075g/kg 이하
	2. 통조림식품, 병조림식품 : 0.25g/kg 이하
	3. 음료류 : 0.035g/kg 이하
	4. 마가린 : 0.1g/kg 이하
	5. 오이초절임, 양배추초절임 : 0.22g/kg 이하
	6. 건조과일류(바나나에 한한다) : 0.265g/kg 이하
	7. 서류가공품(냉동감자에 한한다) : 0.365g/kg 이하
	8. 땅콩버터 : 0.1g/kg 이하

터셔리부틸히드로퀴논	1. 식용유지류, 버터류, 어패건제품, 어패염장품 : 0.2g/kg 이하
	2. 어패냉동품의 침지액 : 1g/kg 이하
	3. 추잉껌 : 0.4g/kg 이하

* 위 표는 식품첨가물 사용기준을 축약한 것으로 세부내용은 고시전문을 확인하시기 바랍니다.

(4) 착색료

착색료는 식품에 색을 부여하거나 복원시키는 식품첨가물로 인공적인 화합물과 천연적인 추출물 등이 있다. 과거에는 합성착색료를 많이 사용하였지만, 최근에는 안정성 문제가 대두됨에 따라 천연 착색료가 증가하는 추세이다.

주요 착색료로는 식용색소녹색제3호, 식용색소적색제3호 등 15종, 동클로로필린류 3종, 카라멜색소, 수용성안나토, 포도과피색소, 비타민B_2인산에스테르나트륨이 있으며, 착색료는 사용하고자 하는 목적에 따라 나눌 수 있다.

① 색채를 선명하게 하여 식품의 소비를 촉진시킬 목적으로 하는 경우
② 천연색소로 생산되어 있는 식품을 2차 가공했을 경우 탈색되거나 변형되는 것을 막기 위하여 착색료를 쓰는 경우
③ 식품의 동일한 색을 나타내어 일정한 통일성을 주고자 하는 경우(합성착색료는 타르(tar)색소, 타르색소의 알루미늄레이크, 비타르계 색소가 있다.)

(5) 발색제

발색제는 착색제와는 달리 자신이 색을 가지고 있지 않지만, 식품의 유색 물질과 결합해서 그 색을 보존하거나 또는 발색시키는 물질로, 식품의 색을 안정시키거나, 유지 또는 강화시켜 기호성 및 보존성을 높이는 목적으로 사용된다.

표 6-6 허용 발색제의 명칭과 사용기준

명칭	허용량 및 사용기준
아질산나트륨	1. 식육가공품(식육추출가공품 제외), 기타 동물성가공식품(기타 식육이 함유된 제품에 한함) : 0.07g/kg
	2. 어육소시지 : 0.05g/kg
	3. 명란젓, 연어알젓 : 0.005g/kg
질산나트륨	1. 식육가공품(식육추출가공품 제외), 기타 동물성가공식품(기타 식육이 함유된 제품에 한함) : 0.07g/kg
	2. 치즈류 : 0.05g/kg
질산칼륨	1. 식육가공품(식육추출가공품 제외), 기타 동물성가공식품(기타 식육이 함유된 제품에 한함) : 0.07g/kg
	2. 치즈류 : 0.05g/kg
	3. 대구알염장품 : 0.2g/kg

* 위 표는 식품첨가물 사용기준을 축약한 것으로 세부내용은 고시전문을 확인하시기 바랍니다.

허용 발색제인 아질산나트륨, 질산나트륨, 질산칼륨 3개는 발색제뿐만 아니라 보존제로도 사용된다.

(6) 표백제

표백제는 식품의 색을 제거하기 위해 사용되는 식품첨가물을 말하며, 식품을 가공하거나 제조할 때 식품 중의 색소가 산화 등에 의하여 변색 또는 퇴색되는 것을 억제하기 위해서 사용한다.

표백에는 산화제를 사용하는 방법에 따라 산화표백제와 환원표백제로 나뉜다. 산화에 의한 표백일 때는 변색되어 유색이 되는 경우가 있으며, 환원에 의한 표백은 환원제가 존재하는 동안에는 표백효과가 있으나 환원제가 잔존하지 않으면 공기 중의 산소에 의하여 산화되어 원상태로 돌아가는 경우도 있다.

허용된 표백제는 산화방지제로도 사용되는 이산화황 종류로 정확한 명칭과 그 사용기준은 〈표 6-7〉과 같다.

표 6-7 허용 표백제의 명칭과 사용기준

메타중아황산나트륨 메타중아황산칼륨 무수아황산 산성아황산나트륨 아황산나트륨 차아황산나트륨	메타중아황산나트륨, 메타중아황산칼륨, 무수아황산, 산성아황산나트륨, 아황산나트륨, 차아황산나트륨은 표백제, 보존료, 산화방지제로 사용되며, 사용량은 이산화황으로서 기준 이상 남지 아니하도록 사용하여야 한다.
	1. 박고지 : 5.0g/kg
	2. 당밀 : 0.30g/kg
	3. 물엿, 기타 엿 : 0.20g/kg
	4. 과실주 : 0.350g/kg
	5. 과일·채소류 음료 : 0.030g/kg
	6. 과·채가공품 : 0.030g/kg
	7. 건조과일류 : 1.0g/kg 단, 건조살구 2.0g/kg, 건조코코넛 0.20g/kg
	8. 건조채소류, 건조버섯류 : 0.50g/kg
	9. 표시되지 않은 건조농·임산물은 이산화황 기준에 따름
	10. 곤약분 : 0.90g/kg
	11. 새우 : 0.10g/kg
	12. 냉동생게 : 0.10g/kg
	13. 설탕류 : 0.020g/kg
	14. 식초 : 0.10g/kg
	15. 건조감자 : 0.50g/kg
	16. 소스 : 0.30g/kg
	17. 향신료조제품 : 0.20g/kg
	18. 기타수산물가공품 : 0.030g/kg
	19. 곡류가공품 : 0.20g/kg

* 위 표는 식품첨가물 사용기준을 축약한 것으로 세부내용은 고시전문을 확인하시기 바랍니다.

(7) 밀가루개량제

밀가루개량제는 밀가루나 반죽에 첨가되어 제빵 품질이나 색을 증진시키는 식품첨가물을 말한다. 밀가루는 제조 후 그대로 즉시 사용하면 Carotinoide 등의 색소를 함유하고 있어 숙성이 안 되어 좋은 제품을 얻을 수 없다. 화학물질을 사용하여 표백과 성숙기간을 단축시키고 제빵 저해물질을 파괴시켜 분질을 개량하도록 만든 것을 밀가루개량제라 한다. 밀가루개량제의 효과는 그 산화작용에 근거한 표백작용과 숙성작용에 의한 것이지만 품목에 따라서는 표백작용은 거의 없고 숙성작용만 있는 것도 있다.

현재 허용된 명칭과 사용기준은 〈표 6-8〉과 같다.

표 6-8 허용 밀가루개량제의 명칭과 사용기준

명칭	허용량 및 사용기준
과산화벤조일	1. 밀가루류 0.3g/kg 이하
과황산암모늄	1. 밀가루류 : 0.3g/kg 이하
L-시스테인염산염	L-시스테인염산염은 밀가루개량제, 영양강화제, 향료로 사용되며 아래의 식품에 한하여 사용하여야 한다.
	1. 밀가루류
	2. 과일주스
	3. 빵류 및 이의 제조용 믹스
	4. 착향의 목적
아조디카르본아미드	1. 밀가루류 : 45mg/kg 이하
염소	1. 밀가루류 : 2.5g/kg 이하
이산화염소(수)	이산화염소(수)는 밀가루개량제 또는 살균제로 사용할 수 있으며, 아래의 식품에 한하여 사용하여야 한다.
	1. 이산화염소는 빵류 제조용 밀가루에 한하여 사용하여야 하며, 사용량은 빵류 제조용 밀가루에 있어서는 1kg에 대하여 30mg 이하여야 한다.
	2. 이산화염소수는 과일류, 채소류 등 식품의 살균 목적에 한하여 사용하여야 하며, 최종식품의 완성 전에 제거하여야 한다.

* 위 표는 식품첨가물 사용기준을 축약한 것으로 세부내용은 고시전문을 확인하시기 바랍니다.

(8) 유화제

서로 혼합이 잘 되지 않는 두 종류의 액체 또는 고체를 액체에 분산시키는 기능을 가지고 있는 물질을 유화제 또는 계면활성제라고 한다. 즉 물과 기름의 계면에 작용하여 계면 장력을 낮춤으로써 분산상의 응집을 막는 것을 계면활성제라 한다. 과거에는 유화제 사용량에 제한을 두지 않았으나 현재는 사용기준이 정해져 제대로 알 필요가 있다.

현재 허용된 명칭과 사용기준은 〈표 6-9〉와 같다.

표 6-9 허용 유화제의 명칭과 사용기준

명칭	허용량 및 사용기준
라우릴황산나트륨	1. 건강기능식품, 캡슐류
스테아릴젖산나트륨	1. 빵류 및 이의 제조용 믹스
	2. 면류, 만두피
	3. 식물성크림
	4. 소스
	5. 치즈류
	6. 과자(한과류 제외)
스테아릴젖산칼슘	1. 빵류 및 이의 제조용 믹스
	2. 식물성크림
	3. 난백
	4. 과자(한과류 제외)
	5. 서류가공품
알긴산프로필렌글리콜	알긴산프로필렌글리콜의 사용량은 알긴산프로필렌글리콜로서 식품의 1% 이하여야 한다.
암모늄포스파타이드	1. 기타 코코아가공품, 초콜릿류 : 10g/kg 이하
염기성알루미늄인산나트륨	염기성알루미늄인산나트륨은 산도조절제와 유화제로 사용되며 아래의 식품에 한하여 사용하여야 한다.
	1. 과자 및 이의 제조용 믹스, 빵류 및 이의 제조용 믹스, 튀김 제조용 믹스 : 0.1g/kg 이하

프로필렌글리콜	프로필렌글리콜은 유화제, 습윤제, 안정제로 사용할 수 있으며, 최종 제품에 직접 사용하는 경우는 아래의 식품에 한하여 사용하여야 한다. 다만, 식품첨가물의 희석제, 유화제, 안정제로 사용된 경우에는 최종 제품의 2% 이하로 사용하여야 한다.
	1. 만두류 : 1.2% 이하
	2. 땅콩 또는 견과류가공품: 5% 이하
	3. 아이스크림류 : 2.5% 이하
	4. 과자, 캔디류, 추잉껌, 향신료가공품, 기타가공품 : 2% 이하
	5. 빵류, 기타 농산가공품류, 캡슐류 : 1% 이하
	6. 건강기능식품 : 2% 이하

* 위 표는 식품첨가물 사용기준을 축약한 것으로 세부내용은 고시전문을 확인하시기 바랍니다.

(9) 조미료

조미료는 식품 본래의 맛을 강하게 하거나, 사람들의 기호에 맞도록 다른 맛을 만들어 내는 일종의 첨가물이다. 조미료는 맛의 종류에 따라서 감미료, 산미료, 염미료, 신미료 등으로 분류할 수 있다.

(10) 감미료

감미료는 식품에 단맛을 부여하는 식품첨가물을 말하며, 당질 이외의 감미를 가진 화학적 합성품을 말하는 것으로 천연 감미료와 인공감미료로 나뉜다. 인공 감미료는 당뇨병을 조절하거나, 당 섭취를 제한하기를 원하는 사람들에게 필요하다. 허가된 감미료의 명칭과 사용기준은 〈표 -10〉과 같으며, 과거에는 감미료 사용량에 제한을 두지 않았으나 현재는 사용기준이 정해져 유의하여 사용하여야 한다.

표 6-10 허용 감미료의 명칭과 사용기준

명칭	허용량 및 사용기준
글리시리진산이나트륨	1. 한식된장, 된장
	2. 한식간장, 양조간장, 산분해간장, 효소분해간장, 혼합간장
네오탐	1. 추잉껌: 1.0g/kg 이하
	2. 떡류: 0.033g/kg 이하
	3. 잼류: 0.070g/kg 이하
	4. 농축과·채즙: 0.065g/kg 이하
	5. 특수의료용도 등 식품: 0.033g/kg 이하
	6. 체중조절용 조제식품: 0.065g/kg 이하
	7. 식초: 0.012g/kg 이하
	8. 소스, 마요네즈: 0.070g/kg 이하
	9. 토마토케첩: 0.070g/kg 이하
	10. 향신료조제품: 0.012g/kg 이하
	11. 복합조미식품: 0.032g/kg 이하
	12. 조미액젓: 0.012g/kg 이하
	13. 절임식품: 0.100g/kg 이하
	14. 땅콩 또는 견과류가공품: 0.033g/kg 이하
	15. 과·채가공품: 0.100g/kg 이하
	16. 치즈류: 0.033g/kg 이하
	17. 식물성크림: 0.065g/kg 이하
	18. 시리얼류: 0.160g/kg 이하
	19. 즉석섭취식품: 0.033g/kg 이하
	20. 즉석조리식품: 0.032g/kg 이하
	21. 기타 농산가공품: 0.033g/kg 이하
	22. 효모식품: 0.065g/kg 이하
	23. 당류가공품: 0.100g/kg 이하
	24. 유크림류: 0.065g/kg 이하
	25. 건강기능식품: 0.090g/kg 이하

사카린나트륨	1. 젓갈류, 절임류, 조림류 : 1.0g/kg 이하
	2. 김치류 : 0.2g/kg 이하
	3. 음료류(발효음료류, 인삼·홍삼음료, 다류 제외) : 0.2g/kg 이하 단, 5배이상 희석하여 사용하는 것은 1.0g/kg 이하
	4. 어육가공품류 : 0.1g/kg 이하
	5. 시리얼류 : 0.1g/kg 이하
	6. 뻥튀기 : 0.5g/kg 이하
	7. 특수의료용도 등 식품 : 0.2g/kg 이하
	8. 체중조절용 조제식품 : 0.3g/kg 이하
	9. 건강기능식품 : 1.2g/kg 이하
	10. 추잉껌 : 1.2g/kg 이하
	11. 잼류 : 0.2g/kg 이하
	12. 장류 : 0.2g/kg 이하
	13. 소스 : 0.16g/kg 이하
	14. 토마토케첩 : 0.16g/kg 이하
	15. 탁주 : 0.08g/kg 이하
	16. 소주 : 0.08g/kg 이하
	17. 과실주 : 0.08g/kg 이하
	18. 기타 코코아가공품, 초콜릿류 : 0.5g/kg 이하
	19. 빵류 : 0.17g/kg 이하
	20. 과자 : 0.1g/kg 이하
	21. 캔디류 : 0.5g/kg 이하
	22. 빙과 : 0.1g/kg 이하
	23. 아이스크림류 : 0.1g/kg 이하
	24. 조미건어포 : 0.1g/kg 이하
	25. 떡류 : 0.2g/kg 이하
	26. 복합조미식품 : 1.5g/kg 이하
	27. 마요네즈 : 0.16g/kg 이하
	28. 과·채가공품 : 0.2g/kg 이하
	29. 옥수수(삶거나 찐 것에 한함) : 0.2g/kg 이하
	30. 당류가공품 : 0.3g/kg 이하

수크랄로스	1. 과자 : 1.8g/kg 이하
	2. 추잉껌 : 2.6g/kg 이하
	3. 잼류 : 0.4g/kg 이하
	4. 음료류, 가공유, 발효유류 : 0.40g/kg 이하 단, 희석하여 음용하는 제품에 있어서는 희석한 것으로서
	5. 설탕대체식품 : 12g/kg 이하
	6. 시리얼류 : 1.0g/kg 이하
	7. 특수의료용도 등 식품 : 0.4g/kg 이하
	8. 체중조절용 조제식품 : 0.32g/kg 이하
	9. 기타 식품 : 0.58g/kg 이하
	10. 건강기능식품 : 1.25g/kg 이하
스테비올배당체 효소처리스테비아	스테비올배당체와 효소처리스테비아는 아래의 식품에 사용하면 안 된다.
	1. 설탕
	2. 포도당
	3. 물엿
	4. 벌꿀류
아세설팜칼륨	1. 과자, 조림류 : 2.5g/kg 이하
	2. 추잉껌 : 5.0g/kg 이하
	3. 소스, 캔디류, 잼류, 절임류, 빙과, 아이스크림류 : 1.0g/kg 이하
	4. 음료류, 가공유, 발효유류 : 0.50g/kg 이하
	5. 설탕대체식품 : 15g/kg 이하
	6. 시리얼류 : 1.2g/kg 이하
	7. 특수의료용도 등 식품 : 0.5g/kg 이하
	8. 체중조절용 조제식품 : 0.45g/kg 이하
	9. 기타 식품 : 0.35g/kg 이하
	10. 건강기능식품 : 2.0g/kg 이하
아스파탐	아스파탐의 사용량은 아래와 같으며, 기타 식품의 경우 제한받지 아니한다.
	1. 빵류, 과자, 빵류 제조용 믹스, 과자 제조용 믹스 : 5.0g/kg 이하
	2. 시리얼류 : 1.0g/kg 이하
	3. 특수의료용도 등 식품 : 1.0g/kg 이하
	4. 체중조절용 조제식품 : 0.8g/kg 이하
	5. 건강기능식품 : 5.5g/kg 이하

* 위 표는 식품첨가물 사용기준을 축약한 것으로 세부내용은 고시전문을 확인하시기 바랍니다.

(11) 영양강화제

식품의 영양학적 품질을 유지하기 위해 제조공정 중 손실된 영양소를 복원하거나, 영양소를 강화시키는 식품첨가물을 말한다. 식품에 영양적 가치를 강화할 목적으로 사용되는 것으로서 비타민, 무기염, 아미노산 등이 강화제로 사용된다. 이러한 물질들은 식품의 종류에 따라서 부족한 것도 있고, 때로는 제조, 가공, 조리, 보존과정에서 없어질 때도 있어 영양강화제로 첨가하여 줄 수 있다.

우리나라에서 지정된 강화제는 비타민류, 필수아미노산류, 철염류 및 칼슘화합물로 크게 나누어져 사용하고 있으며 칼슘제, 요오드칼륨, 황산구리 등이 사용기준이 정해져 있다. 현재 허용된 명칭과 사용기준은 〈표 6-11〉과 같다.

표 6-11 허용 영양강화제의 명칭과 사용기준

명칭	허용량 및 사용기준
글루콘산아연	글루콘산아연은 아래의 식품에 한하여 사용하여야 한다.
	1. 음료류(다류, 커피 제외)
	2. 시리얼류
	3. 조제유류, 영아용 조제식, 성장기용 조제식, 영·유아용 이유식
	4. 특수의료용도 등 식품
	5. 체중조절용 조제식품
	6. 건강기능식품
글루콘산철	글루콘산철은 아래의 식품에 한하여 사용하여야 한다.
	1. 올리브가공품 : 0.15g/kg 이하
	2. 조제유류, 영아용 조제식, 성장기용 조제식, 영·유아용 이유식, 유단백 알레르기 영·유아용 조제식품, 영·유아용 특수조제식품
	3. 건강기능식품
글리세로인산칼슘	글리세로인산칼슘의 사용량은 칼슘으로서 식품의 1% 이하여야 한다.
메틸테트라히드로엽산글루코사민	메틸테트라히드로엽산글루코사민은 아래의 식품에 한하여 사용하여야 한다.
	1. 건강기능식품

몰리브덴산나트륨 염화크롬 몰리브덴산암모늄	몰리브덴산나트륨, 몰리브덴산암모늄, 염화크롬은 아래의 식품에 한하여 사용하여야 한다.
	1. 특수의료용도 등 식품
	2. 건강기능식품
불화나트륨	불화나트륨은 아래의 식품에 한하여 사용하여야 한다.
	1. 환자용식품(환자용 균형영양식에 한함)
셀렌산나트륨	셀렌산나트륨은 아래의 식품에 한하여 사용하여야 한다.
	1. 조제유류, 영아용 조제식, 성장기용 조제식
	2. 특수의료용도 등 식품
	3. 건강기능식품
L-시스테인염산염	L-시스테인염산염은 밀가루개량제, 영양강화제, 향료로 사용되며, 아래의 식품 또는 용도에 한하여 사용하여야 한다.
	1. 밀가루류
	2. 과일주스
	3. 빵류 및 이의 제조용 믹스
	4. 착향의 목적
5'-시티딜산	5'-시티딜산은 아래의 식품에 한하여 사용하여야 한다.
	1. 조제유류, 영아용 조제식, 성장기용 조제식, 영·유아용 이유식, 유단백 알레르기 영·유아용 조제식품, 영·유아용 특수조제식품: 0.125g/kg 이하
5'-시티딜산이나트륨	5'-시티딜산이나트륨은 아래의 식품에 한하여 사용하여야 한다.
	1. 조제유류, 영아용 조제식, 성장기용 조제식, 영·유아용 이유식, 유단백 알레르기 영·유아용 조제식품, 영·유아용 특수조제식품 : 0.142g/kg 이하
L-아스코빌스테아레이트	L-아스코빌스테아레이트는 산화방지제 및 영양강화제로 사용되며, 사용량은 다음과 같다.
	1. 식용유지류 : 0.5g/kg 이하
	2. 건강기능식품
L-아스코빌팔미테이트	L-아스코빌팔미테이트는 산화방지제 및 영양강화제로 사용되며, 사용량은 다음과 같다.
	1. 식용유지류 : 0.5g/kg 이하
	2. 마요네즈 : 0.5g/kg 이하

	3. 과자, 빵류, 떡류, 당류가공품, 액상차, 특수의료용도 등 식품, 체중조절용 조제식품, 임신·수유부용 식품, 주류, 과·채가공품, 서류가공품, 어육가공품류, 기타수산물가공품, 기타 가공품 : 1.0g/kg 이하
	4. 캔디류, 코코아가공품류 또는 초콜릿류, 유탕면, 복합조미식품, 향신료조제품, 만두피 : 0.5g/kg 이하
	5. 건강기능식품의 경우는 해당 기준 및 규격에 따른다.
5'-우리딜산이나트륨	5'-우리딜산이나트륨은 아래의 식품에 한하여 사용하여야 한다.
	1. 조제유류, 영아용 조제식, 성장기용 조제식, 영·유아용 이유식, 유단백 알레르기 영·유아용 조제식품, 영·유아용 특수조제식품 : 0.099g/kg 이하
	2. 환자용 식품 : 8g/kg 이하
제이인산칼슘	제이인산칼슘은 산도조절제, 영양강화제, 팽창제로 사용되며 사용량은 칼슘으로서 식품의 1% 이하여야 한다.
카로틴 β-카로틴	카로틴은 착색료, 영양강화제로 사용되며, 아래의 식품에 사용하여서는 안 된다.
	1. 천연식품[식육류, 어패류, 과일류, 채소류, 해조류, 콩류 등 및 그 단순가공품(탈피, 절단 등)]
	2. 다류
	3. 커피
	4. 고춧가루, 실고추
	5. 김치류
	6. 고추장, 조미고추장
	7. 식초
판토텐산칼슘	판토텐산칼슘의 사용량은 칼슘으로서 식품의 1% 이하여야 한다.
황산동	황산동은 영양강화제, 제조용제로 사용되며, 아래의 식품에 한하여 사용하여야 한다.
	1. 포도주 : 1mg/kg
	2. 시리얼류
	3. 조제유류, 영아용 조제식, 성장기용 조제식, 영·유아용 이유식
	4. 특수의료용도 등 식품
	5. 체중조절용 조제식품
	6. 건강기능식품

황산아연	영양강화제, 제조용제로 사용되며, 아래의 식품에 한하여 사용하여야 한다.
	1. 시리얼류, 맥주, 기타 주류
	2. 조제유류, 영아용 조제식, 성장기용 조제식, 영·유아용 이유식
	3. 특수의료용도 등 식품
	4. 체중조절용 조제식품
	5. 건강기능식품

* 위 표는 식품첨가물 사용기준을 축약한 것으로 세부내용은 고시전문을 확인하시기 바랍니다.

(12) 팽창제

팽창제는 가스를 방출하여 반죽의 부피를 부풀게 하여 적당한 형체를 갖추게 하기 위하여 사용되는 첨가물이다.

표 6-12 허용 팽창제의 명칭과 사용기준

명칭	허용량 및 사용기준
산성알루미늄인산나트륨	산성알루미늄인산나트륨은 산도조절제 및 팽창제로 사용할 수 있으며 아래의 식품에 한하여 사용하여야 한다.
	1. 과자 및 이의 제조용 믹스, 빵류 및 이의 제조용 믹스, 튀김 제조용 믹스 : 0.1g/kg 이하
제삼인산칼슘 제이인산칼슘 제일인산칼슘	제삼인산칼슘, 제이인산칼슘, 제일인산칼슘은 산도조절제, 팽창제, 영양강화제로 사용되며. 사용량은 칼슘으로서 식품의 1% 이하여야 한다.
황산알루미늄암모늄 황산알루미늄칼륨	황산알루미늄암모늄 및 황산알루미늄칼륨은 산도조절제, 팽창제, 안정제로 사용되며. 아래의 식품에 한하여 사용하여야 한다.
	1. 과자 및 이의 제조용 믹스, 빵류 및 이의 제조용 믹스, 튀김 제조용 믹스 : 0.1g/kg 이하
	2. 땅콩 또는 견과류 가공품(밤에 한함), 서류가공품(고구마에 한함), 기타 어육가공품, 과·채가공품 : 0.1g/kg 이하
	3. 면류 및 이의 제조용 믹스, 기타 수산물가공품, 전분가공품, 만두피 : 0.2g/kg 이하
	4. 절임식품 : 0.5g/kg 이하

* 위 표는 식품첨가물 사용기준을 축약한 것으로 세부내용은 고시전문을 확인하시기 바랍니다.

(13) 피막제

과실 및 채소류의 선도를 장기간 유지하기 위하여 표면에 피막을 형성시켜 광택을 내 외관을 보기 좋게 하고, 호흡작용을 억제시킴으로써 수분의 증발을 방지하는 보호막을 형성시키는 역할로 사용되고 있다.

주요 피막제인 몰포린지방산염의 사용기준은 과일류 또는 채소류의 표피에 피막제 목적 이외의 용도에는 사용이 금지되어 있고, 초산비닐수지의 경우 추잉껌기초제 및 과일류 또는 채소류 표피의 피막제 목적 이외의 용도에는 사용이 금지되어 있다.

(14) 추출용제

추출용제란 식품의 어떤 성분을 추출하거나 용해시킬 목적으로 사용하는 것이며, 현재 사용가능한 추출용제는 메틸알코올, 부탄, 아세톤, 이소프로필알코올, 초산에틸, 헥산이다.

(15) 이형제

이형제란 식품의 형태를 유지하기 위해 원료가 용기에 붙는 것을 방지하여 분리하기 쉽도록 하는 식품첨가물을 말하며, 주로 빵의 제조과정에서 빵 반죽을 분할기에서 분할할 때 달라붙지 않게 하고, 모양을 그대로 유지하기 위하여 사용한다.

현재 허용되는 첨가물은 유동파라핀과 피마자유인데 이형제 및 피막제로 사용되며 유동파라핀은 빵류, 캡슐류, 건조과일류에 사용할 수 있으며, 피마자유는 캔디류에 사용할 수 있다.

2) 기구 등의 살균 · 소독제

현재 우리나라는 기구에 사용할 수 있는 살균 소독제를 규정하고 있다.

(1) 사용기준

- 기구 등의 살균 · 소독제는 기구 등의 살균 · 소독 목적으로 개별품목에서 정해진 사용기준에 적합하게 사용하여야 하고, 사용한 살균 · 소독제 용액은 식품과 접촉하기 전에 자연건조, 열풍건조 등의 방법으로 제거하여야 한다.
- 기구 등의 살균 · 소독제는 기구 등의 표면을 침지하거나 표면에 직접 뿌리는 방법으로 사용하여야 하며, 공간 등에 분무하여서는 아니 된다.
- 기구 등의 살균 · 소독제는 세척제나 다른 살균 · 소독제 등과 혼합하여 사용하여서는 아니 된다.
- 기구 등의 살균 · 소독제는 그 자체로 직접 섭취하거나 흡입하는 목적으로 사용하여서는 아니 된다.

(2) 기구 등의 살균 · 소독제로 사용가능한 품목

기구 등의 살균 · 소독제로 사용가능한 품목은 과산화수소제제, 과산화초산제제, 구연산제제, 에탄올제제, 염화–N–데실–N, N–디메틸–1–데칸아미늄제제, 염화알킬(C12–C18)벤질디메틸암모늄제제, 요오드제제, 이산화염소제제, 이염화이소시아뉼산나트륨제제, 젖산제제, 차아염소산나트륨제제, 차아염소산수, 폴리(헥사메틸렌비구아니드)하이드로클로라이드제제이다.

3) 식품첨가물 지정취소 품목

다음은 과거에 허용되어 사용되던 식품첨가물 중 지정취소된 품목으로 현재 사용할 수 없는 식품첨가물이니 꼭 알아두고 사용하지 않아야 한다.

표 6-13 식품첨가물 지정취소 품목 목록

취소일자	식품첨가물명	지정취소 사유
1996.04.26.	브롬산칼륨	안전성 관련
2004.07.16.	꼭두서니색소	안전성 관련
2005.12.14.	락톤류	합성향료 목록 신설에 따른 개별 품목 삭제
2005.12.14.	방향족알데히드류	합성향료 목록 신설에 따른 개별 품목 삭제
2005.12.14.	방향족알코올류	합성향료 목록 신설에 따른 개별 품목 삭제
2005.12.14.	에스테르류	합성향료 목록 신설에 따른 개별 품목 삭제
2005.12.14.	에테르류	합성향료 목록 신설에 따른 개별 품목 삭제
2005.12.14.	이소티오시아네이트류	합성향료 목록 신설에 따른 개별 품목 삭제
2005.12.14.	인돌, 아민, 옥사졸, 치아졸, 퀴놀린, 피라진, 피롤, 피리딘 및 그 유도체	합성향료 목록 신설에 따른 개별 품목 삭제
2005.12.14.	지방산류	합성향료 목록 신설에 따른 개별 품목 삭제
2005.12.14.	지방족알데히드류	합성향료 목록 신설에 따른 개별 품목 삭제
2005.12.14.	지방족알코올류	합성향료 목록 신설에 따른 개별 품목 삭제
2005.12.14.	지방족탄화수소류	합성향료 목록 신설에 따른 개별 품목 삭제
2005.12.14.	치오알코올류	합성향료 목록 신설에 따른 개별 품목 삭제
2005.12.14.	치오에테르류	합성향료 목록 신설에 따른 개별 품목 삭제
2005.12.14.	케톤류	합성향료 목록 신설에 따른 개별 품목 삭제
2005.12.14.	페놀류	합성향료 목록 신설에 따른 개별 품목 삭제

2005.12.14.	페놀에테르류	합성향료 목록 신설에 따른 개별 품목 삭제
2005.12.14.	푸르푸랄 및 그 유도체	합성향료 목록 신설에 따른 개별 품목 삭제
2005.12.14.	테르펜계탄화수소류	합성향료 목록 신설에 따른 개별 품목 삭제
2006.12.27.	염기성알루미늄탄산나트륨	주요 외국에 미지정 및 국내 사용 실적 없음
2008.06.24.	파라옥시안식향산프로필	안전성 관련
2009.01.02.	파라옥시안식향산부틸	안전성 관련
2009.01.02.	파라옥시안식향산이소부틸	안전성 관련
2009.01.02.	파라옥시안식향산이소프로필	안전성 관련
2009.07.10.	누리장나무색소	주요 외국에 미지정 및 국내 사용 실적 없음
2009.07.10.	땅콩색소	주요 외국에 미지정 및 국내 사용 실적 없음
2009.07.10.	콘색소	주요 외국에 미지정 및 국내 사용 실적 없음
2009.11.19.	이염화이소시아뉼산나트륨	안전성 관련
2010.11.12.	글리실리진산삼나트륨	주요 외국에 미지정 및 국내 사용 실적 없음
2010.11.12.	데히드로초산	주요 외국에 미지정 및 국내 사용 실적 없음
2010.11.12.	비타민B_1나프탈린-2,6-디설폰산염	주요 외국에 미지정 및 국내 사용 실적 없음
2010.11.12.	비타민B_1프탈린염	주요 외국에 미지정 및 국내 사용 실적 없음
2010.11.12.	탈지미강추출물	주요 외국에 미지정 및 국내 사용 실적 없음
2010.11.12.	표백분	주요 외국에 미지정 및 국내 사용 실적 없음
2012.03.27.	가재색소	주요 외국에 미지정 및 국내 사용 실적 없음

2012.03.27.	L-소르보오스	주요 외국에 미지정 및 국내 사용 실적 없음
2012.03.27.	뮤타스테인	주요 외국에 미지정 및 국내 사용 실적 없음
2012.03.27.	크릴색소	주요 외국에 미지정 및 국내 사용 실적 없음
2015.02.24.	합성향료 목록의 A018 3-acetyl- 2,5-dimethylthiophene	안전성 관련
2018.06.29.	합성향료 목록의 C006 Capsaicin	안전성 관련
2018.06.29.	합성향료 목록의 D210 2,5-Dimethylthiophene	안전성 관련
2018.06.29.	합성향료 목록의 E002 4,5-Epoxy-(E)-2-decenal	안전성 관련
2018.06.29.	합성향료 목록의 E175 2-Ethylthiophene	안전성 관련
2018.06.29.	합성향료 목록의 F036 Pyrrole-2-carbaldehyde	안전성 관련
2018.06.29.	합성향료 목록의 M009 p-Mentha-1,8-dien-7-al	안전성 관련
2018.06.29.	합성향료 목록의 M014 Menthadienol	안전성 관련
2018.06.29.	합성향료 목록의 M020 Menthofuran	안전성 관련
2018.06.29.	합성향료 목록의 M375 Myrtenyl formate	안전성 관련
2018.06.29.	합성향료 목록의 M402 2-Methylthiophene	안전성 관련
2018.06.29.	합성향료 목록의 M411 3-Methylthiophene	안전성 관련
2018.06.29.	합성향료 목록의 M436 Methyl methanethiosulfonate	안전성 관련
2018.06.29.	합성향료 목록의 N037 3-Nonanon-1-yl acetate	안전성 관련
2018.06.29.	합성향료 목록의 P166 Pulegone	안전성 관련
2018.06.29.	합성향료 목록의 P185 Pentan-2,4-dione	안전성 관련
2018.06.29.	합성향료 목록의 P201 Propyl propane thiosulfonate	안전성 관련
2018.06.29.	합성향료 목록의 S014 Styrene	안전성 관련

2018.06.29.	합성향료 목록의 T069 2,6,6-Trimethyl-1-cyclohexen-1-carboxaldehyde	안전성 관련
2018.06.29.	합성향료 목록의 V018 Vetiverol	안전성 관련
2018.06.29.	합성향료 목록의 V019 Vetiveryl acetate	안전성 관련

* 위 표는 식품첨가물 사용기준을 축약한 것으로 세부내용은 고시전문을 확인하시기 바랍니다.

Food Hygienics

식품위생학

CHAPTER VII

외식산업의 위생관리

1. 시설·설비 위생관리
2. 개인위생관리
3. 안전한 식품을 위한 위생관리
4. 사고예방과 안전관리
5. 교육과 훈련

CHAPTER 7 외식산업의 위생관리

1 시설·설비 위생관리

식음료업장은 판매되는 음식의 종류에 따라 설계, 배치 및 설비의 선택이 달라져야 하고, 주방용품 또한 음식의 조리과정에 맞추어 적절한 것으로 선택해야 한다. 위생과 안전을 책임질 수 있는 건물의 설계, 디자인 및 기기와 기기의 설치가 제대로 계획되었는지, 기기 유지는 간편하게 할 수 있는지 확인해야 한다. 작업장을 설계할 때는 필요한 전체 공간 크기와 그 공간의 기기 배치가 중요하며, 적절하게 설계된 작업장은 효율적인 생산, 빠른 서비스, 작업하기 좋은 환경, 효과적인 청소를 고려하여 작업기기와 공간을 제공한다. 또한 작업장은 일을 하기에 충분한 크기이면서 시간과 에너지를 절약하고 동선을 줄일 수 있을 정도로 알맞은 규모인 것이 좋다.

1) 시설

바닥재는 흡수성이 없는 것이 중요하다. 벽재 및 천장재의 재료들과 일관성이 있어야 좋고 쉽게 청소할 수 있어야 하며, 소음을 감소시키는 것이 좋다. 물을 뿌려 청소하는 장소에는 적당한 경사를 두어 물이 잘 빠지도록 설계하여야 하며, 벽과 바닥이 만나는 모서리는 둥글게 처리한다.

벽재 및 천장재의 경우 평탄하고 흡수성이 없어야 한다. 빛을 반사하고 소음을 막는 재료를 선택하여야 하며 청소가 용이한 재질을 선택한다.

배관시스템은 식품을 다루는 장소 위로 폐수관이나 스프링클러 시스템이 누수될 경우 식품에 오염물질이 떨어질 수 있으므로 누수를 미연에 방지하고 누수 발생 시 빨리 수리해야 한다.

배수구의 단면은 직각을 피해 오물이 잘 걸리는 것을 방지하고 청소하기에도 용이하도록 한다. 실내 배수구와 실외 배수구가 통하는 곳에는 방수장치를 설치해야 한다.

화장실은 편리하고 항상 위생적이어야 한다. 종업원과 고객의 화장실은 분리되어 있는 것이 좋다. 화장실로 이동하는 동안 고객으로 인해 식품이 오염될 수 있기 때문에 고객이 이용하는 화장실은 식품을 다루는 곳을 지나가는 위치에 있어서는 안 된다. 화장실에는 항상 화장지와 뚜껑이 있는 쓰레기통(손을 사용하지 않고 개폐가 가능한 것)을 마련해 두고, 깨끗이 손을 씻을 수 있도록 비누를 비치하는 것이 좋다. 손을 씻은 후 말릴 수 있도록 일회용 타월이나 손 드라이어를 마련하여 고객에게 제공하는 것이 좋다.

건조창고의 바닥은 흡수성이 없는 포장된 콘크리트나 타일 등과 같이 쉽게 청소할 수 있는 재료를 사용하는 것이 좋다. 선반, 테이블, 저장용기 등은 스테인리스 스틸이나 식품용 플라스틱 등 녹이 슬지 않는 재료를 이용한다. 건조창고는 스팀 파이프나 하수구라인 또는 급수파이프가 노출되지 않도록 관리해야 하는데 그 이유는 실내 온도를 높이거나 습기, 세균번식 등으로 인해 식품의 품질에 영향을 끼칠 수 있기 때문이다. 또한 강한 햇빛은 식용유를 변질시키거나 양념의 색깔을 변하게 할 수 있으므로 창문은 불투명한 유리를 이용하여 태양광을 차단시켜 식품의 품질 손상을 사전에 방지한다.

주방의 적절한 조명으로 생산성과 종업원의 능률을 높이고 눈의 피로와 긴장을 감소시키며, 사고와 실수를 줄여주고 세척한 식기의 얼룩을 발견할 수 있다. 특히 식품을 가공하고 포장하는 곳에는 더욱 밝은 조명이 필요하다.

주방에는 적절한 조명장치와 빛의 반사를 감소할 수 있는 곳에는 부드러운 색을 사용해야 한다. 그림자가 생기지 않고 반사가 적으며, 지나치게 밝지 않도록 조명의 위치를 설정해야 한다.

창문의 면적은 자연채광을 위하여 벽 면적의 70%나 바닥 면적의 20~30%가 적당하다. 창문에는 해충의 침입을 막기 위해 16~18mesh의 방충망을 설치한다. 채광 조명설비 등으로부터 식품오염이 유발하지 않도록 보호장비를 설치하여 항상 청결하게 관리해야 한다.

환기시스템은 과도한 열, 증기, 냄새, 연기 등을 배출해 쾌적한 주방 환경을 제공한다. 식음료업장의 기본적인 환기시스템은 후드, 팬, 흡입구와 배기구 등으로 이루어진다. 후드시스템은 기름때 등이 음식, 기기, 기구, 테이블보나 식사도구에 부착되는 것을 막을 수 있도록 설계하고 시공해야 한다. 배기시스템의 용량은 주방에서 발생하는 수증기나 더운 공기의 양에 의해 결정된다. 후드는 내구성이 있고 매끄러우며 표면을 쉽게 청소할 수 있는 스테인리스 스틸이나 이와 비슷한 재질로 만든 것이 좋다. 또한 음식에 떨어질 수 있는 기름때를 제거할 수 있는 필터를 갖추고 있어야 한다.

2) 식기 및 청소도구

식기 및 장비가 적절하게 보관되어야 한다. 식품을 오염시키는 일이 발생하지 않으므로 식기 및 장비의 보관도 위생관리상 중요하다.

(1) 식기 및 장비

깨끗한 식기 및 물품들은 보관 전에 세척 및 소독이 되어야 한다. 테이블 식기 및 도구는 바닥으로부터 15cm 이상의 높이에 보관해야 물이 튀거나 먼지가 묻는 것이 방지되어 위생적이다. 모든 식기 및 장비는 덮개를 이용하여 식품접촉 표면에 먼지나 응축수가 들어가지 않도록 주의하는 것이 좋다.

(2) 청소도구 및 물품

청소도구 및 물품들은 식품을 준비하는 곳으로부터 차단된 지역에 보관되어야 한다. 이는 청소도구 및 물품들 중에는 화학제품이 많이 있어 식품과 접촉하였을 경우 인체에 유해한 성분이 섞일 수 있기 때문이다. 천이나 스펀지 등은 자주 씻고 소독하며 브러시나 대걸레도 씻고 헹구어 소독한 뒤 말려서 보관한다. 청소도구 및 용품들은 업무의 구역에 맞게 구분하여 보관하는 것이 좋다.

그림 7-1 청소 도구함 사례

2 개인위생관리

개인위생관리를 위해서 관리자들은 직원들의 병이나 증상, 비위생적인 버릇 등을 관찰하여 청결한 몸 관리가 이루어질 수 있도록 주의를 기울여야 한다. 직원들이 준수해야 할 기준과 법규 및 절차를 만들어 시행하고, 그에 필요한 시설과 장비를 마련해야 한다.

(1) 직원들의 건강관리

직원은 식품위생법 제40조, 시행규칙 제49조에 의거하여 "건강진단을 받아야 하는 자는 식품 및 식품첨가물을 채취 · 제조 · 가공 · 조리 · 저장 · 운반 또는 판매하는데 직접 종사하는 영업자 및 종업원으로 하는데(다만, 완전한 포장된 식품 또는 식품첨가물을 운반하거나 판매하는 일에 종사하는 자는 제외한다)", 횟수는 연 1회이다.

식품위생법 시행규칙 제50조에 의거하여 영업에 종사하지 못하는 질병의 종류는 아래와 같다.

- 「감염병의 예방 및 관리에 관한 법률」 제2조 제3호 가목에 따른 결핵(비감염성인 경우는 제외한다)
- 「감염병의 예방 및 관리에 관한 법률 시행규칙」 제33조 제1항에 해당되는 감염병인 콜레라, 장티푸스, 파라티푸스, 세균성이질, 장출혈성대장균감염증, A형간염
- 피부병 또는 그 밖의 고름형성(화농성) 질환
- 후천성면역결핍증(「감염병의 예방 및 관리에 관한 법률」 제19조에 따라 성매개감염병에 관한 건강진단을 받아야 하는 영업에 종사하는 사람만 해당한다)

(2) 위생적인 복장

직원들이 착용하는 위생모, 위생복, 앞치마 등은 항상 청결해야 하며, 주방에서 착용하는 위생복과 주방을 나와서 입는 외출복은 철저하게 구분하여 착용하여야 한다. 그리고 위생복을 입고 작업하는 장소 이외에는 절대 출입하여서는 안 되며, 직원들이 옷을 갈아입는 장소와 음식을 다루는 장소는 분리되어야 한다. 위생복은 상단에 외출복은 하단에 보관한다([그림 7-2], [그림 7-3]).

직원들의 위생화는 단정하고 편안한 조리작업용 신발로, 작업 시 미끄러지거나 넘어지는 것을 방지하여야 한다. 샌들과 같이 구멍이 있는 신발은 적절하지 않으며 굽은 되도록 낮은 것을 이용하고, 신발의 밑창이 물을 흡수하는 소재의 경우 미생물의 번식이 일어날 수 있으므로 착용하지 말아야 한다. 문이 있는 신발장을 구비하여 하단에는 평상화를 상단에는 위생화를 두어 교차오염을 방지하여야 한다.

장신구는 작업장 내에서는 반지, 팔찌, 시계, 귀걸이, 목걸이 등의 장신구들은 이물질이 부착되어 있을 가능성이 높기 때문에 사용하는 것을 금하며, 음식을 다루는 장소에서는 장신구의 일부가 빠져 음식에 들어갈 수도 있으므로 절대 착용해서는 안 된다.

음식을 준비하거나 제공할 때에는 흡연이나 껌을 씹는 행위는 절대 해서는 안 된다. 직원들이 흡연할 수 있는 장소를 마련하고 흡연하도록 교육하여 고객에게 흡연으로 인한 피해를 주어서는 안 된다.

음식의 간을 보는 경우에는 개인그릇을 사용하여 음식물을 덜어내어 간을 보아야 하며, 간보기를 마친 후 사용한 그릇과 수저는 다시 사용하지 말고 씻어야 한다.

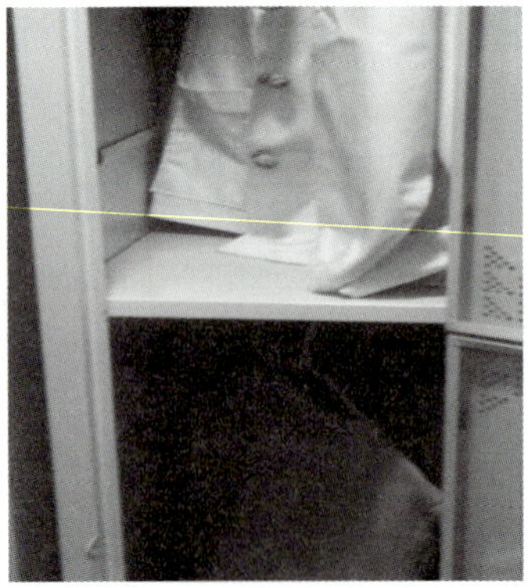

그림 7-2 위생복과 외출복이 구분된 옷장 사례

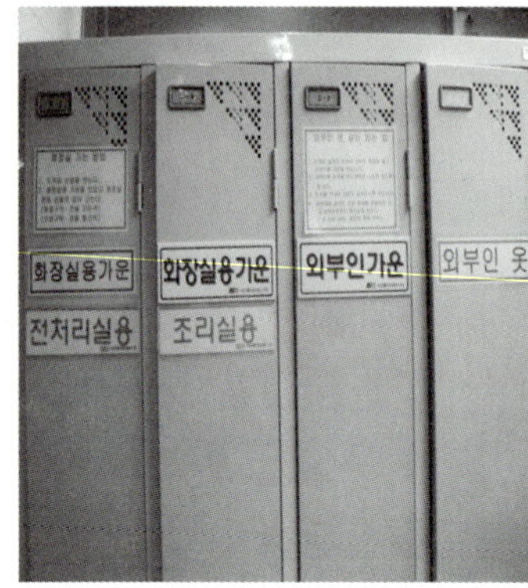

그림 7-3 구분되어 관리되는 옷장 사례

(3) 올바른 손씻기 실천방법

음식물을 조리하거나 보관 · 저장하여야 할 때는 반드시 손을 씻은 후 작업하여야 하는데 손을 반드시 씻어야 하는 경우는 다음과 같다.

- 화장실 이용 후
- 코를 풀거나 재채기 등 신체의 일부를 만지고 나서
- 애완동물을 만지고 난 후
- 흡연 후
- 쓰레기 등 오물을 만졌을 때
- 외출에서 돌아왔을 때
- 조리실에 들어가기 전
- 원재료를 다듬거나 세척작업 후
- 기타 손을 오염시킬 수 있는 것을 만졌을 경우
- 귀, 입, 코, 머리와 같은 신체부위를 만지거나 긁은 경우

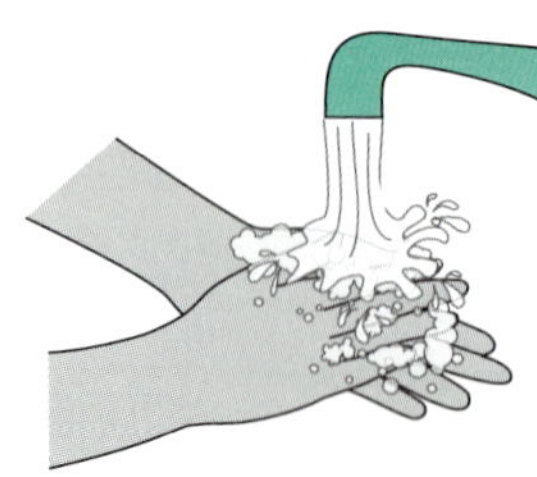

자료 : 식품의약품안전처

올바른 손씻는 방법은 비누거품을 충분히 내어 손과 팔을 꼼꼼히 문질러 닦은 후 미지근하고 깨끗한 물로 헹군다. 손가락 끝, 손가락 사이도 유의해서 깨끗이 씻어야 하며, 손톱 밑을 씻을 때는 손톱용 브러시를 사용하는 것이 바람직하다.

일회용 종이 타월이나 손 건조기를 이용하여 물기를 건조시켜야 한다.

손씻기에 따른 세균의 제거효과는 다음 그림과 같이 흐르는 물로만 씻어도 상당한데 비누를 사용하여 흐르는 물로 20초 이상 씻고 건조 후 소독을 하는 경우 효과가 더욱 좋다.

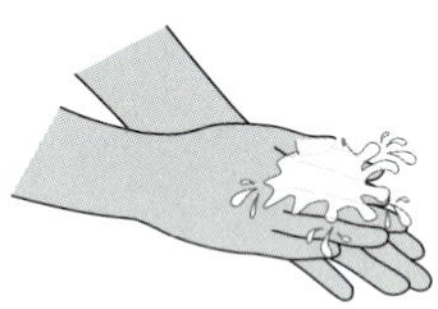

1. 손을 적신다.

2. 손바닥, 손등을 문지른다.

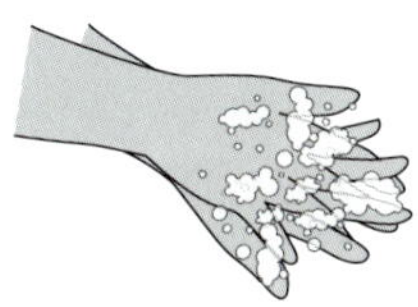

3. 깍지 끼고 비빈다.

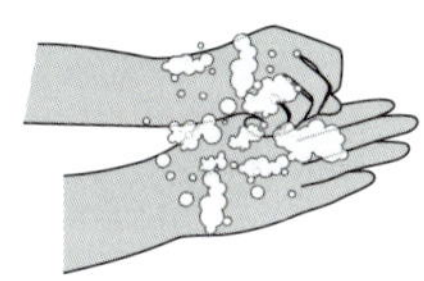

4. 엄지손가락을 돌린다.

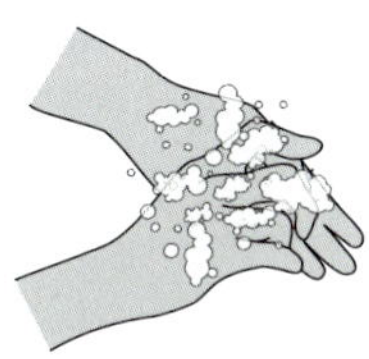

5. 손톱으로 문지른다.

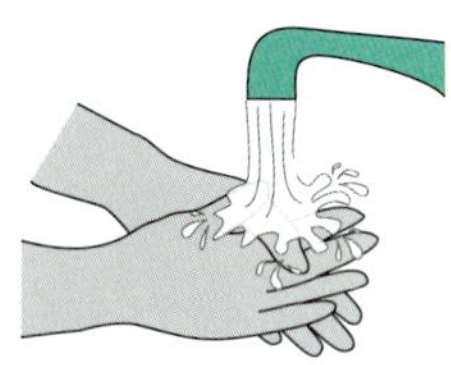

6. 흐르는 물에 헹군다.

(자료 : 식품의약품안전처)

씻는 조건	방법	균수(마리)		제거율 (%)
		씻기 전	씻은 후	
수돗물	담아 놓은 물 흐르는 물	4,400 40,000	1,600 4,800	63.6 88.0
뜨거운 물	담아 놓은 물 흐르는 물	5,700 3,500	750 58	86.8 98.3
비누사용 수돗물	흐르는 물(간단히) 흐르는 물(철저히)	849 3,500	54 8	93.6 99.8

자료 : 식품의약품안전처

그림 7-4 손씻는 방법에 관한 실험

그림 7-5 손씻는 시설 사례

관리자들은 직원들이 필요한 때에 올바른 손씻기를 하도록 교육하고 감독해야 한다. 적절한 손 관리를 위해서 항상 손톱은 짧고 깨끗하게 유지하여 더러운 이물질이 끼지 않도록 주의하고, 매니큐어를 바르거나 장신구는 피해야 한다. 손에 상처가 난 경우에는 치료한 후 밴드로 감싸고, 고무골무를 착용한 후에 일회용 장갑이나 장갑을 착용하고 작업에 임해야 한다. 상처가 난 직원은 손의 상처가 완치될 때까지 식품을 다루지 않는 작업을 진행해야 하는데, 이는 상처 난 부위로부터 식품이 오염되어 식중독을 유발할 수 있기 때문이다.

고무장갑과 앞치마는 여러 가지 색깔을 준비하여 다루는 식재료 및 사용하는 장소에 따라 구분하여 사용하여야 하며, 일회용 장갑을 사용하기 전에도 반드시 손을 씻어야 한다. 장갑이 더러워지거나 찢어진 경우 장갑을 교체하여야 하며 장갑 착용 후 같은 작업을 할 때 적어도 매 4시간 이내로 바꿔 착용하여야 위생적이다. 또한, 직원들이 장갑을 착용한 채로 오염된 접촉면(입 또는 코)을 만지는 경우가 있을 때는 오히려 장갑 착용으로 인하여 다른 미생물이 오염 및 교차오염이 발생할 수 있으므로 주의해야 한다.

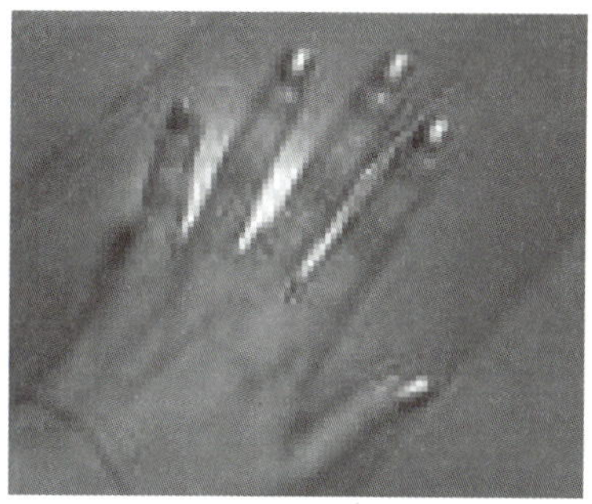

그림 7-6 잘못된 매니큐어와 장신구 착용 사례

그림 7-7 고무장갑과 앞치마 구분 보관 사례

개인위생 점검표

양호 : ○
불량 : ×

성명 :

년 월

일자 / 점검	1	2	3	4	5	6	7	8	9	10	11	12	13	14	15	16
건강상태																
두발/수염																
손톱청결																
복장청결																
복장착용																
신발소독																
장신구착용																
비적절한 향																
비위생적 행동																
주머니기물																
교차오염 방지																
자재용도별 구별																
출입자관리																
손세척																
검인																

일자 / 점검	17	18	19	20	21	22	23	24	25	26	27	28	29	30	31
건강상태															
두발/수염															
손톱청결															
복장청결															
복장착용															
신발소독															
장신구착용															
비적절한 향															
비위생적 행동															
주머니기물															
교차오염 방지															
자재용도별 구별															
출입자관리															
손세척															
검인															

개인위생 점검표

날 짜	시 간	납품업체	식재료 항목	온 도	포장 표준 ○ ×	부적절한 식품의 시정조치	서 명

준수사항 :

- 온도 조절 : 잠재 위해 식품은 5℃ 이하여야 한다.
- 포장 표준 : 모든 포장은 상태가 좋아야 한다.
- 냉동 식품은 -15℃ 이하여야 한다.
- 유통기한까지 또는 이내에 사용해야 한다.

포장표준 기준 :

만족스러운 경우 ○

만족스럽지 못할 경우 ×

3 안전한 식품을 위한 위생관리

1) 구매

외식업체는 식품구매에 있어서 식품위생의 안전성을 준수하는 업체를 선정하여 외식업체의 표준납품업체 심사를 받아야 한다.

협력업체 관리 체크리스트

＊N/A : Not Applicable(해당 없음)

협력회사명 :

협력업체 카테고리 :

방문 일자 :

참석 팀원 :

저장 환경	YES	NO	N/A
1. 냉각기(Chiller) 온도는 모든 잠재 위해식품에 대해 5℃ 이하이다.	☐	☐	☐
2. 냉동고는 −18℃여야 한다.	☐	☐	☐
3. 냉각기와 냉동고는 과적재되어 있지 않다.	☐	☐	☐
4. 식품은 바닥과 벽에 떨어져 저장되어 있다. 적절한 식품을 넣어 공기의 순환이 이루어진다.	☐	☐	☐
5. 식품 순환이 적절히 이루어지고 있다.	☐	☐	☐
6. 먼지, 벌레, 쥐, 새들로부터 안전하다.	☐	☐	☐
7. 상한 음식 아이템이나 유통기한이 경과한 식품은 정상적 재고와 함께 보관되지 않는다.	☐	☐	☐
8. 건물과 쓰레기 보관장소는 위생적이다.	☐	☐	☐

제품 품질	YES	NO	N/A
1. 제품의 외관이 전반적으로 신선하고 단단하다.	☐	☐	☐
설비와 수송	YES	NO	N/A
1. 운반용 카트와 기타 보관용기는 청결하다.	☐	☐	☐
2. 냉동고와 냉각기 트럭은 정상 온도를 유지한다.	☐	☐	☐
식품 처리 담당자의 위생상태	YES	NO	N/A
1. 해당 직원은 식품위생관리자 자격증 소유자들인가?	☐	☐	☐
2. 세정제 등을 포함하여 손을 씻을 수 있게 충분한 시설이 제공되어 있는가?	☐	☐	☐
3. 화장실 위생시설이 충분히 제공되어 있는가?	☐	☐	☐
4. 화장실에서 깨끗이 손을 씻을 수 있도록 세정제 등 충분한 시설이 제공되어 있는가?	☐	☐	☐
HACCP	YES	NO	N/A
1. 협력업체가 HACCP 식품 안전 프로그램을 개발 및 적용하고 있는가?	☐	☐	☐

일반 참고사항 :

팀원 서명　　　　　　　　협력업체 서명

2) 식품수령

(1) 검수 시 준수사항

- 외식업체는 감염가능성이 배제된 식품만을 수령하도록 한다.
- 유통기간이 충분하고 안전한 식품만을 취급한다.
- 변하기 쉬운 식품의 경우 특별 취급품목으로 나누어 관리한다.
- 냉장차량은 10℃ 이하여야 하고, 냉동차량은 −18℃ 이하여야 한다.
- 식품의 유통기한은 정해진 날짜를 꼭 준수해야 하며, 포장상태의 안전유무를 확인한다
- 냉동식품의 경우 수령 시 해동의 여부, 녹은 흔적이 있는지 확인한다.
- 외식업체는 수령직원에게 식품에 대한 식품안전성 교육을 실시하고, 위생 표준 매뉴얼의 가이드라인을 제시한다.
- 캔은 외관이 깨끗해야 하며(녹이 슬지 않고 찌그러지지 않은 것), 병은 파손되지 않아야 한다.
- 식품은 화학제품과 함께 운반하지 않는다.
- 모든 식품에 제조자 이름과 주소가 적힌 라벨의 바코드와 날짜 등을 확인한다.
- 입고된 식품에 쥐 · 해충의 침입한 흔적이 없는지 확인한다.
- 입고 시 모든 식품은 디지털 탐침온도계로 확인하고 확인한 디지털 온도계의 탐침 막대기는 소독하고 청결을 유지한다.

(2) 식품별 검수방법

① 치즈와 유제품

- 식품의 안전한 온도를 확보한다.
- 10℃ 이하로 관리되는 냉장차량으로 배송되었는지 확인한다.
- 식품 회전 기간이 충분할 수 있도록 유효기간을 두어야 한다.

- 식품은 수령 즉시 안전한 저장공간에 두어야 한다(환경적 요인).
- 식품은 손상되지 않은 상자에 밀봉포장해서 보관해야 한다.

② 냉장육과 변질되기 쉬운 식품

- 식품의 안전한 온도를 확보한다.
- 10℃ 이하로 관리되는 냉장차량으로 배송되었는지 확인한다.
- 식품 회전 기간이 충분할 수 있도록 유효기간을 두어야 한다.
- 식품은 수령 즉시 안전한 저장공간에 두어야 한다(환경적 요인).
- 식품은 손상되지 않은 상자에 밀봉포장해서 보관해야 한다.
- 육류, 조류, 어패류 등 다른 종류의 고기는 각각 별도로 저장해야 한다.

③ 캔제품과 건조식품

- 캔류의 유효기간은 최소 4개월 이상이어야 하며, 제조일과 유효기간이 정확하게 표시되어 있어야 한다(파손되거나 외관상 이상이 있으면 즉시 신고해야 한다).
- 제조일자, 유통기간, 성분과 같은 표시사항이 없으면 반품한다.
- 밀봉된 제품을 오픈하였을 경우는 최대한 빠른 시간 내에 사용한다.
- 처음의 포장형태로 있는지 외관을 확인하고 저장한다.

① 두 손으로 통조림을 든 다음 표면에 금이 있나 검사

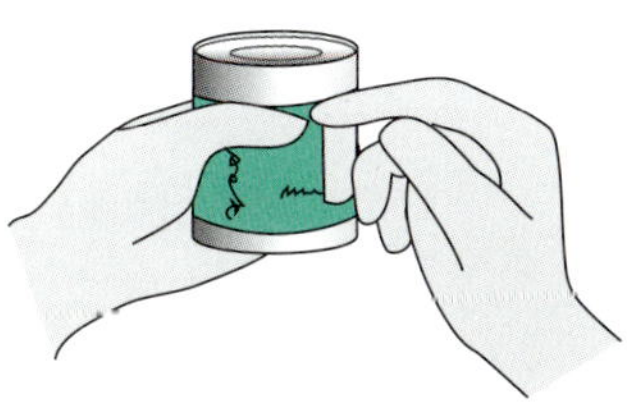

② 상표에 누출물이나 녹으로 인한 얼룩이 있는지의 여부 확인

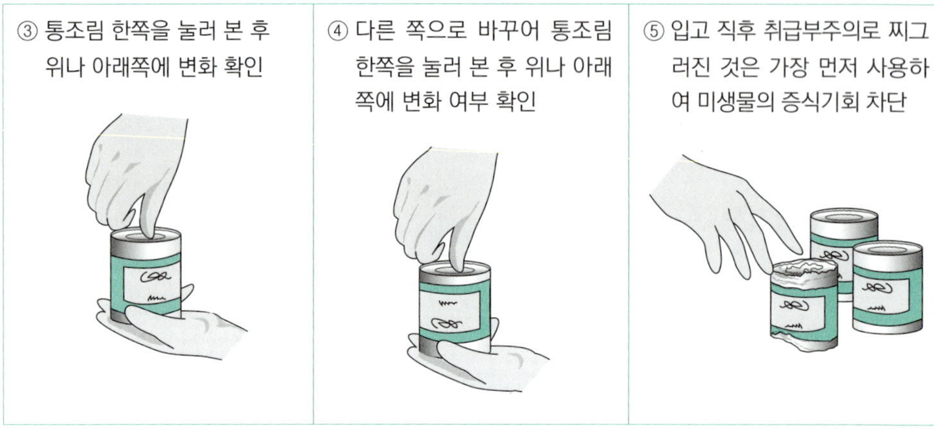

그림 7-8 **통조림 검수 방법**

3) 식품저장

(1) 저장 시 준수사항

- 모든 잠재 위해 식품은 5℃ 온도로 유지하며 냉장고에서 보관한다.
- 냉장 · 냉동고 온도는 1일 3회 체크하며 디지털 탐침온도계를 활용하여 기록한다.
- 매일 아침에 얼음물을 이용하여 디지털 탐침온도계의 정확한 온도를 체크한다.
- 냉장고에 보관하는 모든 식품은 소독처리된 투명한 뚜껑 있는 용기에 넣어 보관한다.
- 모든 저장식품은 재고 회전을 위하여 자체 라벨을 붙여야 한다.
- 냉장 · 냉동고에 많은 양의 식품을 넣어두면, 공기순환을 방해하여 냉장 · 냉동고의 안전한 온도에 지장을 줄 수 있다.
- 냉장 · 냉동고의 청소는 매일 체크하고 청소해야 한다.
- 냉장 · 냉동고의 팬에서 물방울이 식품에 떨어지지 않도록 주의해야 한다.
- 냉장 · 냉동고의 입 · 출입이 잦아 내부온도에 지장을 주지 않도록 한다.

- 상온창고, 냉장 · 냉동고에 보관된 식품의 유효기간을 정기적으로 점검한다.
- 유리용기, 캔류 등의 제품은 냉장, 냉동보관하지 않는다(물리적 위해요인 차단).
- 개봉된 식품은 안전한 용기에 덜어 보관하며 개봉된 날짜와 이름을 부착해야 한다.
- 냉동식품의 유통기한은 최대 3개월 이내로 하는 것이 바람직하다.
- 냉동고의 온도에 이상이 있을 경우 식품을 냉장고로 옮겨 해동하고 48시간 이내에 해동식품을 조리해야 한다. 절대 다시 재냉동시켜서는 안 된다.

(2) 식자재 저장관리 규정

구분	온도
냉동	−18℃ 이하
냉장	0~10℃
표준	20℃
상온	15~25℃
실온	1~35℃
미온	30~40℃
찬곳	0~15℃

자료 : 한국식품영양교수협의회(2010), 식품위생관계법규, 식품 등의 기준 및 규격

(3) 준수사항 및 방법

① 선입선출

- 입고된 물품은 유성매직팬을 사용하여 내용물이 오염되지 않도록 입고 일자를 물품 포장에 기입한다. 모든 저장품은 먼저 입고된 것부터 먼저 꺼내어 사용한다.
- 저장품의 입고 또는 적재 시 재고물품(신입고품)을 앞으로 배지하여 선입선출이 용이하도록 한다.

② 식자재 저장고 관리

- 각 사업장에 설치한 창고의 규모는 다르지만 일정한 위치를 정하여 보관, 저장함으로써 관리를 용이하게 하고 식별이 가능토록 한다.
- 창고에 보관, 저장하는 모든 물품은 먼저 입고된 것을 먼저 사용하기로 하여야 하며, 특히 식자재의 경우에는 유통기간 확인 및 준수를 철저히 하여야 한다.
- 사업장의 책임자는 창고관리 책임자를 선임하여 관리하도록 한다.
- 각 사업장의 책임자 혹은 창고관리 책임자는 매일 창고의 재고조사를 실시하여 식자재 재고조사표에 기록하고 익일분 식자재 발주 시 참고한다.
- 창고관리 책임자는 주 1회 청소를 실시하여 청결을 유지하여야 한다.

③ 창고정리 방법

가. 창고 및 식자재 저장고를 정리할 때는 다음의 원칙을 지켜야 한다.

- 상경 하중의 원칙 : 선반에 물품을 저장할 때 윗부분에는 가벼운 것을, 아래쪽에는 무거운 것을 위치시킨다.
- 선입선출의 원칙 : 먼저 입고된 것을 앞쪽에, 나중 입고된 것을 뒤쪽에 위치시킨다.
- 정위치 표시에 의한 지정장소에 저장한다.
- 창고의 물품은 업무에 지장을 초래하지 않는 한 최소량을 유지하여야 하며, 소모품의 경우는 품목별로 월 소모량을 파악하여 원활한 발주가 이루어지도록 한다.

④ 냉장 · 냉동고 관리지침

가. 청소관리

냉장 · 냉동고는 관리책임자를 정하여 적정가동 유지를 위한 정기적인 내부 성에 제거, 적정온도 유지, 주 1회 이상 청소 및 소독을 실시하여야 하며, 식품으로부터 유출된 침출액 등에 의해 더러워진 경우에는 그때마다 청소하여야 한다.

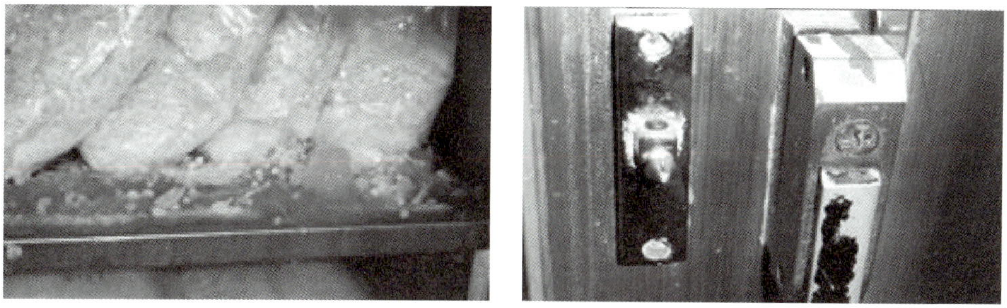

※ 잘못된 사례(냉장고 내 물품포장의 부적절, 냉동고의 손잡이 부식)

나. 온도관리

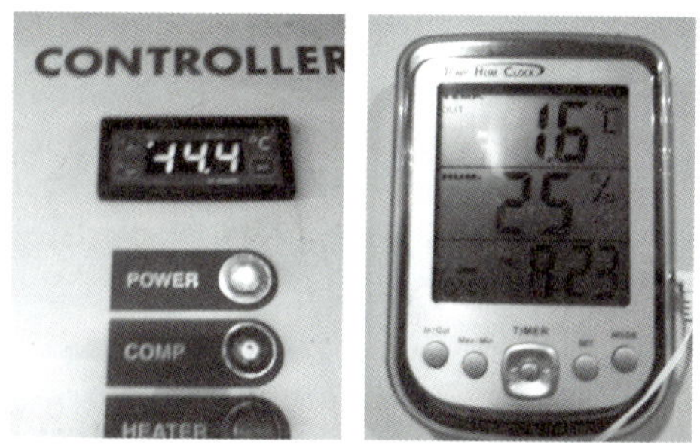

- 냉동고는 −18℃ 이하를 유지하여야 하며, 냉장고는 0~10℃로 유지하되, 통상 5℃ 이하로 유지하는 것이 가장 좋다.
- 시설내부의 온도를 정확히 측정할 수 있는 온도계가 외부에서 보기 쉬운 위치에 설치되도록 하고, 그 온도계의 정상 작동 유무를 확인하기 위하여 냉장 · 냉동고 내부에 별도의 온도계를 추가로 부착하는 것이 좋다.

다. 사용관리

- 냉동 · 냉장시설은 가능한 오븐 등 열원 및 직사광선에서 멀리 떨어지게 설치하여야 한다.
- 냉동 · 냉장고는 용량의 70% 이하로 식품을 보관하는 것이 좋다.
- 냉동 · 냉장고 문의 개폐는 신속하고 최소한으로 하여야 한다.
- 전도사고를 방지하고 식품오염을 방지하기 위하여 바닥은 물기가 없어야 하며, 미끄럼방지용 소재를 바닥에 깔면 좋다(단, 배수가 용이해야 함).
- 냉장 · 냉동고의 식품보관은 반드시 식힌 다음에 이루어져야 한다(뜨거운 것을 넣으면 내부온도가 상승하여 다른 식품을 부패시킬 우려가 있음).

- 냉장 · 냉동고에 음식물을 보관할 경우에는 투명비닐 또는 뚜껑으로 덮어, 낙하물질로부터의 오염을 방지하여야 한다.

※ 잘못된 사례(외피포장 제거 후 전용용기에 담아 보관해야 함)

※ 냉장고 식품보관 방법

- 냉장고의 팬 아랫부분에는 팬에서 물이 떨어질 수 있기 때문에 식자재를 놓아서는 안 된다.
- 냉장 · 냉동고의 문은 비상시(안쪽에서 문이 닫힌 경우)를 대비하여 내부에서 열 수 있는 구조로 설치되어야 하며, 이중안전장치를 위해 외부로 자신의 위치를 알릴 수 있도록 비상벨을 설치하는 것이 좋다.
- 해동을 위하여 냉동육을 냉장실에 보관하거나 육류를 주방에서 해동시킬 경우에는 반드시 "해동 중" 표시를 부착하거나 주방에 해동장소를 마련하여 표식을 부착하고 그곳에 보관한다.

※ 해동 중인 식재료 표시 사례

- 냉장제품은 냉동고에, 냉동제품은 냉장고에 잘못 보관하는 사례가 있으므로, 냉장 · 냉동고에 식품을 보관할 경우에는 반드시 그 제품의 식품표시사항(보관방법)을 확인한 후, 보관하여야 한다.
- 통조림(캔류)은 개봉한 다음, 별도의 깨끗한 용기에 보관한 후, 그 제품의 유통기한을 용기 외부에 표시한다.

※ 캔류 개봉 후 보관사례

- 식품종류별로 각각 다른 냉장고에 보관하는 방법이 가장 이상적이나 그렇지 못할 경우 생선과 유제품은 문에서 떨어진 온도가 가장 낮은 부분에 저장하도록 한다.

⑤ 식자재별 보관기준

가. 주식류(쌀, 밀가루, 보리쌀, 식빵, 라면 등)

- 보관요령－선소하면서도 서늘하고 통풍이 잘 되는 용기에 보관한다.

나. 유지류(참기름, 들기름, 미강유, 옥수수기름, 콩기름)

- 보관요령-직사광선을 피하고, 서늘한 곳에 위생적인 용기에 담아서 보관한다.

다. 육류 및 생선류(소고기, 돼지고기, 달걀, 생선, 패류, 건어물, 어묵, 두부)

- 보관요령

(a) 육류는 도살된 후부터 식용되기까지 모든 단계에서 냉장 또는 냉동상태로 보관한다.

(b) 육류를 3~4일 정도 저장하고자 할 때는 냉장고에, 장기간 저장할 때는 냉동시켜 보관한다.

(c) 두부는 반드시 찬물에 담갔다가 냉장시키거나, 찬물에 담가 보관하는 것이 좋다.

(d) 생선은 내장을 제거한 후 소금물로 깨끗이 씻어 물기를 제거한 다음 다른 식품과 분리하여 냉장고에 보관한다.

(e) 생선횟감은 깨끗이 씻어 물기를 제거하고 냉장고에 하루 이상 보관해서는 안 된다.

※ 잘못된 사례

(f) 건어물은 건조하고 서늘한 곳에 보관한다.

(g) 패류는 내용물을 모아서 소금물로 깨끗이 씻은 후 냉장 · 냉동한다.

(h) 어묵은 냉장상태로 보관해야 한다.

(i) 달걀은 씻지 않은 상태로 밀폐용기에 담아 냉장 보관한다.

(j) 우유는 냉장고에 보관하여야 하며, 가급적 신속히 취식하여야 한다.

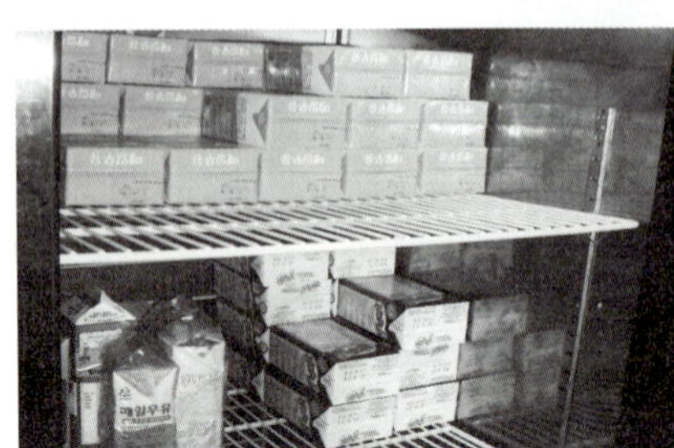

육류 및 생선류의 권장 보관기한

품명	저장온도(℃)		보관기한	
	냉장	냉동	냉장	냉동
소고기	4	-18~-12	3일(5일)	1개월(3개월)
생선류			1일(2일)	15일(1개월)
두부류			1일(2일)	〃
어묵			2일(5일)	〃
돼지고기			2일(3일)	〃
패류			1일(2일)	〃
달걀			7일(2주)	〃
우유			2일(2일)	〃

※ ( ) 안은 최장 보관기간임

라. 채소류(배추, 무, 양파, 파, 오이, 양배추, 시금치, 상추, 콩나물)

- 보관요령
  - (a) 채소는 반드시 물기를 제거한 후 포장지로 싸서 냉장 보관한다.
  - (b) 씻은 채소와 씻지 않은 채소가 섞이지 않도록 분리 보관한다.
  - (c) 3℃ 이하의 냉장 보관은 냉해를 가져올 수 있다.
  - (d) 양파 및 감자를 오래 보관하여야 할 경우에는 껍질째로 그늘지고 서늘한 곳에 보관한다.

채소류의 권장 보관기한

품명	저장온도(℃)	보관기한	비고
엽채류(배추, 양배추, 시금치, 상추, 콩나물)	4~6 15~25	1일 3일	- 전처리 후 씻은 상태 - 씻지 않은 상태
근채류(무, 양파, 감자)	4~6 15~25	2일 7~30일	- 전처리 후 씻은 상태 - 씻지 않은 상태
오이, 호박	7~10 15~25	5일 3일	- 전처리 후 씻은 상태 - 씻지 않은 상태

마. 조미식품(간장, 된장, 고추장, 고춧가루, 식초)

- 보관요령

  (a) 장류가 든 용기의 입구는 그물망을 씌워 해충의 침입을 막는다.

  (b) 고춧가루는 위생적인 용기에 넣어 건조하고 서늘한 곳에 보관한다.

  (c) 식초는 신맛 성분이 소실되지 않도록 사용 후 마개를 꼭 닫는다.

  (d) 젓갈은 서늘하고 그늘진 곳에 뚜껑을 잘 닫아 보관한다.

  (e) 조미식품 사용 시 물 및 기타 이물이 들어가지 않도록 주의한다.

⑥ 식자재의 유통기한

가. 입고되는 모든 식자재와 보관 중인 식자재는 항상 유통기한을 확인하여 유통기한이 초과되는 식자재를 보관하는 일이 없도록 한다.

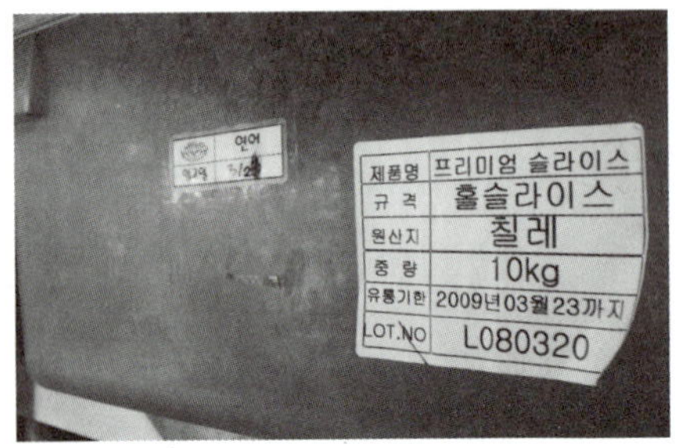

※ 유통기한 초과 식자재 보관 1차 적발 시 영업정지 15일 행정처분

나. 유통기한의 의미는 Expiration Date(섭취가 가능한 날짜)가 아닌 Sell by date 즉 식품의 제조일로부터 소비자에게 판매가 허용되는 기한을 말하며, 이 기한 내에서 적정하게 보관 · 관리한 식품은 일정 수준의 품질과 안전성이 보장됨을 의미한다.

다. 식품의 제조 · 가공 영업허가를 받아 생산되는 모든 식품은 유통기한의 표시 대상이 된다. 그러나 아이스크림류, 빙과류, 설탕, 식용얼음, 껌류 및 주류(탁 · 약주는 제외)는 유통기한의 의무표시 대상이 아니다.

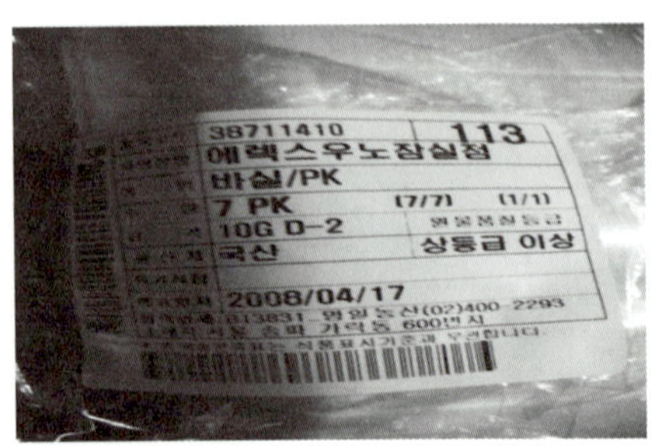

라. 유통기한은 식품의 용기 · 포장에 지워지지 않는 잉크, 각인 또는 소인으

로 잘 보이도록 표시하여야 한다.

마. 조리 후 남은 식자재는 되도록 최초 포장용기에 담아서 보관하고, 여의치 않을 경우에는 제품명과 유통기한을 반드시 표시하도록 한다.

※ 잘못된 사례

바. 식자재 저장의 주요 관리포인트

(a) 조리가 끝난 음식을 잠시 냉장고에 보관할 경우에는 반드시 뚜껑을 덮어 교차오염을 막을 수 있는 상태로 보관하여야 한다.

(b) 조리는 되도록 배식시간에 맞추어 끝날 수 있도록 시간을 조절하여 오염기회를 최소화하고 배식까지 적정온도를 유지할 수 있도록 보관하여야 한다.

(c) 캔제품을 개봉한 후에 남았을 경우에는 반드시 별도용기에 담은 후 제품명과 유효기간을 표기하여 보관하여야 한다. 캔을 개봉하여 냉장보관 시에는 캔에 녹이 슬고 주석이 용출될 수 있다.

(d) 배식시간이 길고 횟수가 많은 경우에는 조 · 중 · 석식용 식자재를 별도로 표시하여 보관한다.

(e) 다음 사항을 유의하여 식자재를 보관한다.

- 냉장제품 중 냉동보관으로 오인하기 쉬운 제품 : 가래떡, 치즈가루
- 냉동제품 중 냉장보관으로 오인하기 쉬운 제품 : 냉동만두, 튀김냉동제품
- 건냉소 보관제품을 냉장 · 냉동고에 보관하는 경우 : 다시멸치, 김가루, 캔류, 마요네즈
- 냉장 · 냉동고 보관제품을 외부에 보관하는 경우
- 보관방법에 따라 유통기한이 다른 제품 : 버터(냉장 3개월, 냉동 12개월)
- 특별한 보관방법이 명시되지 않은 제품 : 직사광선을 받지 않는 서늘한 곳에 보관

4) 식품준비 시 준수사항

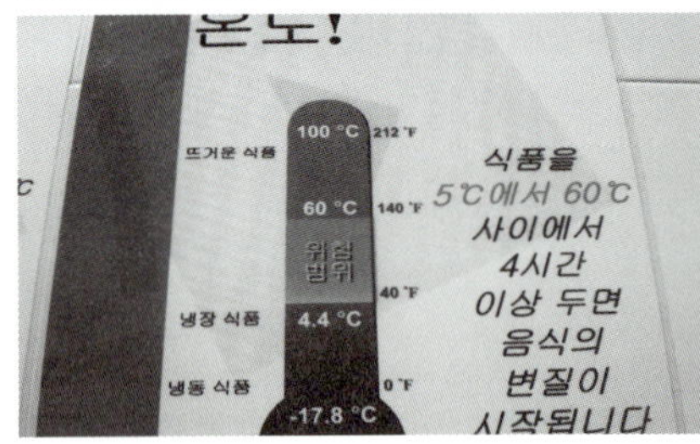

- 식품을 다루는 모든 직원은 담당 직무에 필요한 기술과 지식을 교육받는다.
- 식품을 조리하는 공간은 사용 전에 매일 소독한다.
- 식품을 조리하는 모든 도구, 기구들은 매일 소독한다.
- 식품조리를 위해 저온실과 냉장고에서 꺼낸 식품은 최대 4시간 이내에 사용해야 한다.
- 가공식품과 재료식품을 분리 조리한다.
- 조리가 완료된 식품은 외부로부터 안전하게 보관한다.
- 재료식품과 가공식품을 다룰 때는 주방용 기구와 도마를 분리해서 사용한다. 또한 도마는 색깔별로 구분해서 사용한다(노란 도마–치즈, 파란 도마–채소). 교차오염의 발생 리스크를 최소화할 수 있다. 또한 보관 시에는 자외선 살균기에 보관하여 외부환경적인 위해요소를 차단한다.

- 식중독, 전염병의 의심이 되는 직원이 있을 경우, 즉시 신고하고 조리된 식품은 처분한다.

냉장고 및 식자재 점검표

결재	담당자	조리장

사업장명 : 202 년 월 일 ~ 월 일

점검기준	점검기준	상 태						
		/	/	/	/	/	/	/
1. 냉장고의 온도는 적정한가?	5℃ 이하							
2. 냉장고 내 식품의 상태는 양호한가?	채소류							
	육류, 생선류							
	난류, 유제품							
3. 냉장고의 정리정돈 상태는 양호한가?	양호, 불량							
4. 냉장고의 청결상태는 양호한가?	양호, 불량							
5. 음식물은 뚜껑을 덮었는가?	양호, 불량							
6. 냉동고의 온도는 적정한가?	-18℃ 이하							
7. 냉동고 내 식품의 상태는 양호한가?	양호, 불량							
8. 냉동고 내 정리정돈 상태는 양호한가?	양호, 불량							
9. 냉동고의 청결상태는 양호한가?	양호, 불량							
10. 냉장·냉동고 내의 조명은 양호한가?	양호, 불량							
11. 냉장·냉동고 내의 청소는 실시하였는가?	1주일에 1회 이상							
12. 냉장·냉동고 내의 성에는 제거하였는가?	1주일에 1회 이상							
13. 유효기간이 경과한 식품은 없는가?	유, 무							
14. 창고의 청결상태는 양호한가?	양호, 불량							
15. 쌀, 조미료 등 건식자재의 위생상태는 양호한가?	양호, 불량							
16. 소모품 및 식자재의 정돈상태는 양호한가?	양호, 불량							
17. 냉동, 냉장고 온도계 성능 체크	월 1회 실시(편차)							
비고								

식품의 저장온도 기록

저장 개시 주 :

구분	월		화		수		목		금		토		일	
일자														
	AM	PM	AM	PM	AM	PM	AM	PM	AM	PM	AM	PM	AM	PM
1														
2														
3														
4														
5														
6														
7														
8														
9														
10														
11														
12														
13														
14														
15														
초기값														

시정조치	

온도 조절
- 저온실과 냉장실은 5℃ 이하여야 한다.
- 냉동실은 - 18℃ 이하여야 한다.
- 저장실이 절대 상한 온도 범위 이내가 아닌 경우에는 총주방장이나 부책임조리장이 식품에 대해 어떠한 시정조치를 취해야 하는지 결정해야 한다.
- 엔지니어 부서에도 가급적 빨리 접촉해야 한다.

5) 식품의 해동

(1) 해동방법

- 21℃ 이하 흐르는 물에서(유수해동), 냉장고에서(10℃ 이하 냉장고에서 72시간), 전자레인지를 이용하여 바로 조리한다.

(2) 준수사항

- 냉장고에 해동전용 선반을 정하고 어떤 제품을 실행하는지 표시한다(그림 참고 : 제품명, 시작일시, 종료일시 기록함).

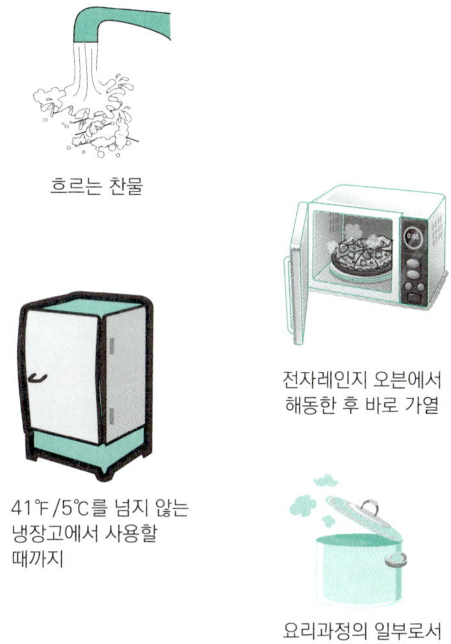

그림 7-9 냉동식품을 해동하는 안전한 방법

냉장고 해동모습

유수해동의 잘못된 사례

6) 음식조리 시 준수사항

- 인체에 무해한 식품만을 선택하여 조리한다.
- 조리원은 개인위생을 준수해야 한다.

- 적절한 온도를 유지하여 병원성 세균의 번식을 최소화한다.
- 잠재 위해요소의 식품 내부온도가 74℃ 이상일 때 안전하다.
- 달걀의 요리는 중심온도가 최소 65℃ 이상에서만 안전하다고 판단할 수 있다.
- 조리된 음식의 보관은 뜨거운 음식의 경우 60℃ 이상에서 보관해야 한다.

7) 음식의 냉각

(1) 냉각방법

- 얇고 넓은 팬에 옮겨서 식힌다.
- 큰 덩어리는 잘라서 식힌다.
- 얼음물에 담가 식힌다.

그림 7-10 안전하게 식품을 식히는 방법

(2) 준수사항

- 조리된 음식을 냉각할 경우 60℃에서 21℃로 2시간 이내, 21℃에서 10℃ 이하로 4시간 이내로 냉각하여 총 6시간 이내로 관리한다.

- 조리된 식품은 위생상 안전한 저장용기에 보관한다. 또한 식품의 이름과 제조일자를 용기에 붙여놓는다.
- 냉장고 내부 온도는 항상 10℃ 이하로 관리한다.
- 냉장, 냉동실에 식품을 보관하였을 경우, 너무 많은 양을 보관하는 경우, 온도관리에 문제가 발생될 수도 있다.
- 급속 냉각기가 있을 경우 급속 냉각기를 사용하여 냉각시키는 것이 좋으나, 냉각시키는 식품의 내부온도를 수시로 확인해야 하며 내용물이 수분이 있는 식품일 경우 잘 저어 주어야 적정온도로 빨리 떨어진다.

8) 식품의 재가열 준수사항

- 디지털 탐침온도계를 이용하여 재가열 온도가 74℃ 이상인지 확인한다.
- 식품의 재가열은 한 번만 한다(남은 음식은 폐기한다).
- 재가열한 음식은 다시 냉장, 냉동, 저온 저장하지 않는다.

9) 온도유지

부적절한 음식 온도유지로 인한 박테리아 번식을 방지하기 위하여 올바른 온도유지 절차가 필요하다. 찬 음식은 10℃ 이하로 뜨거운 음식은 60℃ 이상으로 유지할 수 있는 시설을 갖추고 담당직원과 관리직원은 식품의 온도유지 과정을 살펴보고 관리해야 한다. 내부적으로 관리 기준을 만들어 실시하여 외식업체 자체 위생시스템의 표준을 확인한다.

10) 음식진열(뷔페)

음식을 진열 시 다음과 같은 준수사항을 지켜야 한다.

- 한 번 진열된 음식은 다시 진열하지 않는다.
- 아침, 점심, 저녁식사 동안 직원은 잠재 위해식품의 온도를 측정한다.
- 온도 관리가 필요 없는 식품은 서빙 직전에 꺼내 와야 한다.
- 진열된 음식은 외부환경으로부터 보호받아야 한다(스니즈 가드, 커버, 롤러 니드 등).
- 모든 음식 진열도구는 뷔페 진열되기 전에 준비를 한다.
- 진열음식을 관리하는 직원이 식품의 위해요소에 대하여 체크해야 한다.

11) 세척 · 소독과 청소프로그램

소독은 병원성 미생물을 사멸시키거나 완전히 사멸시키지 못하더라도 활성을 억제하여 감염력을 약화시키는 조작이다. 살균은 모든 미생물을 사멸시키는 것으로 영양세포는 사멸되거나 포자는 생존한다. 멸균은 모든 미생물을 대상으로 영양세포뿐 아니라 포자까지도 완전히 사멸시켜 무균상태로 만드는 것을 말한다.

(1) 청결의 원칙

청결은 때와 음식 찌꺼기를 표면에서 제거한 상태를 말한다.

소독은 미생물을 식기류와 접시류, 장비 그리고 음식이 접촉되는 모든 표면으로부터 안전한 수준으로 감소시키는 것을 말한다.

① 청소 절차의 요소

- 더러운 때의 종류와 상태를 파악한다.
- 물의 종류를 파악한다.
- 물의 온도를 파악한다.
- 청소해야 할 표면을 파악한다.
- 세제의 종류를 파악한다.

• 문지르거나 가해야 하는 압력을 파악한다.

② 청소세제

청소세제는 때의 종류, 표면 상태, 사용하는 도구에 따라 각각 효과가 다르기 때문에 공간의 특성에 맞춰 사용해야 한다. 세제의 종류에는 합성세제, 산성세제, 용해제 등이 있다. 다음은 세제의 종류에 따른 특성이다.

가. 합성세제

거의 모든 청소의 필요한 조건에 맞도록 제조된 약알칼리성 세제로 쉽게 헹굴 수 있고 비누거품도 조절이 가능하다.

나. 산성세제

pH 농도가 6.0 이하인 세제를 말하며, 알칼리성을 띤 오염을 없애기 위해 사용한다. 대표적으로 기계의 스케일링, 화장실의 얼룩진 녹과 구리 등에 사용한다.

다. 용해제

기름용해제를 함유한 알칼리성 세제로 진한 기름때를 제거하는 데 효과적이다.

③ 청소방법

사용한 모든 식기는 올바른 세척절차를 준수하여야 하며, 수작업 세척과 기계세척으로 구분한다. 수작업은 3조싱크를 사용하여야 하고, 기계세척은 사용이 허가된 세제, 적정한 세제량, 세척기 물의 온도 관리가 필요하다. 세척된 식기는 반드시 자연건조하거나 전기소독고를 사용하여 보관한다. 담당직원과 관리직원은 식품의 세척과정을 살펴보고 감독하여 올바른 세척이 이루어지도록 관리한다.

가. 기계 세척

기계로 씻고 소독하는 프로그램의 성공적 요구조건은 다음과 같다.

• 뜨거운 물을 공급하여 충분히 씻고 소독한다(화학소독을 할 경우에는 예외).

- 세정공간을 올바르게 배치하여 오염된 그릇과 세척된 그릇이 교차오염이 되지 않도록 한다.
- 직원은 장비를 사용하고 관리하며 필요한 세제와 다른 화학품을 사용할 수 있어야 한다.
- 세정공간과 세척된 그릇 보관공간을 위생적으로 유지한다.
- 씻고 소독되는 검사를 정기적으로 실시하고 세척기계의 적절한 작동여부를 확인한다.
- 정기적으로 업소의 모든 장비를 검사하고 적절한 절차로 실행되는지를 확인한다.
- 다양한 크기의 그릇을 처리하는 테이블을 마련하여 오염된 식기, 세척된 식기, 식탁용기 등을 처리할 수 있어야 한다.
- 오염된 식기는 기계세척하기 전에 미리 애벌세정을 하여야 한다.
- 세척기는 사용 후 바로 세척을 하도록 하고 여의치 않을 경우 적어도 하루 한 번은 청소를 한다.
- 세척온도를 준수한다(71℃).
- 사용하는 세척기의 서비스 점검양식에 세척 및 린스 단계 온도를 제공한다.
- 세척기에는 주입되는 세제의 상태가 양호한지, 정확한 배율로 희석되어 있는지 확인한다.

HACCP 원칙에 따른 세척방법

위해요소	미생물학적 - 부적절한 세척으로 인한 박테리아 번식 물리적 - 세척 기계로부터 감염
관리	올바른 세척절차 준수
허용한도	기계는 식품의 안전에 위해요소로 작용되어서는 안 된다. 주방용 기구 세척기의 린스 사이클 온도는 77℃ 이상이어야 한다. 세척기는 물리적으로 적절한 위치에 놓는다.
모니터링 절차	주방용 기구 세척기의 린스 사이클 온도 물리적으로 좋은 위치에 놓인 세척기계 화학적 세제 사용량과 싱크대 물의 온도 식기구와 접시를 씻는 장소
시정조치	기계를 다시 청소. 식기구 세척기 AS 서비스, 직원 재교육 서빙한 식사는 처분하고 새로운 음식으로 교체
검증	담당직원과 관리직원은 식품의 세척과정을 살펴보고 감독해야 한다. 내부적으로 검사를 실시하여 외식업체 자체 위생시스템의 표준을 확인한다.

나. 수작업 세척

음식이 접촉되는 이동식 장비를 씻고 헹구고 소독하기에는 최소한 3칸으로 된 싱크대가 필요하다. 3조싱크에는 배수도가 깨끗하고 더러운 장비를 위해 구별되어 있어야 하고 음식 찌꺼기를 긁어내 버릴 수 있는 쓰레기통이나 찌꺼기갈이가 마련되어야 한다.

수작업에 의한 세척방법은 다음과 같다.

- 작업표면과 싱크는 매번 사용 전 씻고 소독한다.
- 씻어야 할 용기는 세제의 영향을 감소할 수 있으므로 음식 찌꺼기를 긁어내고 미리 물에 담가놓거나 물을 뿌려 깨끗하게 한다.
- 첫 번째 싱크대에 세제를 이용해 적절한 브러시나 수세미를 이용해서 때를 제거한다.

- 두 번째 싱크대에 깨끗한 물을 사용해 따뜻한 물로 헹구어 음식때와 세제를 제거한다.
- 세 번째 싱크대에는 용기를 뜨거운 물에 완전히 담그거나 화학소독제를 사용하여 소독할 표면을 규정된 기간을 준수하여 소독한다.
- 자연 건조한다.

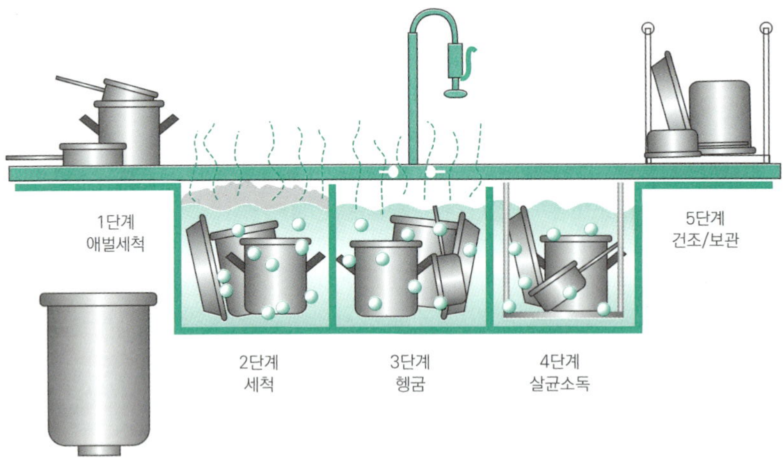

자료 : 식품의약품안전처, 용기포장팀(2006)

그림 7-11 수작업에 의한 5단계 세척 및 소독방법

- 1단계 : 미리 물에 담가 놓거나 물을 뿌려 깨끗하게 한다.
- 2단계 : 세제로 씻는다.
- 3단계 : 헹군다.
- 4단계 : 소독한다.
- 5단계 : 자연 건조한다.

④ 소독방법

가. 열을 이용한 소독

대개 열의 온도가 높을수록 위험한 미생물을 제거하는 시간이 짧으므로 적절한 온도를 가하면 소독이 된다. 목적은 음식물이 접촉되는 표면에 위험한 미생물을 거의 모두 제거할 수 있는 온도나 그 이상의 온도로 열을 가한다.

나. 화학품을 이용한 소독

화학품을 사용해서 소독하므로 병균이 발생한 미생물을 제거할 수 있다. 장점으로는 경비 절약과 사용이 용이하므로 외식업체에서 많이 사용한다. 화학소독제는 식품의약품안전청에서 관리하고 있으며 반드시 허가된 제품을 제시한 매뉴얼에 준하여 사용하여야 한다. 가장 많이 사용하는 소독제는 염소 소독제, 아이노다인(요오드 소독제) 등이 있다.

표 7-1 소독·살균 방법

구분			내용
물리적 소독 살균법	가열	열탕(자비)	• 100℃에서 30분 이상 실시 • 병원성 미생물은 사멸, 포자 형성균은 사멸되지 않음 • 완전 멸균은 기대할 수 없음 • 유리·도자기·금속의 식기나 조리기구, 행주, 옷 등이 이용
		간헐적 멸균법	• 상압 증기솥(Koch솥)에서 100℃로 30분~1시간 정도 가열 후 하룻밤 실온방치한 후 다시 100℃에서 30분~1시간 동안 가열하는 조작을 3회 반복 • 생활세포를 죽이고 살아남은 포자는 발아시킨 후 다시 다음 날 가열하여 죽이는 것을 반복함으로써 멸균시킴 • 주로 의약품, 영양물질, 미생물 배지 등 이용
		고압 증기법	• 100℃ 이상의 증기를 이용 100℃에서는 사멸되지 않는 내열성의 포자까지도 사멸시키는 방법 • 고압멸균기(autoclave, 15파운드의 증기압)를 이용 121.5℃에서 15~20분간 가열(포자도 완전 멸균, 미생물 실험실에서 가장 많이 쓰는 방법) • 병조림이나 통조림에 이용된다.
	광선 조사	직사 일광법	• 결핵균, 티푸스균, 페스트균 등은 10~15초 조사 사멸 • 계절, 기후, 장소 등의 요인에 따라 효과 부정적

		자외선 조사법	• 자외선 조사에 의한 파장은 2.537Å • 장점 : 사용이 간편하고 모든 균종에 효과, 균에 대한 내성이 생기지 않음, 조사 후 피조사물에 대한 변화 없음 • 단점 : 침투성이 없으므로 자외선이 닿는 표면에만 살균효과, 잔류효과가 없어 조사하고 있는 동안만 효과, 장시간 조사하면 지방의 산패가 일어나고 유기물(특히 단백질), 인체 피부에 조사되면 붉은 반점이 나타나고, 특히 눈에 결막염과 각막염을 일으키기도 함 • 공기와 물이며 도마나 조리기구의 표면 살균에 이용
		방사선 살균법	• Co60 γ선이 널리 이용, 냉살균(cold sterilization)이라 함 • 식품을 포장한 후에도 처리가 가능, 비용이나 에너지 소모량이 적으며, 영양가의 손실이 다른 처리법과 비교해서 별로 손색이 없음 • 양파·감자의 발아·발근억제, 살충·살균에 의한 식품의 보존성연장, 과일·채소의 숙도지연, 식중독 억제 등에 이용
화학적 소독 살균법	수은 화합물	승홍	• 자극성과 금속부식성이 강하며, 주로 0.1% 수용액이 사용
		머큐로크롬	• 착색력이 강하며, 주로 2% 수용액으로 피부나 점막의 소독에 사용
	할로겐 유도체	염소	• 자극성과 금속 부식성이 있음 • 음료수에 사용할 경우에는 잔류염소 0.1~0.2ppm 정도
		차아염소산 나트륨	• 시판 중인 락스의 주성분으로 유효염소량은 4% 정도 • 식품첨가물로도 허용되어 음료수나 채소 소독에 이용
		표백분	• 유효염소량은 25~45%, 우물, 수영장 등의 소독에 이용
		요오드팅크	• 상처 부위나 수술대의 소독에 사용
	방향족 화합물	크레졸	• 소독력이 있고 독성이 약함 • 1~2%의 용액을 비누액에 50% 섞어서 사용 • 손, 발, 화장실, 축사, 오물통 등의 소독에 이용하며 지방 제거에 효과적임
역성비누			• 제4급 암모늄염의 유도체로서 양성비누 또는 역성비누라고 함 • 공장의 소독, 종업원의 손을 소독할 때나 용기 및 기구의 소독제로 사용되지만, 결핵균, 간염 바이러스 등에는 전혀 효과가 없음 • 세척력은 약하나 살균력이 강하고, 가용성이며, 냄새가 없고, 자극성 및 부식성은 없으나 유기물이 존재하면 살균효과가 떨어지므로 세제로 씻은 후 사용하는 것이 좋고 일반비누와 병용하면 살균력이 없어짐

사용할 때 영향을 주는 요인은 다음과 같다.

- **접촉** : 완전히 담가지는 정해진 시간과 용기와 접촉되어야 한다.
- **선택** : 세제의 능력에 따라 선택한다.
- **농도** : 규정된 적정한 농도를 준수한다.
- **온도** : 용액의 온도는 중요하다.

(2) 청소 프로그램

관리자는 지속적인 훈련과 직원들의 관리를 통해 청소 프로그램을 적절하게 관리해야 한다. 또한 계획표에 따라 실행하는 것이 중요하며, 어떻게 청소를 실행해야 하는지 알고 직원들에게 지시할 때 작업을 잘 실천할 수 있다.

청소 프로그램의 목적은 업소 내의 청소가 필요한 장소를 조사하고 청소제품 구비와 양을 마련하기 위해 계획을 해야 한다. 이를 통해 모든 업무가 정해진 시간에 종료될 수 있으며, 청소 업무분담과 기록이 가능하다.

① 청소 프로그램의 계획

가. 프로그램 계획할 때

- 무엇을 청소해야 하는가?
  청소 프로그램을 만들어 실행해야 할 청소를 계획표에 따라 누가 실행할 것인가를 결정하고 융통성 있게 사용한다.
- 누가 청소를 해야 하는가?
  직원 각자의 업무가 청소 프로그램에 의해서 작업을 분배하여 수행하여 책임을 다할 수 있게 하고 전 직원들이 함께 실행하므로 그들의 의견을 반영하여 만든다면 능률을 향상시켜 성공을 가져올 수 있다.
  직원들은 자기들의 맡은 바 청소업무를 책임지고 수행하고 청소업무를 교대하여 수행하면서 지루함도 방지하고 힘든 업무를 골고루 나누어 배정할 수 있다.

- 언제 청소를 해야 하는가?

  주기적인 청소업무와 중요한 청소업무의 상위선을 정하여 실행한다.

- 어떻게 청소를 해야 하는가?

  모든 장소와 장비 청소의 절차는 상세하게 적는 것이 중요하며, 절차는 무경험자나 발생하지 않을 위험, 특별한 경고가 필요한 작업에는 각 작업마다 분명하게 기록한다. 모든 직원들에게 작업매뉴얼, 청소지시서, 모든 장비의 MSDS(Material Safety Data Sheet)를 참고하여 활용할 수 있게 한다.

나. 장비의 선택

청소 세제와 청소 도구는 업소에 맞는 각종 청소 장비와 청소 제품을 선택해야 한다. 구입 시 효과적이고 다방면으로 사용할 수 있는 기본적인 제품과 적절한 절차, 적절한 도구, 적절한 보관 등을 고려하여야 한다.

② 청소 프로그램 점검

- 프로그램을 시설에 알맞게 적용하고 있는가? 또는 변경이 필요한가?
- 정해진 절차에 따라 업무를 실행할 직원들에게 적절한 도구가 마련되어 있는가?
- 직원들로 하여금 그들이 청소할 시간이 충분한가?
- 청소를 실행하는 직원들의 수가 충분한가? 아니면 일정한 업무에 전문 청소업체를 고용해야 하는가?
- 직원들은 청소, 소독, MSDS 절차에 대해 철저히 훈련되어 있는가?

③ 청소프로그램 실행 시 장점

- 항상 동일한 결과를 얻을 수 있다.
- 현재 사용하는 도구나 인력을 최대한 활용한다.
- 공평하게 작업을 분배한다.
- 작업의 책임소재가 분명하므로 각자 맡은 바 임무를 성실히 수행한다.

- 직원 결원 시에는 다른 직원에게 의뢰가 가능하다.
- 감독의 합리적 기준을 제공해 준다.
- 직원들이 무슨 작업을 해야 하는지 시간의 낭비를 줄일 수 있다.
- 신입 직원이 청소나 위생에 대한 사항을 쉽게 숙지할 수 있다.

청소 프로그램을 지속적으로 관찰하고 관리함으로써 원하는 결과를 얻을 수 있고 상황에 맞게 수정 · 보완하여야 한다.

4 사고예방과 안전관리

식음료업장을 경영하는 과정에서 식품위생의 안전성은 물론 작업환경에 대한 안전성도 확보되어야 한다. 현장에 잘 계획된 사고방지계획과 위생, 그리고 내부관리로 자연적 위험을 제거하고 직원들에게 안전에 대한 훈련과 지속적인 관리를 교육함으로써 식품으로 인한 사고방지와 위급상황 시 현명하게 대처하여 식중독 및 안전사고를 방지할 수 있다.

식음료업장은 사고와 부상이 발생하는 많은 위험성을 지니고 있다. 그러므로 안전은 모든 사람의 일이며, 안전은 전반적인 모든 업무에 걸쳐 준수해야 하는 철칙으로 두 개의 원인에 의한다. 첫 번째 환경적 원인을 보면 작업환경에 따른 물리적 · 화학적 위험, 환기, 급수, 배수, 작업동선에 의한 위험, 각종 시설 및 장비의 위험 등으로 발생할 수 있다. 두 번째 인적 원인으로는 조리원의 잘못된 행동습관, 조리장시설 및 조리 작업 시 현장중심의 안전교육 미흡, 조리종사원의 부주의 등으로 빌생된다. 사고예방을 위해서는 주변 환경의 위험요소를 제거하고, 위험을 피할 수 있는 직원예방교육을 실시해야 한다.

1) 사고 분석

사고는 예방이 가장 중요하지만, 만일 사고가 발생하면 면밀히 분석하여 사고보고서를 작성하고 위험요소를 개선하도록 해야 한다. 이런 보고서는 자주 발생하는 사고 종류를 알 수 있으며 관리자는 다른 업소의 사고를 반면교사 삼을 수 있다. 발생했던 사고를 조사하여 작업상황과 환경을 관찰하여 안전하지 못한 행동을 발견했을 때 즉시 개선하도록 조치를 취해야 하며 직원들을 교육시켜 동일한 사고가 반복하여 발생되지 않도록 해야 한다.

① 사고의 원인

가. 사람으로 인한 위험

사람의 실수로 인한 사고를 방지하기 위해 위험요인을 사전 인지하고 위험한 상태를 피하는 것이다.

- 불안전한 환경을 제거하지 않은 경우
  박스 밟고 올라가기, 사다리 대신 테이블 사용하기, 바닥에 쏟은 것 그냥 두기, 통로를 장비로 막기 등을 말한다.
- 분명한 위험을 무시하는 경우
  맨손으로 깨진 유리집기, 기계 사용 시 안전장치를 사용을 준수하지 않을 때, 무거운 짐을 들어 올릴 때 등을 말한다.
- 작업을 실행할 때 주의를 하지 않은 경우
  사람에게 부딪치는 행위, 자신의 발에 무거운 짐을 떨어뜨리는 경우, 서랍이나 문에 손을 넣고 닫는 행위 등을 말한다.
- 안전하지 않은 행동을 하는 경우
  칼을 사용하지 않을 때 싱크대나 작업대에 놓아두는 행위, 사람의 실수 등을 말한다.

나. 환경으로 인한 위험

환경 자체가 불안전하거나 환경으로 인해 직원으로 하여금 불안전한 행동을 하게 하는 것이다.

- 건축과 건물의 특징

  가파르고 좁은 계단, 바닥의 턱, 바닥의 재질에 따른 미끄러움 등을 말한다.

- 기구와 장비

  보호 장치가 없는 고기 써는 칼날, 좁은 통로 또는 가구와 장비의 배치 때문에 다니는 통로가 좁을 때 등을 말한다.

2) 사고의 형태

(1) 미끄러짐 사고

홀은 고객의 이동이 많은 장소의 깔판이나 카펫은 미끄러지지 않도록 가장자리를 바닥에 고정시키고 젖은 바닥이나 물을 쏟거나 음식물을 쏟았을 경우 즉시 청소하여 한다. 청소 후 젖은 바닥임을 알리는 표시를 해둔다.

주방바닥은 건조하게 관리하는 것을 원칙으로 하며 업무 중에는 바쁘더라도 조심스럽게 걷고 항상 주위를 살피도록 한다. 신발은 미끄럽지 않게 일정한 주기로 교체하도록 한다.

기물이 바닥에 방치되어 장애가 되지 않도록 치워두고, 배수로 덮개는 위치를 바로 하여 배수로에 발이나 운반차 바퀴가 걸리거나 빠지지 않도록 주의한다. 맨홀이나 덮개가 미끄러워 넘어지지 않도록 기름때 제거 청소를 매일 실시한다.

(2) 무거운 것을 들 때 생기는 사고

직원들의 허리부상은 잘못된 행동습관을 고치지 않으면 발생 및 재발의 위험이 높은 부상이므로 평소의 운동도 중요하지만 물건을 들어 올리는 방법을 숙지하고 이를 실천하는 것이 중요하다. 업무 시작 전에 간단한 스트레칭을 하여야 작업 시 허리부상을 예방할 수 있다.

작업 시 물건을 안정되게 들어 올리는 방법, 물건을 안정되게 옮기기 방법, 주방에서의 각종 조리기기, 접시 등을 운반하는 데 있어서는 정확한 방법을 교육하고 행동으로 나타나게 한다.

(3) 베이는 사고

주로 많이 발생하는 사고이며, 칼이나 슬라이서, 차퍼(chopper), 그라인더, 믹서, 깨진 유리 등을 부주의하게 다루는 것이 사고의 원인이 되므로 작업을 할 때에는 작업에 맞는 올바른 도구와 방법을 사용하여야 한다.

전기로 작동하는 기기는 제조업체의 사용법을 준수하여 사용한다. 믹서나 그라인더, 커터와 같은 대형기기에는 긴급잠금장치가 있으며 기기가 작동할 때에는 정지장치를 잠금상태로 두었다가 비상시 정지장치 스위치를 켜면 기기가 바로 정지되어 부상의 위험을 줄일 수 있다. 비상정지 스위치는 종업원의 심각한 사고를 막는 장치로 테이프나 다른 장치를 이용해 스위치를 꺼 놓는 것은 불법이므로 직원들에게 주의를 주도록 한다.

사고 후 땀이나 피로 인해 음식이 오염되지 않도록 주의해야 하는데, 사고가 발생한 위치와 주변 기기, 기구 등을 씻고 소독하도록 한다.

(4) 화상을 당하는 사고

가스사용 시 공기 조절기를 조정하여 불꽃이 너무 크게 일지 않도록 한다. 튀김기름 취급 시 특히 주의하고 튀거나 쏟아지는 일이 없도록 한다. 증기를 정면으로 받지 않도록 스티머나 콤비오븐 등의 문을 열 때 문의 뒤에서 열고 증기를

그림 7-12 작업장 식품안전관리 사례

일단 뺀 후 문을 활짝 연다.

화상은 1도 화상은 피부가 붉고 쓰라리고, 2도 화상은 물집이 생기고 붉으며 쓰라리다. 3~4도 화상은 피부표면이 탄화되어 검게 되고 감각이 '거의 없음'으로 분류하는데, 화상의 심각도가 중요하므로 증상에 따라 치료를 해주어야 한다.

화학적 화상은 즉각적인 치료가 필요하며, 의료요청을 하고 약품에 대한 정보(MSDS)를 살펴보고 어떤 약품인지, 어떤 조치를 취해야 하는지 확인한다. 보통 식기세척기나 소독약품을 다룰 때 직원의 실수에 의해 발생한다.

3) 작업태도에 대한 교육훈련

직원들을 위한 위험한 상태방지 또는 행동으로 인한 위험에 대해 안전 프로그램 훈련을 실시할 필요가 있다. 직원들에게 사고는 방지할 수 있다는 인식과 개인이 사고 방지의 의무를 가지고 있다는 점이 교육되어야 한다. 이 교육훈련을 진행할 때는 위생교육도 함께 포함하여 위생에 대한 지시사항이 안전한 행동으로 실행되기를 바라기 때문이다. 이에 관리자는 팸플릿이나 비디오 또는 강의를 통하여 지속적으로 교육을 진행해야 한다.

4) 안전관리

종합적인 사고방지 프로그램을 만들고 실행 후 수정 · 보완해야 한다.

① 안전관리에 대한 조사는 다음과 같다.

- 여러 장소에 분산된 업소의 경우는 모든 업소에서 발생한 사고의 종류를 검토한다.
  어떤 종류의 사고가 가장 많이 발생하는가를 알 수 있다.
  발생되는 사고의 종류를 모든 업장에서 공유할 수 있다.

- **직원들과 상담을 한다.**

  사고에 관한 보고서가 없을 경우에 실시하며, 오래 근무한 직원일수록 도움이 된다.

- **작업행동을 관찰한다.**

  직원들의 불안전한 행동은 관찰하여 본다.

위험한 환경교정과 안전한 주요점을 준비함으로써 환경을 바꾸고 업소 안의 안전을 높일 수 있다.

직원들이 사용하는 주방기계나 기기의 사용방법을 이해하기 쉽도록 교육하고 사용 매뉴얼을 작업장에 비치하여 직원들 필요시 볼 수 있도록 하며, 매뉴얼을 만들 때는 그림이나 사진으로 만들어 누구나 쉽게 보고 이해할 수 있도록 한다. 교육의 상황에 맞게 시범을 보이고 의견을 나눌 수 있는 현장교육, 강의식 교육, 의견을 수렴하는 토론식 교육 등 상황에 맞게 실시하고 교육시간 동안에 모든 직원들이 적극적으로 참여할 수 있게 격려하거나 작업방법을 개선할 수 있는 아이디어를 제출하도록 한다. 관리자는 직원들에게 안전교육을 실시하고, 직원들의 작업태도를 관찰하여 배운 대로 작업을 하는지를 확인해야 한다.

5) 응급상태 조치

관리자와 직원의 모든 노력에도 불구하고 사고는 발생할 것이며 이로 인해 직원이나 고객에게 피해가 생기므로 위급상황 때 적절한 조치를 하는 것이 중요하다.

응급시스템을 연락할 때는 119 또는 경찰서의 응급전화를 사용하고 응급상태에 대해 답(사고, 상처 등 충분한 정보를 제공)을 준비해야 하며 파송원에게 처치한 응급치료를 설명한다. 그리고 업소에서는 구급함을 갖추고 모든 직원이 사용방법에 대해 교육훈련되어 있어야 한다.

응급상황 때 실행해야 할 절차는 다음과 같다.

- 당황하지 마라
- 도움이 필요한 것이 확실할 때 도움을 청해라
- 항상 응급치료를 실행할 준비를 하라
- 피해자를 편하게 해 주어라
- 관계없는 사람들을 피해자로부터 멀리 떨어져 있게 하라
- 사고에 대해 기록하라

5 교육과 훈련

식품위생법 제41조에 의거하여 식품접객업의 종업원은 매년 식품위생에 관한 교육을 받아야 한다.

직원들에게 안전한 식품제공을 위해 위생에 대한 지식을 교육하여 식음료업장에서 그 지식이 기술과 태도로 나타나도록 훈련 실시함으로써 고객에게 위생적으로 안전한 음식을 제공할 수 있다.

위생교육은 위생적이고 안전한 식품을 고객에게 제공하기 위해 실시한다. 위생의 기본적인 중요성을 종업원에게 인지시키고 식중독 발생이나 음식물의 오염을 방지하기 위해 적절한 개인위생을 실시하도록 교육한다. 외식업체의 현장여건을 고려한 체계적이고 효과적인 위생교육이 법적 규제를 통해 지속적으로 이루어져야 하므로 관리자는 직원 대상 위생교육훈련에 있어서 체계적인 교육 및 훈련의 필요성이 있음을 인지해야 한다. 즉 정기적이고 강도 높은 위생교육을 소홀히 하지 말아야 하며 교육 후에 실천여부를 확인할 수 있도록 업소에 지속적인 자체 감시를 하는 등의 노력이 필요하다. 이를 개선하기 위해서는 우선 관리자를 비롯한 직원들에게 위생교육의 중요성을 인식하도록 하는 것이 필요하다.

1) 교육훈련 계획

교육을 계획할 때에는 직원 성과의 목표 기준을 세우고 목표 기준에 맞춘 직원 교육을 위해 가이드라인을 제시하며 훈련시간을 계획하고 기준에 대한 성과 측정 도구를 제시한다.

그리고 주제와 교육받는 사람에 따라 적절한 교육방법을 선택하고 필요한 교육 자료, 교육을 진행하는 강사, 교육장소 및 시간을 결정해야 한다. 비디오, 슬라이드, 책, 포스터 등 여러 가지 교육 자료를 이용하여 위생교육을 실시하며, 전문가를 초빙하여 전문적으로 위생교육을 실시하는 경우도 있다.

2) 교육훈련 실시

(1) 교육단계

교육담당자나 관리자는 교육을 받는 직원들의 개인별로 배우는 속도와 능력, 각자의 수행하는 업무가 다르므로 이에 적합한 위생 절차와 위생법규에 관한 지식이 있어야 한다. 그리고 교육받는 사람의 의견을 귀담아 듣는 과정을 통해 직원들을 격려해 주고 적극적인 참여를 유도할 수 있다.

① 교육훈련 프로그램 계획 단계는 다음과 같다.

- 교육생들에게 적절하게 교육할 특정한 주제를 결정한다.
- 배움의 목적을 설정한다.
- 주제와 교육생을 토대로 훈련방법을 선택하고 필요한 교재를 구입한다.
- 강사를 선택한다.
- 훈련모임을 계획한다.
- 각 훈련마다 주제의 적절한 장소를 선택한다.
- 각 훈련마다 교육생을 준비한다.

② **위생교육훈련을 배우는 단계는 다음과 같다.**

- 위생교육훈련의 필요성을 인식하는 단계
- 무엇을, 어떻게, 왜 하는지에 대한 위생 지식을 습득하는 단계
- 실행, 받기, 의견, 실습, 성공하는 것을 배우고 의견을 공유하는 단계
- 어떻게 하는지 알고, 할 수 있고, 공로를 시상하고, 업무에 도입하여 실행 후 교정해야 할 행동을 주지시키는 단계로 실시한다.

③ **교육효과를 높이기 위해서는 다음과 같이 설계되어야 한다.**

- 위생교육에 대한 직원들의 동기를 부여할 수 있도록 교육내용을 설계한다.
- 교육 시 그날에 배울 주요 내용을 글이나 그림으로 설명한다.
- 교육의 내용 구성을 이론적인 배경이나 복잡한 과정의 설명을 최소화하고 현장에서 바로 실행할 수 있도록 구성한다.
- 직원이 자주 제기하는 질문 내용을 구성하고 이에 대해 현장에서 적용가능한 부분의 내용으로 구성한다.
- 특정 주제에 관한 토론이나 실연활동을 제공하여 직원들의 참여를 자극할 수 있도록 설계한다.

(2) 교육훈련방법

① 교육훈련방법

교육훈련방법에는 교육받는 사람 수에 따라 일대일 교육과 비용, 주제 등에 따라 가장 효과적인 교육방법을 선택할 수 있는 그룹교육 방법이 있다.

가. 일대일 교육

일대일 교육은 신입사원이나 적은 수의 직원의 재교육이 필요할 때 능률석이다. 직원의 임무와 특정한 처지에 맞게 훈련할 수 있으며, 교육받는 사람의 수준과 교육경력을 고려한 눈높이 맞춤교육을 할 수 있다.

장점으로는 첫째, 각 개인에게 필요한 것을 보충할 수 있다. 둘째, 업무장소에서 실시하므로 특별히 장소가 필요하지는 않다. 셋째, 훈련자가 직원의 발전을 관찰할 수 있다. 넷째, 궁금증에 관한 답을 바로 해결해 줄 수 있다. 다섯째, 훈련받는 사람이 관심이 있는 주제와 흥미를 적용시킬 수 있다.

단점으로는 신입직원의 경우 선배직원 개인의 좋은 점과 나쁜 점을 동시에 배울 수 있다. 그러므로 교육을 수행하는 직원 관리가 필요하다.

나. 그룹교육

많은 수의 종업원 대상으로 교육을 실시할 때 효율적인 교육방법이다.

장점으로는 하나의 프로그램을 준비하여 많은 사람에게 적용할 수 있다.

단점으로는 개인의 수준에 따라, 교육 실시 후 교육을 받은 모든 사람이 교육내용을 다 이해하지 못할 수도 있다.

방법으로는 강의, 토론, 역할 연기, 비디오나 다른 시각 자료 등을 이용할 수 있다.

② 교육방법

교육방법은 강의, 주제토론, 사례연구, 시청각교육, 시범, 현장실습, 역할연기법으로 구분하여 각각의 내용과 교육훈련을 실시하고 있다.

가. 강의식

이론적 정보, 지식, 사고방식을 강사의 일방적 설명으로 많은 사람을 상대로 한 가장 널리 보급된 가장 편리한 방법이며, 강사의 열의와 태도가 학습효과를 크게 좌우한다.

장점으로는 시간의 계획과 통제가 용이하여 많은 것을 동시에 하기 쉬우므로 시간이 절약된다. 단점으로는 일방적이고 하향식이며, 권위주의적이고 피드백이 없다. 주로 오리엔테이션, 회사의 방침, 위생의 개념, 식중독 이론 소개 등 수동적 교육에 이용되고 문제해결능력 부여는 곤란하다.

나. 주제토론

문제를 출제하여 그 훈련 조건을 설정한 후에 질문을 하고 직접 토의에 이르는 방식으로 집단의사를 유도하고 의사교환을 통한 결론을 도출하여 목적으로 되어 있는 결론에 도달하도록 관리한다. 장점으로는 적극적인 참여로 민주적, 협조적, 적극적인 사고를 유발하고 주제에 의해 동기가 유발되며 지식과 경험의 자유로운 교환이 가능하다. 단점으로는 체계적인 원칙, 습득 곤란, 진도파악 곤란 등 참가자의 질에 의해 좌우되고 지도자의 적재경험을 구하기 어려우며 동시에 많은 사람들을 상대할 수 없다. 주로 매니저 미팅, 문제해결, 추천판매 방안 등에 이용된다.

다. 사례연구

실제 사례로 선정된 주제의 토론으로 사례해결에 직접 참여하여 해결 과정에서 판단력을 개발하는 것이다. 단기간 사무에서 발생하는 문제에 직면하여 그 해결을 위해 고도의 판단력을 양성할 수 있기에 유효한 방법이다. 장점으로는 적극적인 참여로 흥미가 있고 학습동기가 유발되어 현실적인 문제 학습이 가능하고 생각하는 학습교류가 가능하다. 단점으로는 적절한 사례의 확보가 어렵고 원리원칙의 체계적인 습득과 학습의 진보측정이 어렵다. 주로 고객 불평사항 대처방안, 실행정책 등에 이용된다.

라. 시청각교육

시청각 매체를 이용하여 보다 많은 감각에 호소하는 학습법으로 현실성이 풍부하고 인상이 매우 강하며, 학습속도 효과가 월등히 높다. 장점으로는 흥미를 유발하여 학습동기를 부여함으로써 학습의 속도가 빠르며 인상적으로 기억된다. 단점으로는 세부적인 지식, 기능 습득이 부적합하고 경비가 많이 지출되며 교재작성에 노력과 경비가 소요되고 이동에 불편하며 적절한 교재의 확보가 어렵다. 주로 메뉴 및 음료 교육용 사진 파일, 이론차트, OHP 등이 이용된다.

마. 시범

일의 순서 또는 정한 조작을 이해시키기 위하여 현장에서 실제로 사용되고 있는 재료, 기기 설비를 이용하여 실연, 시각적 관찰을 통한 실제 업무의 행동 기술 교육이다. 장점으로는 단순한 강의보다 분위기 변화 부여, 사실성, 흥미 유발, 요점을 납득하기 쉽다. 단점으로는 교육생의 숙지도 파악이 어렵고 다수에게는 부적당하며 비용이 많이 들고 잔일이 많으며 이동이 불편하다. 주로 과정절차, 기구 작동법, 음식 · 음료 제작 등에 이용된다.

바. 현장실습

실행을 통한 정신적으로 육체적 기술의 일대일 업무교육으로 기능의 완전 마스터에 유효하지만 교육생 관리에 문제가 있다. 장점으로는 교육훈련 내용을 즉시 적용하고 유연성과 피드백이 용이하여 흥미를 유발시키며, 요점 파악이 쉽고 습득이 빠르며, 특히 설비비용이 요구되지 않는다. 단점으로는 많은 시간 소요, 장소의 선정, 학습과 작업과의 구별이 문제가 되고 위험성이 있다. 주로 신입사원의 직무기능 교육 등에 이용된다.

사. 역할연기법

상황재현 연기 및 피드백을 통한 교육으로 어떤 역할을 규정하여 이것을 실제로 시켜 봄으로써 이것을 훈련이나 평가에 사용하여 절충능력이나 협조성을 높여 태도의 변용에도 도움을 준다. 장점으로는 공감대 형성에 효과가 있고 흥미를 갖고 적극적으로 참여함으로써 각자의 약점을 알 수 있다. Know와 Do의 차이에 관심을 가지며 발표력이 향상된다. 단점으로는 주제이탈 상황을 야기하고 다른 방법과 병용하지 않으면 의미가 없고 정도가 높은 의사결정과 거리감이 있으며 훈련장소의 확보가 어렵다. 주로 팀워크, 인사법, 고객접근법, 의사소통 기술 향상, 고객불편사항 해결능력 향상 등에 이용된다.

(3) 효과적인 실행

① 한 번에 실시하는 교육은 주요 내용에만 집중하여 주제를 벗어나지 않도록 간단명료하게 한다.

② 참석자들에게 즐거운 경험을 주어 배운 것보다 더 많이 더 오래 기억나게 한다. 시청각자료 이용, 집단역할훈련, 간단한 놀이나 포상으로 교육시간을 즐겁게 하고 교육효과를 강화하는 데 효과적이다.

③ 의견을 발표할 수 있는 질문을 하거나, 소집단 토론, 게임, 퀴즈나 시범에 적극 참여를 유도한다.

④ 시각자료를 적극적으로 활용한다.

(4) 교육훈련 참가자

교육훈련의 성공을 위해서는 프로그램에 참여하는 직원들의 학습동기, 능력 및 교육내용의 유용성에 대한 직원들의 기대나 태도가 무엇보다 중요하다고 볼 수 있다.

교육훈련 프로그램에 참여하는 직원의 학습동기 및 교육훈련 내용의 유용성에 대한 직원의 태도(성취욕구)에 따라 교육훈련 성공여부에 영향을 준다. 교육훈련은 교육 참가 직원의 동기, 능력이나 성격이 중요하므로 직원으로 하여금 교육훈련 프로그램의 선택의사가 반드시 반영되도록 하여 학습에 대한 동기부여를 높이는 것이 중요한 방법이다.

교육훈련자의 자질도 교육훈련의 학습 및 전이를 결정하는 데 있어서 중요한 사항이다. 훈련자는 과정에 대한 전반적인 개요를 제공하고 개념적 이해를 강조하며, 교육훈련의 내용을 이해하기 쉽게 전달하고 사전에 충분한 준비를 하여, 교육받는 직원들을 대우하고 직원들의 질문에 명확하게 답변하며, 직원들이 교육훈련의 목표를 달성할 수 있도록 격려하는 것 등이 필요하다.

그리하여 교육의 성과는 단순히 교육 중에 교육담당자의 노력만으로, 혹은 양질의 교육훈련 내용만으로 달성되는 것은 아니므로 직원들이 교육훈련에 임하기 전에 교육의 취지나 배경, 그리고 목적을 분명하게 인식하지 못하는 경우가 있는데, 교육의 필요성을 별로 느끼지 못하는 이들에게 아무리 좋은 교육내용을 훌륭한 강사가 전달한다고 할지라도 교육효과를 얻는다는 것은 쉬운 일이 아니다. 직원들의 성격, 동기부여, 교육훈련 성취욕구, 자기유능감 등을 말하며 이런 요소들을 지속적으로 관리하여 교육훈련에 반영하여야 한다.

3) 교육의 평가

위생교육이 종료된 후에는 교육 목적의 달성여부를 파악하는 것이 중요하다. 교육을 실시할 때는 교육을 받는 사람들의 수준에 맞게 실시하고 그리고 그들에게 위생교육의 목적을 전달하고 이를 실행할 수 있도록 동기를 부여했는지 알아보는 것이 중요하다. 교육 중, 교육 후, 업무 실행 때 종업원의 태도를 관리 · 관찰하고 지속적으로 관리를 해야 한다.

교육효과를 평가하기 위해서는 교육이 끝난 후 직원이 수행하는 업무를 관찰하여 교육받은 대로 업무를 수행하는지 확인하여 잘 수행하면 칭찬을 하고 그렇지 않으면 올바른 방법을 지도하여 잘 수행할 수 있게 유도한다. 교육의 성과를 측정하기 위해 사전 · 사후 시험을 실시한다.

교육훈련의 계획, 실시 후에는 반드시 사후관리가 필요하며 교육훈련 평가의 결과를 인사고과에 반영함으로써 관리한다. 사후관리는 교육훈련의 평가 결과를 다음 교육훈련 내용에 반영되도록 하고 종업원들에게는 교육에 대한 의욕을 느끼게 하는 요인이 된다. 대부분의 기업에서는 단지 교육훈련을 실시하는 것에만 역점을 두어 진행하고 있는데 평가는 차기 교육의 동기유발 요인으로 중요하며 피드백되어 필요성 분석에서 도움을 주기 때문에 지속적으로 관리되어야 한다.

4) 교육훈련의 장점

① 잘 훈련된 직원은 고객이 기대하는 품질 좋은 서비스와 음식을 제공할 수 있으며 만족한 고객은 단골고객이 되므로 향상된 고객만족을 추구할 수 있다.

② 직원의 이직률 감소는 회사의 비용절감과 직원들의 삶의 질 향상으로 귀결되므로 잘 훈련된 직원의 훌륭한 서비스로 인해 최고의 고객만족을 실천할 수 있다.

③ 잘 훈련된 직원은 신입직원에 비해 실수를 적게 하므로 전체비용을 줄이는 비용절감의 효과를 준다.

④ 훈련된 직원은 사고를 효과적으로 처리할 수 있는 능력이 있으므로 사고 감소의 효과를 준다.

⑤ 교육훈련은 직원이 더욱 효율적으로 일을 하므로 항상 제공되는 음식의 품질을 향상시킨다.

참고문헌

단행본

- 강영희 · 김한집 · 이광웅 · 정가진 · 정현숙 · 최양도 · 황백공 역. 세포생물학. 아카데미서적, 1997.
- 교육인적자원부. 학교급식 위생관리지침서. 교육인적자원부, 2004.
- 구난숙 · 김완수 · 이경애 · 김미정. 식품위생학. 파워북, 2008.
- 권훈정 · 김정원 · 유화춘. 식품위생학. 교문사, 2003.
- 금종화 · 소명환 · 손규목 · 오승희 · 유영균 · 이상일 · 조석금 · 이미옥. 식품위생학. 효일, 2004.
- 김덕웅 · 정수현 · 염동민 · 신성균 · 여생규. 21C 식품위생학. 수학사, 2007.
- 김미정 · 윤혜원. 이론과 실무 식품위생학. 라이프사이언스, 2006.
- 김지응 · 정세훈 · 어금희. 꼭 알아야 할 식품위생 및 HACCP 실무. 백산출판사, 2009.
- 류충호 역. 식품위생학. 동화기술, 2005.
- 민경희 외 역. 대학미생물학. 탐구당, 2000.
- 박완희 · 이병철. 단체급식과 외식산업 HACCP 실무. 뱅골집, 2000.
- 박재주. 최신식품분석. 신광출판사, 2001.
- 배현주 · 백재은 · 주나미 · 윤지영. 급식관리자를 위한 HACCP 이론 및 실제. 교문사, 2005.
- 송재철 · 안창순 · 박인숙 · 박현정. 새로운 식품위생학. 동서문화원, 2005.
- 식품안전정보원. 해외 주요국 수입식품 안전관리 정책. 식품안전정보원, 2020.
- 식품의약품안전처. 식중독 표준업무지침. 식품의약품안전처, 2020.
- 식품의약품안전처. 식품 등의 표시기준 고시전문. 식품의약품안전처, 2021.
- 식품의약품안전처. 2021년 식품의약품안전백서. 식품의약품안전처, 2021.
- 식품의약품안전처. 2021년도 식품안전관리지침. 식품의약품안전처, 2021.
- 식품의약품안전처. 식품의 기준 및 규격, 식품의약품안전처, 2021.
- 식품의약품안전처. 식품첨가물의 기준 및 규격. 식품의약품안전처, 2021.
- 식품의약품안전평가원. 위해평가 지침서. 식약청, 2011.
- 신동주 · 김주남 · 김정숙 · 진양호 · 윤옥현 · 임효진. 단체급식관리. 지구문화사, 2002.

- 신재영. 외식위생관리론. 백산출판사, 1999.
- 신재영. HACCP 적용 가이드라인. 식품의약품안전청, 2008.
- 양일선 · 이보숙 · 차진아 · 한경수 · 채인숙 · 이진미. 단체급식. 교문사, 2003.
- 이철호. 식품위생사건백서 2. 고려대학교 출판부, 2005.
- 이철호 · 맹연선. 식품위생사건백서. 고려대학교 출판부, 1997.
- 이흠숙 · 강성태 · 이숙경. 식품위생학. 형설출판사, 2003.
- 주난영 · 이경미 · 정현아 · 나혜진 · 송태희 · 이상호. 식품위생과 HACCP 실무. 파워북, 2008.
- 질병관리청. 2021년도 인수공통감염병 관리지침. 질병관리청, 2021.
- 질병관리청. 2021년도 수인성 · 식품매개감염병 지침. 질병관리청, 2021.
- 질병관리청. 2021년도 감염병 관리사업 안내. 질병관리청, 2021.
- 한국식품안전관리인증원. 2020년 음식점 위생등급 평가자 양성교육 교육 자료. 식품의약품안전처, 2020.

국내 인터넷 사이트

- https://ko.wikipedia.org : 위키백과
- https://www.encyber.com : 두산백과사전
- https://www.mfds.go.kr : 식품의약품안전처
- https://www.kafri.re.kr : 한국식품연구소
- https://www.foodwindow.go.kr : 유해물질관리단
- https://www.kca.go.kr : 한국소비자원
- https://www.ciss.or.kr : 한국소비자원 소비자안전센터
- https://www.kdca.go.kr : 질병관리청
- https://www.haccpcenter.kfda.go.kr : HACCP 지원센터
- https://www.haccpkorea.com : HACCP KOREA
- https://www.rda.go.kr : 농촌진흥청
- https://www.naist.go.kr : 농업과학기술원
- https://www.momaf.go.kr : 해양수산부
- https://www.mohw.go.kr : 보건복지부

- https://www.afmc.co.kr : 농수산물유통공사
- https://www.nvrqs.go.kr : 국립수의과학검역원
- https://www.law.go.kr : 국가법령정보센터
- https://www.foodsafetykorea.go.kr : 식품안전나라
- https://impfood.mfds.go.kr : 수입식품정보마루

해외 인터넷 사이트

- https://www.nih.gov : National Institutes of Health, NIH(미국 국립보건원)
- https://www.fda.gov : U.S. Food & Drug Administration(미국 식품의약국)
- https://www.usda.gov : U.S. Department of Agriculture(미국 농무성)
- https://www.ars.usda.gov : National Animal Disease Center, ARS, USDA(미국 국립동물질병센터)
- https://www.fsis.usda.gov : Food Safety and Inspection Service, FSIS(미국 식품안전검사국)
- https://www.cdc.gov : Centers for Disease Control and Prevention, CDC(미국 질병통제예방센터)
- https://www.icmsf.org : International Commission on Microbiological Specifications for Foods, ICMSF(국제미생물규격위원회)
- https://www.fao.org/fao-who-codexalimentarius : Codex Alimentarius, CODEX(국제식품규격위원회)

저자 소개

김지응

전주대학교 미래융합대학 농생명ICT학과 교수

前) 전주대학교 문화관광대학 외식산업학과 교수

전주대학교 식품산업연구소 소장

이은정

소비자식품위생감시원 위촉

보건복지부 위생사 면허취득

전주대학교 외식조리경영학과 졸업(경영학 석사)

前) ㈜김가네 연구개발부

전주대학교 식품산업연구소 연구원

이수경

농업회사법인 (주)신방주 이사

전주대학교 외식조리경영학과 졸업(경영학 박사)

Johnson&Wales university hospitality MBA

前) 한국전통음식연구소 기획실

저자와의
합의하에
인지첩부
생략

식품위생학

2022년 3월 10일 초판 1쇄 발행
2025년 2월 15일 초판 3쇄 발행

지은이 김지응 · 이은정 · 이수경
펴낸이 진욱상
펴낸곳 (주)백산출판사
교 정 박시내
본문디자인 신화정
표지디자인 오정은

등 록 2017년 5월 29일 제406-2017-000058호
주 소 경기도 파주시 회동길 370(백산빌딩 3층)
전 화 02-914-1621(代)
팩 스 031-955-9911
이메일 edit@ibaeksan.kr
홈페이지 www.ibaeksan.kr

ISBN 979-11-6567-482-3 93590
값 24,000원